国家地方联合创新基金项目"台风影响下北部湾海浪与风暴潮演变特征、预测预报及灾变关系研究",项目编号:U20A20105
国家重点研发计划项目"北部湾陆海接力智慧渔场养殖装备与新模式",项目编号:2022YFD2401200   联合资助
广西创新驱动项目"北部湾海洋牧场地理时空数据网格化智慧服务平台研发",项目编号:桂科AA18118025

台风影响下
北部湾智慧海洋牧场研究

TAIFENG YINGXIANG XIA BEIBU WAN ZHIHUI HAIYANG MUCHANG YANJIU

许贵林　邬满　陈波　鲍李峰　蒋华　彭世球　等著

中国地质大学出版社
ZHONGGUO DIZHI DAXUE CHUBANSHE

图书在版编目(CIP)数据

台风影响下北部湾智慧海洋牧场研究/许贵林等著. —武汉:中国地质大学出版社,2023.7
ISBN 978-7-5625-5607-7

Ⅰ.①台… Ⅱ.①许… Ⅲ.①北部湾-海洋农牧场-研究-广西 Ⅳ.①S953.2

中国国家版本馆 CIP 数据核字(2023)第 100358 号

| 台风影响下北部湾智慧海洋牧场研究 | 许贵林 邬 满 陈 波 | 等著 |
| | 鲍李峰 蒋 华 彭世球 | |

| 责任编辑:韩 骑 | 选题策划:张晓红 韩 骑 | 责任校对:韦有福 |

出版发行:中国地质大学出版社(武汉市洪山区鲁磨路388号)	邮编:430074
电 话:(027)67883511	传 真:(027)67883580	E-mail:cbb@cug.edu.cn
经 销:全国新华书店		http://cugp.cug.edu.cn

开本:787 毫米×1 092 毫米 1/16	字数:343 千字	印张:15
版次:2023 年 7 月第 1 版	印次:2023 年 7 月第 1 次印刷	
印刷:武汉中远印务有限公司		

| ISBN 978-7-5625-5607-7 | 定价:158.00 元 |

如有印装质量问题请与印刷厂联系调换

《台风影响下北部湾智慧海洋牧场研究》作者名单

许贵林	邬满	陈波	鲍李峰	蒋华
彭世球	严小敏	胡宝清	周正朝	陈振华
莫志明	黄灿燕	刘同来	李宛怡	文莉莉
黄乐	高劲松	吴迪	许希	王荣
李焰	李贵斌	邱衡通	曲腾腾	武凛
王慧娇	玉衡星	黄丽燕	何显锦	黄文龙
刘小宁	陆柳霖	郭靖	罗天涯	宋宝雄
黎倩君	魏小峰	韦又华	覃翔	杨杪薇
黄永霖	叶燕妮	陶琛春	莫佳怡	蓝江
付可意				

序

海洋牧场建设是养护渔业资源、修复生态环境、实现海洋渔业资源与近海生态系统和谐发展的重要途径,也是发达国家发展渔业、保护资源的主攻方向之一。海洋牧场是基于海洋生态系统生物与环境相互作用的原理,在特定海域内,通过建设人工鱼礁、海藻场、海草床等工程,构建或修复海洋生物繁殖、生长、索饵和避敌所需的场所,并结合增殖放流、生物驯化控制、休闲渔业开发、资源环境监测和巡查管护等措施,实现海域生态环境改善、渔业资源自然增殖及持续健康开发利用的复合型渔业模式。

广西作为我国人工鱼礁发源地,1979年北部湾海域投放了我国第一个混凝土制人工鱼礁,拉开了我国海洋牧场建设的序幕。广西北部湾拥有丰富的海洋资源,但由于沿海经济基础一直比较薄弱,以及专业人才匮乏、科技水平落后、资金投入不足等问题,广西海洋牧场发展总体仍处于初级阶段,与山东、浙江等发达省份的海洋牧场建设水平相比,有较大的差距。

2017年中华人民共和国农业部(现农业农村部)印发了《国家级海洋牧场示范区建设规划(2017—2025年)》,计划到2025年,在全国创建区域代表性强、生态功能突出、具有典型示范和辐射带动作用的国家级海洋牧场示范区178个。其中,广西防城港白龙南部海域,北海营盘-涠洲海域、海城、银滩海域,钦州三娘湾-大风江口海域被纳入国家级海洋牧场示范区建设范围,标志着广西海洋牧场建设进入"快车道"。随着国家级海洋牧场示范区的规划建设,广西北部湾将走上"耕海牧渔"生态型渔业发展之路,开发"立体式"海洋资源,营造"海底森林"。

新的机遇对广西海洋牧场建设提出了新的要求,以科技创新为核心全速发动创新引擎,培育新动能,形成新优势。一方面,作为"一带一路"的重要衔接区,广西有沿边沿海沿江的独特优势,是我国传统的四大海上养殖渔场。另一方面,该区域台风灾害频发,风暴潮、风浪给海上养殖设施和人员带来巨大威胁。

本书通过基于北斗的智慧海洋牧场建设工作,研究监测-溯源-预警-交易技术体系,达到提质增产、绿色止损目标,能够对东盟国家起到更好的示范和辐射作用,推动智慧海洋牧场成套装备平台建设,达成北斗系统服务东盟市场的目标,加速形成以广西为支点,面向东盟的北斗产业化应用体系。

研究台风影响下陆海总体框架的数据网格化立体监管、水下精准定位、海洋牧场智慧养殖模式,能够将信息技术、互联网经济及海洋经济产业这三张创新发展名片有机串联起来,融合发展、整体提升。在智慧海洋牧场建设中,通过模式、业态创新不断催生新的信息技术需求。这既为新技术研发提供源源不断的灵感,又为新技术应用提供真实的实验环境,推动着创新驱动"海洋资源开发名片"战略向纵深发展。

本书提出了构建北部湾陆海综合体智慧海洋牧场技术支撑体系,建立实时、动态、立体的海洋牧场监测机制及经济、生态、社会效益评估机制,及时对海洋牧场生态环境、资源状况进行跟踪监测,全面总结、科学评估、综合分析获取的数据,并开展智慧海洋牧场工程试点与应用示范。提高广西北部湾海洋牧场监管水平,提升水产品品质和交易量,对促进北部湾海洋牧场从落后的粗放型养殖向现代化精细管理、贯彻落实融合战略、催生智慧海洋牧场新业态、提高广西话语权具有重要意义。

中国科学院院士
中国工程院院士　李德仁
二〇二一年二月

前　言

随着我国海洋牧场产业进入快速发展期,海洋牧场监测评估技术体系得到了快速的创新集成和应用,在新装备、新技术及新方法等方面都取得了较大突破,一些智慧海洋牧场的原型系统也逐渐投入使用。截至目前,莱州湾、祥云湾等多个国家级海洋牧场示范区都已安装多功能环境资源监测平台,实现了多参数水环境和气象数据监测的无线传输及多终端访问。此外,各省区市也在不断加大对海洋牧场建设海域的综合监测,全部国家级海洋牧场示范区都已实现海洋牧场生态环境参数和高清视频的长期、连续、稳定和实时在线观测。

海洋牧场建设是一个系统工程,涉及海洋物理、海洋化学、海洋地质、海洋生物、海洋信息及建筑工程等学科。现代化海洋牧场建设对环境保护和渔业高效产出提出了更高的要求。海洋牧场建设之前,需要对拟建设的海域进行充分的了解,为了避免建设海洋牧场中的盲目性、随意性、片面性,在大量的实践及试验数据的基础上,建立一套标准和规范,面对不同的海域,针对其特有的环境、地形、人文特征,建立不同的技术体系。海洋牧场建设之后,需要对海洋牧场的养殖情况、水质情况、病害情况等进行实时动态监测及评估。因此,建设智慧海洋牧场监测体系,实现海洋牧场养殖情况、生态环境要素的"实时监测＋可视化＋动态评估",是现代化海洋牧场发展的重要方向之一。

针对北部湾智慧海洋牧场建设需求,本书主要介绍了北部湾智慧海洋牧场建设基础、总体设计及研发应用。智慧海洋牧场建设,是兼顾环境保护和渔业高效产出的海洋资源开发和保护新业态,可协调生态利益、经济利益和社会利益的平衡发展,是我国海洋渔业产业转型升级的新动力。它涉及环境监测、生物资源监测、生态环境评估、生态承载力评估、大数据分析及智能识别、智能评价等不同范畴的内容。智慧海洋牧场的应用体现在海洋牧场的建设、管理、效益提升和安全保障等多个关键环节,是现代化海洋牧场构建技术体系的重要部分。

本书在"台风影响下北部湾海浪与风暴潮演变特征、预测预报及灾变关系研究"(U20A20105)、"北部湾陆海接力智慧渔场养殖装备与新模式"(2022YFD2401200)、"北部湾海洋牧场地理时空数据网格化智慧服务平台研发"(桂科 AA18118025)等科技项目资助下,总结分析了北部湾海洋牧场概况、北部湾台风灾害概况,紧紧围绕"提质、增效、止损"的三大预期目标,深入挖掘了北部湾海洋牧场存在的一系列问题,并以这些问题为导向,提出了针对北部湾海洋牧场的陆海综合体多维动态监管体系框架;开展了海洋多功能数据采集、水下精准定位、海底地形扫描等专用设备设计与研制,利用网格化管理技术构建了海洋牧场时空数据库;设计与研发了水动力、HOP模型,建立提供区域海上/海下综合定位服务的智慧牧场服务平台,为海洋牧场精细化管理、生蚝养殖立体监测等提供服务;最终建立了北部湾海洋牧场智能服务区,包括一厅(展示厅),一室(监控室),一中心(海洋牧场大蚝交易中心);一湾(北部湾地理时空数据集),一区(核心示范区),三套装备(信标、测深、多功能装置),三个平台(海洋大数据平台、海上/海下地图服务系统平台、地理时空数据网格化智慧服务平台),并在全国范围内,进行海洋设备、关键技术及监管体系的推广应用。

衷心感谢为本书出版付出辛勤工作的科技工作者,感谢广西壮族自治区科学技术厅、南宁师范大学、北京大学、中国科学院测量与地球物理研究所、广西壮族自治区海洋研究院、桂林电子科技大学、广西科学院、中国科学院南海海洋研究所、北部湾大学等单位的大力支持。由于作者水平有限,书中错漏难免,敬请读者谅解。

笔　者

二〇二二年十一月

目 录

上篇 北部湾智慧海洋牧场建设基础

第一章 背景意义 …………………………………………………………………… （3）
  第一节 研究基础及背景 ………………………………………………………… （3）
  第二节 国内外研究动态 ………………………………………………………… （8）
  第三节 研究意义 ………………………………………………………………… （9）

第二章 北部湾台风灾害概况 ……………………………………………………… （12）
  第一节 热带气旋分级 …………………………………………………………… （12）
  第二节 北部湾地区热带气旋概况 ……………………………………………… （14）
  第三节 北部湾地区热带气旋分布特征 ………………………………………… （14）
  第四节 对北部湾影响重大的台风 ……………………………………………… （17）

第三章 海洋牧场概况 ……………………………………………………………… （22）
  第一节 北部湾大型养殖渔场与品种分布 ……………………………………… （22）
  第二节 广西海洋功能区划 ……………………………………………………… （23）
  第三节 我国海洋牧场规划 ……………………………………………………… （24）
  第四节 海洋牧场智能化技术方法水平 ………………………………………… （31）

中篇 北部湾智慧海洋牧场总体设计

第四章 北部湾智慧海洋牧场技术框架 …………………………………………… （37）
  第一节 总体任务 ………………………………………………………………… （37）
  第二节 技术路线 ………………………………………………………………… （47）

第五章 北部湾智慧海洋牧场监测预警平台建设框架 …………………………… （51）
  第一节 陆海综合体海洋牧场技术集成框架 …………………………………… （51）
  第二节 监测预警溯源交易平台集成框架 ……………………………………… （52）

下篇　北部湾智慧海洋牧场研发应用

第六章　北部湾智慧海洋牧场基础能力建设 …… (69)
 第一节　地理时空数据集 …… (69)
 第二节　核心示范区 …… (107)
 第三节　硬件基础建设 …… (109)
 第四节　装备研发 …… (116)

第七章　应用平台研发 …… (167)
 第一节　地理时空数据网格化智慧服务平台 …… (167)
 第二节　北部湾科学数据共享集成应用平台 …… (182)
 第三节　大蚝在线监控与交易展示系统 …… (188)

第八章　创新成果产出 …… (193)
 第一节　技术创新 …… (193)
 第二节　风暴潮与海浪预测预警标志成果 …… (195)
 第三节　重要贡献 …… (197)

第九章　示范应用 …… (199)
 第一节　智能服务区建设 …… (199)
 第二节　技术实施 …… (200)
 第三节　成果转化应用与效益 …… (226)

主要参考文献 …… (228)

上篇

北部湾智慧海洋牧场建设基础

第一章 背景意义

第一节 研究基础及背景

一、智慧海洋牧场概念内涵

21世纪是海洋经济时代,海洋经济在国民经济中的地位和作用越来越突出。随着经济和捕捞手段的不断发展,全世界渔业资源正在严重衰退,因此,日本于1971年最早提出"海洋牧场"概念。从世界范围看,已先后有30多个国家和地区开展了海洋牧场建设,其中日本最为成功,目前已建立了较为成熟的渔业管理与推广模式。海洋牧场不仅能够提高养殖产量和效率,促进"海上粮仓"增值,藻类还能固碳,形成"海上森林"生态,进而促进现代信息服务业和滨海休闲旅游业的转型发展。

我国海洋牧场建设的构想最早由曾呈奎院士在20世纪70年代提出,即在我国近岸海域实施"海洋农牧化"。进入21世纪以来,沿海各省区市充分利用海洋资源,积极进行人工鱼礁和藻场建设,大力发展海洋牧场。然而,我国海洋牧场建设尚存在诸多问题,如环境和资源监测评价体系不健全、缺乏风险评估和预警预报机制等,严重影响了我国现代化海洋牧场建设的进程。因此,研究现代化海洋牧场建设关键技术,利用北斗网格码、大数据和人工智能等信息化技术,建立智慧海洋牧场多维动态立体监管体系,促进我国海洋牧场从落后的粗放型养殖向现代化精细管理、智慧渔业转变,成为当务之急。

二、陆海综合体海洋牧场监管理论框架

据统计,我国经法律授权编制的规划有80多种。但由于规划编制部门分治,国民经济和社会发展规划、城乡规划、土地利用规划、环境保护规划以及其他各类规划之间内容重叠交叉甚至冲突和矛盾的现象较为突出,不仅浪费了资源,还导致资源配置在空间上缺乏统筹和协调。目前,陆域与海域没有综合信息(生态、环境、资源、海洋经济)立体监管手段,传统单一空间监测导致多个规划冲突、项目重复审批、项目区域重叠和产业经济监管困难等严重问题;同时,缺少解决信息共享问题的有效技术手段,各行各业之间的数据标准和接口不一致,造成海岸带管理出现很多的信息孤岛。

基于陆海综合体的理论,广西实现了沿海陆海空间的无缝覆盖和动态综合监管"1+1+N"技术体系框架(图1-1),即1个陆海综合体的动态监管理论体系,1套陆海综合体地理网格

剖分技术参考框架、全国海域权属电子证书统一配号和动态监管预警关键技术的大数据信息平台和 N 个土地利用规划动态监测预警、海域动态使用监管、海籍调查及动态监管、海域海岛批后监管等广西海陆统筹、多元素多对象动态监管应用。

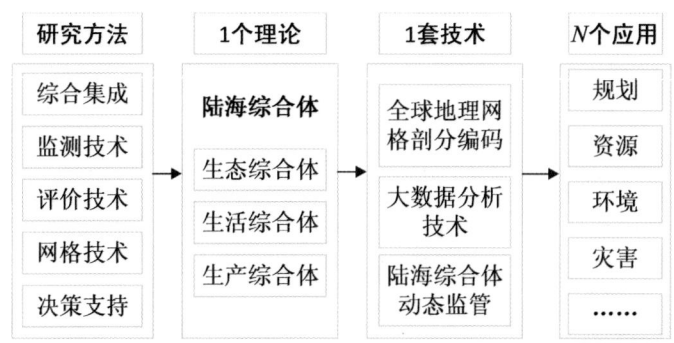

图 1-1　陆海综合监管体的"1＋1＋N"技术体系理论框架

近年来,广西先后投入 3200 万元,在沿海重要港湾、河口、赤潮多发区等重点敏感区域布设 17 个环境监测浮标;安排近 500 万元,建设国内首个省级海洋放射性监测实验室;投入 498 万元,建设广西海洋防灾减灾风浪实时监控项目;在监测海域内设置海水水质监测站位 111 个、海洋生物多样性监测站位 59 个、海洋沉积物监测站位 21 个;这都为大数据平台的搭建奠定了坚实基础。

三、北部湾智慧海洋牧场主要问题

1. 产业化水平总体较低

由于缺乏通过长期监测对环境影响、生态效益、经济效益进行科学定量评价,北部湾海洋牧场的管理总体来说水平较低,维护不到位,产业发展效果不明显,并未形成有利的产业格局。究其原因,一是管理资金缺乏;二是海洋牧场监管技术体系尚未建立;三是海洋牧场管理主体难找,在海域尚未确权和产业风险高的地区,企业参与管理维护海洋牧场的积极性不高。这些因素直接导致了我国海洋牧场产业化水平不高,政府和民间投资综合效果欠佳的后果。

2. 关键产业技术有待系统研发

目前,我国的海洋牧场产业缺乏相对独立的应用基础,海洋牧场技术的研发仍然相对滞后,特别是许多关键技术如安全高效生产的创新技术、牧场信息化监控管理技术等尚待研发;缺少具有自主知识产权的现代高端技术,创新能力亟待提高。

当前我国的海洋牧场产业链相对较短,后续的产业创新能力不足,突出表现在优质产品的高效开发利用、现代仓储物流、现代营销体系、文化体系建设等方面;同时缺乏有效的协调合作运行机制,无法达到三产融合的目标。这些在很大程度上限制了整个现代海洋牧场建设的科学推进。

第一章 背景意义

3. 水下数据缺失,海洋牧场"盲养"

我国的海洋牧业以增殖放流、人工鱼礁等多种产业形态同步发展,但大多处于"盲养"的状态。早在20世纪80年代,大连市的獐子岛开始虾夷扇贝的育苗和底播,从20世纪90年代起,獐子岛海洋牧场营造海藻场,设置人工鱼礁、人工藻礁,取得了一些成就。但是近年来的獐子岛"扇贝跑路"事件,又将这个曾经的"海上大寨"推上了风口浪尖。

正是由于海底情况不清、水下资料缺乏、陆海监管分析、养殖监管手段落后等问题的存在,导致了獐子岛扇贝去向成谜的闹剧发生,引发了社会大众对獐子岛这样的海洋牧场上市公司的不信任,严重制约了我国海洋牧场事业的发展。

构建"人工智能+物联网+生态牧场"的智能化生产体系,实现牧场信息化管理,是现代化建设的基础。因此,如何利用现代信息化技术,对水下活动状态、自然生态的水下修复效果、人工鱼礁抛设后的状态和海洋牧场水质状况等进行监控,是眼前海洋牧场必须解决的问题。

4. 海洋探测和监控装备严重依赖进口

我国是一个海洋大国,拥有约1.8万km的大陆海岸线,我国的港口航运、海洋水产品总量、海洋科学家总数和海洋产业就业人数在全世界名列前茅,但我国并不是海洋强国。因为我国对海洋的探测和监控能力明显不足,对海洋生态环境的保护修复能力远远不够。我国与世界海洋强国的差距,不是差在"人"上,也不是差在"钱"上,而是差在"装备"上。

随着海洋科技的突飞猛进,长期积累的问题逐渐呈现,最明显的"瓶颈"是海洋装备。这就是我国为什么还不是海洋强国的重要原因,也是建设海洋强国进程中必须首先要补齐的"短板"。

在我国海洋科技领域,从陆上的实验到水下的探测,仪器进口依赖度较高。此外,我国海洋调查在观测精度、探测深度、研究尺度上与海洋科技大国的地位不相称,我国海底观测网络装备产业化方面远远落后于发达的国家和地区。

总之,我国对海洋的探测和监控能力相对较弱,还没有建立起真正自主知识产权的综合性、系统性、国产化的海洋科研装备研发和产业化体系。

5. 技术体系与平台建设亟待建立

国内海洋牧场的建设还比较依赖增养殖业、人工鱼礁业、增殖放流业等技术体系,没有形成独立的技术体系,所以产业链上技术储备不足,缺乏一套完整的海洋牧场行业标准,尤其是现有的海洋牧场选址所采用的研究方法、分析手段、评价方法还不完善,选址工作科学依据不足,缺乏有效的评价手段,导致选址决策主观性、随意性、片面性现象较严重。产业技术研发平台建设过多地依靠地方上的研究资金资助,尚未成立国家层面的专门研发机构,缺乏独立的国家级海洋牧场科研管理机构。

我国海洋牧场主要是依靠行业部门的政府行为建设起来的,以非营利性工程建设形式为主,常呈现出一次性短期投资的特征。建成后的海洋牧场的长期管理维护费用不足,难以针对海洋牧场维护效果开展有效科学反馈。我国海洋牧场的建设应当首先在国家层面完善海洋牧场技术体系和研发平台建设,这样才有利于其产业化。

6. 管理机制有待健全

我国海洋牧场建设在评估与规划环节出现脱节,缺乏有效规划。我国海洋牧场的发展呈现南北旺盛、中部薄弱的局面,发展不平衡;海洋牧场的选址依赖人工鱼礁区的现象较为严重,使得海洋牧场选址的综合性和全面性受到影响,不利于海洋牧场充分和全面的发展。海洋牧场项目建设与管理,仅限于政府资金立项扶持的项目。社会企业自建的人工鱼礁缺乏有效的管理,致使部分海洋牧场建设管理处于无序状态。由于缺乏全面的管理制度和成熟的管理经验,我国很多地区海洋牧场的管理都不到位。

北部湾处于我国大陆岸线的最西南端,是一片热带向亚热带过渡的海区。海域渔业生物资源丰富,沿海滩涂面积达1005 km^2;北热带的海洋气候和滨海风光组合成优良的旅游资源;生态环境保持良好,有3个国家级的海洋保护区及海岛珊瑚礁群,近海达到Ⅰ类海水水质标准。近10年,为守住这片蓝天碧海,并盘活优势资源,广西壮族自治区人民政府对海洋牧场建设给予了绝对性的政策倾斜。

北部湾拥有丰富海洋资源禀赋,但沿海经济基础一直比较薄弱,导致北部湾海洋牧场存在着一系列的监管问题,主要表现在以下几个方面:①缺乏现代化养殖监管技术,仍停留在传统海洋捕捞与养殖产业上,导致产量不高;②风暴潮等海洋灾害频发,每年给渔民造成难以估量的损失;③海下本底情况不清,缺乏有效的评价手段,导致选址决策主观性、随意性、片面性现象较严重;④缺乏有效的水下定位手段,难以满足海洋牧场水下作业的位置服务要求;⑤北部湾海洋牧场线上交易规模小,且缺少品牌知名度,导致产品价格和交易量无法提升。与我国东部海洋经济大省相比,科技创新动力和海洋现代服务业存在着十分明显的差距,与区位优势以及发展机遇不相符。因此,加强对海洋牧场的监测和精细化管理显得尤为重要。

四、北部湾智慧海洋牧场关键技术

1. 基于大数据平台的海洋牧场立体监测与预报预警技术

构建基于物联网技术的海洋牧场在线监测系统,实现对水温、盐度、溶氧、叶绿素等海水环境关键因子的立体实时在线监测(图1-2)。

一是实现对海洋牧场可视,就是对海洋牧场海域状态实施在线视频观察。对海洋牧场水下状态、生产方式、产品、环境的直观显示,展示现代化海洋生物产业形象,普及海洋科技文化知识,强化海洋意识。

二是实现对海洋牧场可测,就是对海洋牧场水质和水动力等生态环境参数实施在线监测。通过即时观测海洋牧场水生生物生长状态,开展水质和水动力条件的大数据分析,把握规律,指导科学养殖生产。

三是实现对海洋牧场可控,就是对海洋牧场生态环境质量实施有效管控。通过对海洋牧场出现的缺氧、敌害生物等生态环境安全事件在线视频和在线数据的分析,提升海洋牧场预报减灾能力。

第一章 背景意义

图 1-2 海洋牧场立体监测效果图

2. 海洋牧场承灾体与生态环境分析、评估技术

利用海上浮标、水下多功能数据采集装备,建立针对海洋牧场的生态环境数据采集和评估体系;开展海洋牧场承灾体调查,形成避灾区选址标准,形成承灾体、避灾区调查详细本底数据库,研究基于 HOP(hazard of place)与地理网格化的承灾体脆弱性评价模型关键技术,开发海洋灾害数据网格化预测智能算法,实现对核心区海洋防灾减灾的高效信息化辅助决策支持和管理。

研究水动力模型和波浪 SWAN 模型模拟重现极端天气情况下海浪、海流、温度和盐度分布的变化,进而分析风暴增水对海洋牧场造成的影响,为海洋牧场的建设评估提供准确依据。

3. 海底地形探测与水下定位导航技术

在现代化海洋牧场的建设中,需要对海洋牧场水体状态、生产方式、养殖产品以及海底环境进行实时观测,同时,水质与水动力条件的大数据分析、敌害生物等生态环境安全问题也非常重要。因此,研发拥有自主知识产权的海底地形探测设备,摸清海洋牧场区域的水下"家底",为海洋牧场选址和养殖种类选择提供可靠的数据依据;研制水下定位信标和高精度定位导航算法,建立水下定位导航系统,为水下机器人自动抓捕、潜水娱乐等提供位置服务,均是打造现代化海洋牧场新兴产业链的重要抓手。

4. 海洋牧场自动抓捕技术和智慧服务平台

研发海洋牧场区高效、生态环保型的自动抓捕技术能提高对象生物捕捞效率,确保生态环境影响最小化。研发基于海洋牧场生态系统的大数据分析技术,建立海洋牧场产出最优化评价方法体系。研发海洋牧场的线上交易平台和智慧服务平台,优化海洋牧场经营模式,保障海洋牧场良性可持续生产。建立从苗种、驯化、育成、采捕到销售的海洋牧场全产业链条的连续数据采集和全过程追溯技术,构建海洋牧场综合管理平台。

第二节　国内外研究动态

一、国外智慧海洋牧场立体化监测发展动态

国外的海洋管理信息系统建设较早,美国国家海洋和大气管理局的海洋服务系统、澳大利亚国家海洋信息系统、波罗的海海洋环境信息系统、全球珊瑚礁监测网等均已运行多年。国外海洋管理系统所采用的监测技术、信息挖掘技术、信息化管理技术较先进,但多是基于海洋环境保护业务或是针对某一区域或某一海域所建立的信息系统,其业务的集中管理程度较低,集成管理技术含量较少。

二、国内外智慧海洋牧场时空数据网格化处理动态

与日本等发达国家相比,我国海洋牧场监测水平总体较低,缺乏通过长期监测对环境、生态效益、经济效益进行科学定量评价,海洋牧场的管理维护不到位,产业发展效果不明显,并未形成有利的产业格局。

与国际上同类地球空间剖分方法(美国国家网格 USNG、世界地理区域参考系统 GeoRef、全球区域参考系统 GARS、Google 开放位置编码网格 OLC 等)相比,我国北斗网格剖分方法具有下面几个重要优点:

(1)北斗网格更符合我国 CGCS2000 大地坐标基准,现有大多数剖分方法并没有充分考虑这一点。

(2)北斗网格全球覆盖、无缝无叠、尺度完整,对国内外测绘、气象、海洋、国家地理网格等现有的数据组织框架具有良好的包容性,现有各类剖分方法形成的空间网格很难完全满足这一点。

(3)北斗网格较好地解决了两极地区的网格剖分问题,得到了近似均匀的两极划分方案,现有大多数经纬度剖分方法在解决两极问题时,都存在局限性。

(4)北斗网格实现了地球空间二维、三维剖分的一体化,形成了立体空间的真三维剖分框架,现有绝大部分剖分方法都很难实现这一点。

(5)基于北斗剖分网格形成的立体空间剖分索引,具有全空域性(地球立体空间)、查询效率高、性能平衡、支持高速动态数据等特性。

三、北部湾智慧海洋牧场智慧服务技术方法发展动态分析

我国海洋领域的相关科研机构在智慧海洋牧场进行了积极的探索,例如,国家海洋信息中心、厦门大学、中国海洋大学等单位及高校研制和开发了不同规模的海洋信息平台系统。这些系统受数据资源和应用范围的限制,存在规模小、可扩展性差等问题。目前的"科学数据共享工程"就是在国家科技基础条件平台统一规划的面向全社会的管理与共享服务平台,对

海洋数据的共享进行了较为深入的研究,已建成的海洋科学数据共享中心包含许多领域的海洋数据可供查看。虽然我国对海洋牧场的建设有了总体的部署,但对实施智慧服务平台及其应用还存在明显的不足,智慧服务平台建设归根到底是渔业信息化建设。渔业信息化可以打破地域和时间上的局限性,拉近政府部门与渔民群众距离,有利于提高生产管理智能化水平和全要素生产率,促进渔业生产节本增效,增加生产经营收入,帮助渔民脱贫致富,有利于提升渔民综合素质,满足渔民群众对了解发展近况、最新市场信息、政策法规以及科学技术的需求,让渔民在共享信息化发展成果上有更多获得感。一定程度上,渔业信息化是渔业现代化的核心标志,信息化这个"坎"能否跨得好,渔业转方式调结构能否转变得好,对于实现我国渔业现代化具有决定性作用。鉴于此,首要任务就是建设好海洋牧场智慧服务平台,为渔业信息化做好奠基石,带动渔业转型升级,用信息化带动渔业现代化和国际化。

四、北部湾智慧海洋牧场地理时空信息服务创新驱动发展趋势

科技创新是创新驱动的核心。大数据技术正在带来一次革命,大数据不仅意味着海量、多样、迅捷的数据处理,更是一种新的生产要素、一种创新资源和一种新的思维方式。大数据可以从产业结构、传统制造业升级、商业组织和"互联网+"等方面影响经济增长方式,助推创新驱动发展。

在当今世界科技发展生态下,技术创新呈指数函数增长,创新周期大大缩短,科技发展向极限化逼近,科学研究呈现多学科交叉渗透。整合创新资源,加强在物质、生命、信息、地球等可能出现革命性突破的科学前沿及交叉领域布局,积极适应初见端倪的新科技革命成为大势所趋。对于海洋牧场地理时空信息,它所涉及的环境、气象、水文、生物数据形成了一张大数据网,通过对大数据的分析使得人们对海洋牧场的认知从原始的"因果关系"向"相关关系"转变,引起科研方式的深刻变革,形成创新的新动力,进一步推动海洋牧场发展。

第三节 研究意义

一、助力中国-东盟智慧海洋牧场示范引领作用

作为"一带一路"的重要衔接区,广西有沿边沿海沿江的独特优势,通过基于北斗的智慧海洋牧场建设工作,能够对东盟国家起到更好的示范和辐射作用,推动智慧海洋牧场成套装备平台建设,特别是北斗系统加速服务东盟市场,加速形成以广西为支点、面向东盟的北斗产业化应用体系。

二、贯彻落实国家发展现代化海洋牧场重大要求

党的十八届五中全会提出,要牢固树立创新、协调、绿色、开放、共享的新发展理念,并就加快转变农业发展方式以及拓展蓝色经济空间、壮大海洋经济、科学开发海洋资源等方面提出了一系列工作要求。"十三五"是推动我国渔业产业实现转型升级的关键时期,如何在保持产业规模不萎缩、产业效益不降低、渔民收入不减少的前提下,顺利实现产业结构优化、发展

方式转变和可持续发展,是一个需要认真研究的问题。积极推动海洋牧场建设,是实现上述目标的一条有效途径。

2018年发布的《农业部关于大力实施乡村振兴战略加快推进农业转型升级的意见》提出,要推进现代化海洋牧场建设,合理规划空间布局,新创建国家级海洋牧场示范区20个以上。《2018年渔业渔政工作要点》提出要推动海洋牧场经济技术创新和研究。大力推进海洋牧场建设,是优化海洋生态的重要举措,也是实现渔业转型升级、推动渔业供给侧结构性改革的有效途径。近几年,国家发改委、农业农村部等部委每年都安排资金在全国沿海地区开展海洋牧场示范区建设。辽宁省是我国最早建设海洋牧场的沿海省份,大连的獐子岛已成为现阶段我国最大的海洋牧场,为其他地区海洋牧场的建设起到了示范带动作用。山东省自2005年起开始实施《山东省渔业资源修复规划》,在全省沿海大范围开展海洋牧场和人工鱼礁建设,取得了良好成效。连云港海州湾、厦门五缘湾、珠海万山群岛、海南三亚等地也已启动建设不同规模的海洋牧场。浙江舟山市的白沙、马鞍列岛两个海洋牧场示范项目已进入建设实施阶段。

从总体上看,经过几十年的发展,在辽宁、山东、浙江、广东等沿海省份,海洋牧场已经实现规模化产出。但是,我国海洋牧场建设总体上仍处在人工鱼礁建设和增殖放流的初级阶段。广西应该抓住现代化海洋牧场建设的新机遇,整合政策、区位、资源和生态优势,实施跨越发展策略,尽快抢占现代化海洋牧场建设新高地,尽快形成现代化海洋牧场发展新动能。

三、推动北部湾智慧海洋牧场提质增效新路径

1979年,我国第一个混凝土制人工鱼礁由广西水产厅(现广西壮族自治区海洋和渔业厅)在北部湾海域投放,拉开了我国人工鱼礁建设的序幕。如今,作为我国人工鱼礁发源地,广西一路引领着我国海洋牧场建设的发展。2016年底,防城港白龙珍珠湾海洋牧场入选农业部国家级海洋牧场示范区,标志着广西海洋牧场建设进入"快车道"。白龙珍珠港是我国闻名遐迩的南珠产地之一,沿岸上万亩红树林,海水清洁无污染,目前是广西唯一在建的国家级海洋牧场示范区。随着该示范区的规划建设,这个南珠产地将走上"耕海牧渔"生态型渔业发展之路,开发"立体式"海洋资源,营造一个"海底森林"。

新的机遇也对广西海洋牧场建设提出了新的要求,以科技创新为核心全速发动创新引擎,以九张创新名片为抓手实施高端突破,培育新动能、形成新优势。以立体监管、智慧养殖模式来发展智慧渔业能够将信息技术、互联网经济及海洋经济产业这三张创新发展名片有机串联起来,融合发展,整体提升。在智慧海洋牧场建设中,模式、业态创新不断催生新的信息技术需求,这既为新技术研发提供源源不断的新课题,又为新技术应用提供真实的实验环境,推动着创新驱动"海洋资源开发名片"战略向纵深发展。

四、提供北部湾海洋牧场防灾止损与安全新方法

北部湾海洋地理空间资源家底不清、资料缺乏,陆海监管分析、养殖监管手段落后,"水下北斗"信号几乎空白,风暴潮等海洋灾害频发等问题,严重影响广西海洋牧场事业的发展。因此,针对北部湾海洋牧场现代化监管的重大需求,构建基于物联网技术的海洋牧场多维动态

在线监测体系,实现对水温、盐度、溶氧等海水环境关键因子的立体实时在线监测;补充对北部湾海洋承灾体的调查,结合波浪浮标等监测数据,建立承灾体脆弱性评价模型,加强海洋防灾减灾的监测和预警能力;集成北斗网格码和大数据存储和分析技术,构建北部湾海洋牧场智慧服务平台,实现示范区域的精细化管理、快速立体监测预警、线上交易和追踪溯源等智慧服务功能,从而达到北部湾海洋牧场"提质、增效、止损"的三大预期效益。提升北部湾海洋牧场监管水平,提升水产品品质和交易量,对促进北部湾海洋牧场从落后的粗放型养殖向现代化精细管理、打造创新驱动新名片、催生智慧海洋牧场新业态、提高广西话语权具有重要意义。

第二章　北部湾台风灾害概况

台风(Typhoon)是一种风力强劲的热带气旋,台风常带来强降雨、巨浪和风暴潮等,具有极强的破坏力。南海和太平洋西北是全球台风的主要生成地。北部湾位于南海西北部,经常受到台风的袭击,损失严重。同时,北部湾是一个半封闭海湾,海岸线蜿蜒曲折,台风引起的增水容易在港湾堆积,如果遇上天文大潮,潮位叠加风暴增水,会引发风暴潮,大量海水漫灌,破坏海上和海边设施,造成重大的人员伤害和财产损失。

第一节　热带气旋分级

热带气旋(Tropical Cyclone)是发生在热带、亚热带洋面上的强烈的有组织对流和暖中心结构的非锋面气旋性涡旋。它是热带天气系统中的重要成员,也是一种强灾害性天气系统,发展强烈的热带气旋会给所经之地带来狂风、暴雨,并伴有巨浪和风暴潮。

根据国家标准《热带气旋等级》(GB/T 19201—2006),热带气旋分为热带低压、热带风暴、强热带风暴、台风、强台风和超强台风6个等级,详见表2-1。

表 2-1　热带气旋分级

热带气旋等级	底层中心附近最大平均风速/(m·s^{-1})	底层中心附近最大风力/级
热带低压(TD)	10.8～17.1	6～7
热带风暴(TS)	17.2～24.4	8～9
强热带风暴(STS)	24.5～32.6	10～11
台风(TY)	32.7～41.4	12～13
强台风(STY)	41.5～50.9	14～15
超强台风(Super TY)	≥51.0	16 或以上

对于风力分级,目前国际上通用蒲福(Beaufort)风力等级表,是19世纪初期由英国海军上将蒲福所发明,后经多次改进沿用至今,如表2-2所示。

表 2-2　蒲福风级表

蒲福风级	名称	风速/(m·s⁻¹)	海岸状况	陆地状况	海面状况
0	无风(Calm)	0～0.2	风静	静,烟直上	海面如镜
1	软风(Light Air)	0.3～1.5	寻常渔船略有摇动	炊烟可表示风向,风标不动	海面有鳞状波纹,波峰无泡沫
2	轻风(Light Breeze)	1.6～3.3	渔船涨帆时速1～2海里	人面感觉有风,树叶有微响,风向标能转动	微波明显,波峰光滑未破裂
3	微风(Gentle Breeze)	3.4～5.4	渔船渐倾侧,时速3～4海里	树叶及小枝摇动,旌旗招展	小波,波峰开始破裂,泡沫如珠,波峰偶泛白沫
4	和风(Moderate Breeze)	5.5～7.9	渔船满帆时倾于一侧,捕鱼好风	尘沙飞扬,纸片飞舞,小树干摇动	小波渐高,波峰白沫渐多
5	清风(Fresh Breeze)	8.0～10.7	渔船缩帆	有叶的小树枝摇摆,内陆水面有小波	中浪渐高,波峰泛白沫,偶起浪花
6	强风(Strong Breeze)	10.8～13.8	渔船张半帆,捕鱼须注意风险	大树枝摆动,电线呼呼有声,举伞困难	大浪形成,白沫范围增大,渐起浪花
7	疾风(Near Gale)	13.9～17.1	渔船停息港内,海上需船头向风减速	全树摇动,迎风步行有阻力	巨浪,海面涌突,浪花白沫沿风成条吹起
8	大风(Gale)	17.2～20.7	渔船在港内避风	小枝吹折,逆风前进困难	猛浪,巨浪渐升,波峰破裂,浪花明显成条沿风吹起
9	烈风(Strong Gale)	20.8～24.4	机帆船行驶困难	烟囱顶部及屋顶瓦片将被吹损	猛浪惊涛,海面渐呈汹涌,浪花白沫增浓,大气能见度降低
10	暴风(Storm)	24.5～28.4	机帆船航行极危险	陆上少见,可使树木拔起,建筑物损坏严重	猛浪翻腾波峰高耸,浪花白沫堆集,海面一片白浪,能见度降低
11	狂风(Violent Storm)	28.5～32.6	机帆船无法航行	陆上很少,有则必有重大损毁	非凡现象,狂涛高可掩蔽中小海轮,海面全为白浪掩盖,大气能见度大大降低

续表 2-2

蒲福风级	名称	风速/(m·s^{-1})	海岸状况	陆地状况	海面状况
12	飓/台风(Hurricane/Typhoon)	32.7~36.9	骇浪滔天	陆上几乎不可见,有则必造成大量人员伤亡	非凡现象,空中充满浪花白沫,大气能见度恶劣
13	飓/台风(Hurricane/Typhoon)	37.0~41.4		陆上绝少,其摧毁力极大	非凡现象
14	飓/台风(Hurricane/Typhoon)	41.5~46.1		陆上绝少,其摧毁力极大	非凡现象
15	飓/台风(Hurricane/Typhoon)	46.2~50.9		陆上绝少,其摧毁力极大	非凡现象
16	飓/台风(Hurricane/Typhoon)	51.0~56.0		陆上绝少,其摧毁力极大	非凡现象
17	飓/台风(Hurricane/Typhoon)	56.1~61.2		陆上绝少,其摧毁力极大	非凡现象

注:1 海里≈1852 米。

第二节　北部湾地区热带气旋概况

北部湾地区是我国近海热带气旋活动较为频繁的地区之一。根据《广西海洋灾害区划报告》报道,1949—2010 年间,影响北部湾北部的热带风暴(台风)总数为 296 个。一方面,台风风暴潮给广西沿海地区造成了极大的生命、财产损失。另一方面,台风引起的海浪灾害也给北部湾的海洋经济发展带来很大的隐患。灾害性海浪在近海常掀翻船舶,摧毁海上工程,给海上航行、海上施工、海上风力发电、渔业捕捞等带来危害。2015—2018 年间,北部湾海域出现的灾害性海浪过程共计 10 次,其中 70% 的灾害性海浪发生在台风活动的 6~11 月份。

由于时间和区域的统计口径不一样,对影响北部湾地区的热带气旋统计也有不同结果。本书采用来自国家气候中心的国际气候管理最佳路径档案库(IBTrACS)的热带风暴数据,对 1965—2019 年间进入并影响北部湾地区热带风暴以上的热带气旋进行了统计分析,空间的统计范围为东经 105°~112°,北纬 19°~27°。1965—2019 年间,影响北部湾地区的热带气旋,热带风暴以上的有 219 个,台风及以上的有 122 个。

第三节　北部湾地区热带气旋分布特征

进入并影响北部湾地区的热带气旋主要形成于西太平洋和南海,其中以西太平洋为多。

一、年际及季节分布特征

图 2-1 显示了 1965—2019 年间进入并影响北部湾地区的热带气旋频次。热带气旋发生

频次具有显著的年际及年代际变化特征。除了 2000 年没有热带气旋进入北部湾地区外,其余年份都有不同次数的热带气旋影响北部湾地区。最多次数发生在 1974 年,达 10 次,其中来自南海的有 3 次,来自西太平洋的有 7 次。其次,2013 年发生 8 次,其中 2 次来自南海,6 次来自西太平洋。图 2-2 显示了 1965—2019 年间进入并影响北部湾的台风(及以上)频次。台风最多次数仍然发生在 1974 年,达 7 次,全部来源于西太平洋。其次,1971 年发生台风 6 次,全部来源于西太平洋。1997、1998、2000、2002、2007 等年份,均没有台风进入北部湾。由此可见,相比南海,来源于西太平洋的热带气旋具有强度大、频率高的特点。

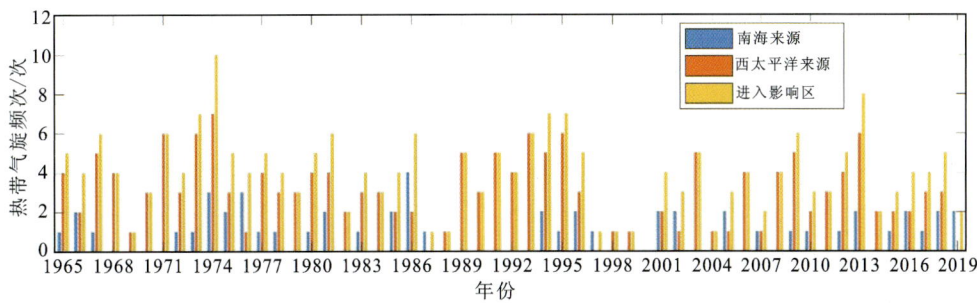

图 2-1　1965—2019 年进入并影响北部湾地区的热带气旋频次

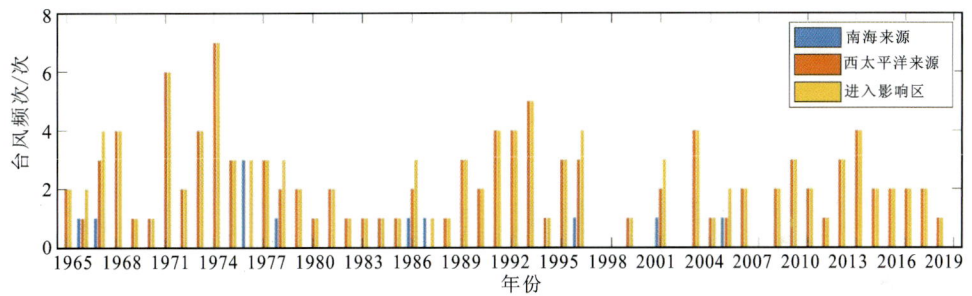

图 2-2　1965—2019 年进入并影响北部湾地区的台风频次

夏季海水温度高,热带气旋多发生于此季节。图 2-3 和图 2-4 分别显示了影响北部湾地区的热带气旋和台风的逐月统计结果。热带气旋在 7、8 月份生成最多,尤以 7 月份为甚。1965—2019 年,7 月份共生成热带气旋 62 次,其中台风及以上的有 33 次,49 次热带气旋和 29 次台风来源于西太平洋。8 月份次之,共生成热带气旋 54 次,其中台风 26 次。

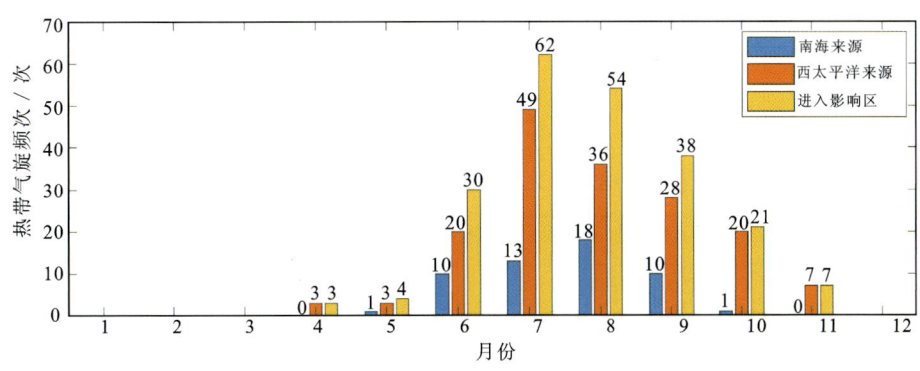

图 2-3　热带气旋逐月统计特征

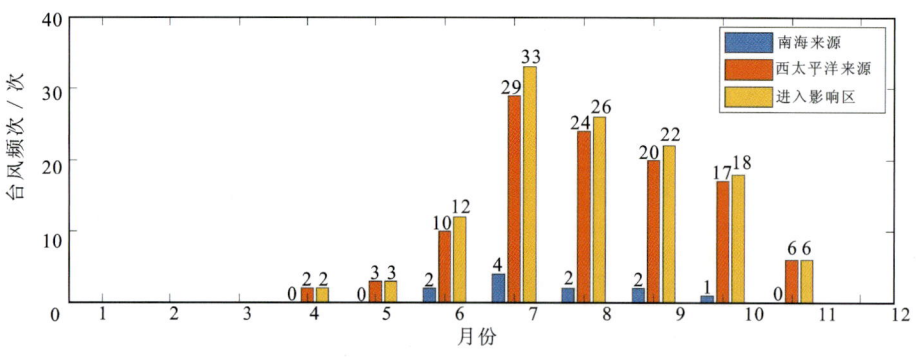

图 2-4 台风逐月统计特征

二、路径特征

根据统计分析,进入北部湾海域的台风移动路径主要分 3 种类型:Ⅰ类是斜穿雷州半岛和海南岛东北部进入北部湾,在广西沿海或越南北部登陆,该类台风引起广西沿海港湾强烈的增水;Ⅱ类是横穿海南岛或雷州半岛进入北部湾,在越南北部沿海登陆,该类台风引起的港湾增水程度和范围要小于Ⅰ类路径;Ⅲ类是绕过海南岛向北发展,在广西沿岸登陆,该类台风也会引起广西沿海港湾的水位变化(图 2-5)。在笔者统计的 1965—2019 年进入北部湾海域的 219 个热带气旋中,符合Ⅰ类路径特征的有 116 个,占 52.97%,占比最大;符合Ⅱ类路径特征的有 57 个,占 26.03%;符合Ⅲ类路径特征的有 12 个,占 5.48%,占比最少。另外有 34 个热带气旋,具有多重路径特征或多次登陆,具体见表 2-3。

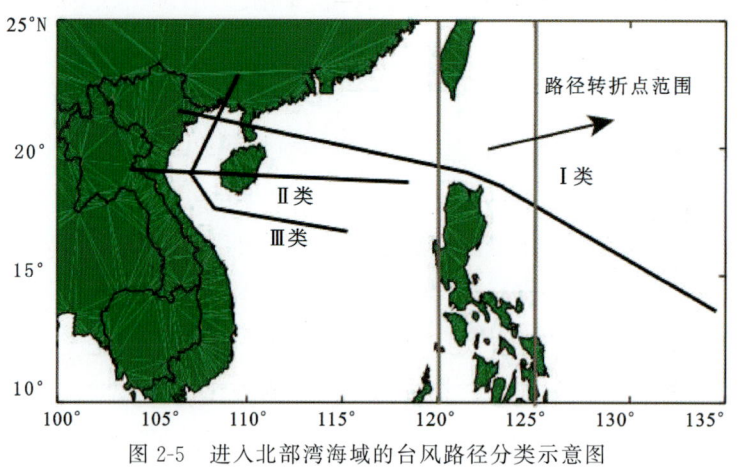

图 2-5 进入北部湾海域的台风路径分类示意图

表 2-3 不同路径热带气旋统计

项目	总个数/个	占比/%
热带气旋个数	219	100
Ⅰ类热带气旋	116	52.97

续表 2-3

项目	总个数/个	占比/%
Ⅱ类热带气旋	57	26.03
Ⅲ类热带气旋	12	5.48
其他	34	15.52

第四节　对北部湾影响重大的台风

本节根据台风登录北部湾或邻近区域时的风速、气压以及对北部湾地区造成损失的程度,介绍1965年以来对北部湾影响重大的7次台风。

一、1522号台风"彩虹"

台风"彩虹",国际编号201523,国内编号201522,英文名"Mujigae",属于超强台风。2015年10月4日14时10分前后,在广东省湛江市坡头区沿海登陆,中心最低气压940hPa,是1949年以来10月份登陆广东的最强台风。沿海监测到的最大风暴增水为232cm,发生在广东省水东站。增水超过100cm的还有广东省湛江站(212cm)、北津站(160cm)、闸坡站(126cm)、南渡站(113cm),广西石头埠站(107cm)。受风暴潮和近岸浪的共同影响,广东、广西和海南三省(区)因灾直接经济损失合计27.02亿元。其中,广西受灾人口34.12万人,紧急转移安置人口3.53万人,倒塌房屋72间,水产养殖受灾面积0.159万 hm²,损毁海堤4.41km,损坏水闸32座,损坏灌溉设施31处,损坏机电泵站1座,直接经济损失0.4054亿元(据《广西壮族自治区2015年海洋环境质量公报》)。

二、1409号台风"威马逊"

台风"威马逊",国际编号201410,国内编号201409,英文名"Rammasun",属于超强台风,是1949年以来登陆我国的最强台风。2014年7月18日15时30分前后,在海南省文昌市翁田镇沿海登陆,登陆时中心气压910hPa,最大风速60m/s。18日19时30分前后,在广东省湛江市徐闻县龙塘镇沿海再次登陆,19日7时10分前后,在广西防城港市光坡镇沿海第三次登陆。沿海最大风暴增水392cm,发生在广东省南渡站。增水超过200cm的还有广东省硇洲站(260cm)、湛江站(256cm),广西铁山港站(288cm)、石头埠站(265cm)和钦州站(219cm),海南省秀英站(215cm)。受风暴潮和近岸浪的共同影响,广东、广西和海南三省(区)因灾直接经济损失合计80.80亿元。其中,广西受灾人口155.43万人,水产养殖受灾面积0.753万 hm²,养殖设施、设备损失6100个,毁坏船只216艘,损毁海堤、护岸49.03km,直接经济损失24.66亿元(据《2014年中国海洋灾害公报》)。

三、0814号台风"黑格比"

台风"黑格比",国际编号200816,国内编号200814,英文名"Hagupit"。"黑格比"于2008

年9月24日6时45分在广东省茂名市电白区陈村镇附近登陆。2008年9月23—25日,受0814号强台风"黑格比"的影响,广西沿海及北部湾海域最大风力有10~11级,瞬时最大风力可达13级。其中,广西沿海各站24日实测的最大风速和瞬时风速分别为:北海站最大风速为16.5m/s,瞬时风速为25.4m/s;涠洲岛站最大风速为25.6m/s,瞬时风速为33.4m/s;防城港站最大风速为9.1m/s,瞬时风速为16.6m/s。25日钦州站最大风速为19.0m/s,瞬时风速为32.3m/s。

风暴潮给广西沿海三市造成不同程度的风暴潮灾害。据广西沿海三市防汛部门截至9月26日17时的统计,此次风暴潮的影响,造成广西沿海三市共14个县(市)117个乡(镇)受灾,受灾人口242.966万人,房屋倒塌2860间,农作物受灾面积12.3844万hm²,水产养殖损失面积0.3899万hm²,直接经济总损失13.970亿元。受风暴潮和近岸浪的共同影响,广东、广西和海南三省(区)总直接经济损失132.74亿元(据《广西壮族自治区2008年海洋环境质量公报》)。

图2-6　0814号台风黑格比移动路径(引自温州台风网)

四、0518号台风"达维"

台风"达维",国际编号200518,国内编号200518,英文名"Damrey"。台风"达维"于2005年9月26日4时左右在海南省琼海市万宁县山根镇一带沿海登陆。"达维"风暴潮灾害为海南省近32年来最严重的一次,造成直接经济损失116.47亿元,受灾人口630.54万人,死亡25人。农作物受灾面积77.01万hm²;水产养殖损失面积1.082万hm²;损毁房屋3.22万间;沉没、损毁渔船734艘;损毁堤防23处、4.03km;损毁护岸66处。广东省最大增水出现在南渡,达197cm;海南省最大增水出现在清澜,达121cm;广西最大增水出现在防城港,达72cm。广东省、海南省沿海有多个站潮位超过警戒潮位,海南清澜站超过值最大,达77cm。广西壮族自治区直接经济损失0.58亿元,北海、钦州、防城港等市受灾人口37.8万人。农作物受灾面积2.08万hm²;水产养殖损失面积657hm²;损毁房屋470间;损毁海塘堤防34.31km;损毁船只4艘(据《2005年中国海洋灾害公报》)。

图 2-7　0518 号台风"达维"移动路径(引自温州台风网)

五、9615 号台风"莎莉"

台风"莎莉",国际编号 199617,国内编号 199615,英文名"Sally"。1996 年 9 月 9 日 8 时在广东湛江市登陆。广东和广西沿海在 9 月 9 日台风风暴潮影响期间,粤西和广西东部沿海产生 150~200cm 的增水,广东的黄埔、灯笼山、三灶和闸坡等验潮站出现了超过当地警戒水位的高潮位。受这次风暴潮袭击,广东省江门、阳江、茂名、湛江、珠海、中山等市严重受灾。据统计,广东省受灾人口 930 万人,死亡 208 人,倒塌房屋 26.8 万间,损坏房屋 116.4 万间,损坏高压输电线路 808km,损坏通信线路 755km,完全停产工矿企业 1 万多家,农业受灾面积 44.4 万 hm^2,水产养殖受损 2.36 万 hm^2,水利设施直接经济损失 2.2 亿元。全省直接经济损失 129.03 亿元。湛江市死亡 79 人,农作物 21.84 万 hm^2、水产养殖 1.17 万 hm^2 受损,冲毁江海堤 135.3km,桥涵 168 座,损坏船只 2286 艘,沉毁 1175 艘。遂西县 700 多艘渔船被损坏,沉没 100 艘。阳江市农作物受浸面积 493.2 万亩(1 亩≈666.6m^2),损坏渔船 366 艘,沉没 10 多艘,崩缺堤围 75 处共 2.11km。广西北海市的海堤被 3~5m 的海浪打坏,潮水涌入。据统计,北海市一县三区 26 个乡镇全部受灾。受灾人口 111.48 万人,死亡 61 人,失踪 88 人,倒塌房屋 3.47 万间,冲毁海堤 372 处 48.28km,受灾农作物 7.1 万 hm^2,损坏船只 1099 艘,沉船 173 艘,直接经济损失 25.55 亿元。钦州市民房倒塌 2 万间,死亡 2 人,海堤被冲毁 300 多米。合浦县受灾人口 55 万人,房屋倒塌 2.5 万间,损坏房屋 7.5 万间,海水浸没水稻 15 万亩,冲毁海水养殖 5 万多亩,16 万亩甘蔗、5 万亩木薯倒伏,18km 海堤塌裂进水,30 艘渔船被损坏。

9 月 9 日,受特大台风浪影响,广东雷州半岛东部沿海出现了 5~6m 的巨浪、狂浪,给湛江、茂名、阳江三市造成了较大的经济损失,是 1991 年以来损失最严重的一次,6300 多艘渔船受到不同程度的损坏,其中 3200 艘沉毁,水产业受灾最为惨重,22 万亩养殖区受浸,3.9 万个海水养殖网箱损失殆尽。沿海堤围、水闸毁坏相当严重,共损坏水库 60 座、堤防 63km、桥涵 30 座、水闸 344 座。其中湛江市损坏、冲毁江海堤围 135.3km,全省水利设施直接经济损失

2.2亿元。下午,台风又正面袭击了广西沿海,浪高3.0～5.0 m,海浪冲上堤顶,造成决口、溃堤,全部海堤都遭到不同程度的损坏,其中海堤大决口372处48.28km,严重破坏的有47.35km,因海堤决口造成水产损失超过1亿元,损坏渔船1099艘,翻沉渔船173艘,死亡61人,失踪88人。钦州市海河堤多处被毁,其中阱坑处海堤被冲崩达300多米。合浦县闸口镇18km海堤塌裂全线进水,30多艘渔船被吹翻打坏,冲毁海水养殖面积5万多亩(据《1996年中国海洋灾害公报》)。

图2-8　9615号台风"莎莉"移动路径(引自温州台风网)

六、8609号台风

8609号台风,国际编号198611,国内编号198609。1986年7月21日9时左右在广西合浦一带登录。台风从形成到登陆的这一段时间以北风为主,风力不大,仅10 m/s左右。台风登陆后,风向逐步改变,由北风转为西北、西南、南和东南风,后三种风向都是本地的向岸风,历时30h以上,且风力增大,海面风力平均为15 m/s,最大风速26 m/s。8609号台风虽然风力不大,但登陆期间主要以向岸风为主,同时适逢天文大潮,对广西沿岸造成了重大损失。1000多千米的海堤80%以上被高潮巨浪漫顶破坏。钦州地区被淹没农田164万亩,受灾人口达202.7万人,其中死亡37人,受伤300人。毁坏渔船68艘,沿海水产养殖全部损失。沿海村庄、学校、工厂被暴潮冲击,有5.6万间房屋倒塌,生产生活资料遭到严重的破坏。沿海四市县因灾死亡43人,伤181人,溃堤390.61km(防城港另计),倒塌房屋44 828间,受灾农田4.17万 hm²,损坏船只369艘(合浦无统计数)。据有关部门统计,经济损失达3.9亿元。

七、7314号台风"玛琪"

台风"玛琪",国际编号197317,国内编号197314,英文名"Marge",属于超强台风。1973年9月12日由菲律宾以东洋面移入南海东部海面后,从热带低压逐渐加强,13日中心附近最大风力增强到12级,并一直向西移动,于9月14日晨4～5时在海南岛东部琼海县博敖港地区登陆,琼海县气象站测得10min最大平均风速达48m/s。海南全省均受到影响,有11个县

第二章　北部湾台风灾害概况

图 2-9　8609 号台风移动路径(引自温州台风网)

先后遭受 8 级或 12 级以上大风的袭击。

由于海南岛地处低纬度地区,四面环海,而且测站报告较少,琼海县气象站风速仪被吹断,无法测出台风附近最大风速值。海南行政区气象台根据当时琼海县加积镇被破坏情况以及用地转风公式、风压等推算,7314 号台风中心附近风速为 55～59 m/s。

根据地方志调查,琼海县不少建筑物和农作物在此时被摧毁,近地面农作物被连根吹断。受 7314 号台风袭击,全县伤亡达 6064 人,其中死亡 708 人,重伤 1531 人;摧毁民房 206 610间,其中全倒 90 632 间,半倒 29 946 间,房顶损坏 86 032 间;耕牛死亡 397 头;猪死亡 535 只;水稻损失四成左右;甘蔗损失 1.6 万亩(占当年全县种植面积的 40%);橡胶损失(连腰折断)7万亩约 232 万株(占当年全县种植面积的 70%)。全海南岛损失惨重,直接经济损失难以计算。

图 2-10　7314 号台风玛琪移动路径(引自温州台风网)

第三章 海洋牧场概况

第一节 北部湾大型养殖渔场与品种分布

海洋是人类获取优质蛋白的"蓝色粮仓"。北部湾是我国著名的四大渔场之一,海洋渔业资源丰富。由于渔民的过度捕捞,导致北部湾海洋野生渔业资源不断萎缩,合理发展海水养殖业迫在眉睫。北部湾地处亚热带,气候、盐度、水文与海底地貌适宜,是发展海洋牧场养殖的优良场所。近年来,在海洋渔业资源的可持续开发与保护等观念的指导下,广西壮族自治区农业农村厅印发了《2020年广西打造千亿元现代渔业产业行动方案》(桂农厅发〔2020〕35号)和《广西国家级水产健康养殖和生态养殖示范区管理细则(试行)》(桂农厅规〔2021〕4号)等一系列重要文件,促进了我区海洋牧场建设与规范化养殖。目前,北部湾海洋牧场主要养殖贝类有香港牡蛎(图3-1)、马氏珠母贝(合浦珠母贝),养殖鱼类有卵形鲳鲹、军曹鱼、石斑鱼等,养殖品种多样,以香港牡蛎和卵形鲳鲹为主。

图 3-1 香港牡蛎

香港牡蛎(Crassostrea hongkongensis)在分类学上隶属于软体动物门(Mollusca)双壳纲(Bivalvia)珍珠贝目(Pterioida)牡蛎科(Ostreidae)巨牡蛎属(Crassostrea),是我国华南沿海重要的贝类养殖资源。因香港牡蛎生长迅速、营养丰富、肉肥味鲜,深受牡蛎养殖户和消费者青睐。香港牡蛎是广西牡蛎养殖主导品种,2017年,广西牡蛎养殖面积达25.5万亩,仅钦州市养殖面积就达到了14.8万亩,产量为21.66万t,产值达11.29亿元,经济价值极高。随着规模化养殖和品质提升,钦州大蚝已获得中国农产品地理标志登记保护并荣登中国品牌价值评价榜,成为了北部湾海洋经济产业的新名片,香港牡蛎人工养殖现已成为广西海洋贝类养殖的支柱产业。香港牡蛎不仅能在进食过程中滤去水中的单细胞藻类、悬浮颗粒和胶体物质,增加透明度,起到净化水体的作用,还可以在其养殖海域碳循环中发挥重要作用,助力"碳汇渔业",对海洋生态环境起到积极的作用。

北部湾香港牡蛎养殖区主要分布在20°38′~20°53′N,108°29′~108°41′E之间。采苗区位于钦州市茅尾海海域内;幼苗保育区位于钦江口、茅岭江口淡水注入河口区域;养成区位于槟榔墩至茅尾海近外海海域。茅尾海牡蛎繁殖季节为每年5—7月。每年10月,将沉式采苗架的采苗器转移到海水盐度为8‰～20‰的河口浮筏吊养。牡蛎苗附着后在保苗场暂养,待壳长长至15～30mm时,转移至商品蚝场进行养殖。采苗与幼苗保育季节水温范围在25.5～31.3℃;养成区海水常年温度在6～32℃。

近年来,在牡蛎、扇贝、鲍鱼等筏式养殖过程中出现了大规模死亡现象,给当地海水贝类养殖产业造成了严重经济损失。由温度和降水的季节性变化而导致的水温和盐度等环境因子的变化是造成海洋贝类等大规模死亡的重要诱因。牡蛎的摄食和代谢直接受多种海洋环境因子的影响,海水盐度是影响其生理代谢的重要环境因子之一。香港牡蛎的适宜盐度范围为5‰～25‰,最适盐度范围为10‰～20‰,对低盐度有较强抗性,但对高盐度的耐受性弱。越来越多的研究表明,广西钦州牡蛎春季死亡与病害无关,主要原因可能是牡蛎长期受到高盐度威胁。因此,亟须建立生理生化指标体系以客观反映牡蛎生理状态,结合海洋环境长期监测指标,对香港牡蛎死亡灾害进行及时预警,减少经济损失。

卵形鲳鲹(*Trachinotus ovatus*)俗称金鲳(图3-2),在分类学上隶属于硬骨鱼纲(Osteichthyes)鲈形目(Perciformes)鲹科(Carangidae)鲳鲹属(*Trachinotus*),主要分布于西太平洋热带和亚热带海域,为暖水性、肉食性、中上层洄游鱼类。因它的体表光滑细鳞、无肌间刺、肉质细嫩、味道鲜美,同时富含不饱和脂肪酸,营养价值高,深受广大消费者喜爱,市场需求量很大。卵形鲳鲹具有适

图3-2 卵形鲳鲹

应环境能力强,生长速度快,繁殖力强等特点,受到网箱养殖户的青睐。卵形鲳鲹已成为广西、广东、海南、福建等沿海养殖的主要品种之一,年产量高达12万t。深海网箱内外水体能自由交换,得到充足的氧气和天然饵料,鱼类排泄物可随水流带出箱外,水质新鲜,使金鲳拥有优越的生活环境。北部湾金鲳鱼产品不仅深受国内消费者喜爱,而且远销欧美及东南亚市场,具有广阔的市场前景。

然而,由于各地都采用高密度的网箱养殖卵形鲳鲹,加上在养殖过程中缺乏科学的防控措施,导致疾病频发,造成了严重的经济损失。其中,以刺激隐核虫(海水小瓜虫)感染造成的损失最为严重,刺激隐核虫感染金鲳鱼,造成金鲳鱼食欲不振,体表剐蹭导致皮肤损伤,如不及时采取措施,短短数天内即可造成整个网箱金鲳的死亡,给养殖户造成重大经济损失。同时也应注重对神经坏死病毒等病毒性疾病的诊断和预防。

第二节 广西海洋功能区划

根据海域区位、自然资源、环境条件和开发利用的需求,按照海洋功能标准,将海域划分为具有特定主导功能、适应不同开发方式并取得最佳经济效益的不同类型的功能区。目的是指导、约束海洋开发利用实践活动,合理使用海域、保护海洋环境、促进海洋经济可持续发展,为国民经济和社会发展提供用海保障,为统筹规划各行业用海需求、优化产业布局、调整产业结构提供科学依据。

《广西壮族自治区海洋功能区划》(以下简称《区划》)规定,到2020年全区建设用围填海规模控制在1.61万 hm² 以内,海洋保护区面积达到管辖海域面积的11%以上。广西坚持在发展中保护、在保护中发展的原则,合理配置海域资源,优化海洋开发空间布局,实现规划用海、集约用海、生态用海、科技用海、依法用海,促进经济平稳较快发展和社会和谐稳定。

一、海洋开发:划分 10 个功能单元

近年来,为保护耕地资源,国土部门严格控制了各地的建设用地指标,沿海城市纷纷"向海要地",围填海规模不断扩大,对海洋环境造成了一定影响。国务院在对《区划》的批复中特别强调,到2020年,全区建设用围填海规模应控制在1.61万 hm² 以内,同时,海水养殖用海的功能区面积不少于 20 万 hm²。

二、海洋保护:整治修复受损岸线

《区划》提出,要进一步改善海洋生态环境,海洋保护能力明显增强。近岸海域污染恶化和生态破坏趋势得到遏制,红树林、珊瑚礁、海草床等重要生态系统得到严格保护。防城港、珍珠港、钦州湾、廉州湾和铁山港等海域的入海污染物排放总量控制目标责任制得到落实,90%陆源排污口、海上石油平台、海上人工设施等实现达标排放,近海的海水水质达到规定的标准,未达到清洁海域水质标准的面积控制在450km² 以内,部分受损海洋生态系统得到初步修复。《区划》要求至2020年,已建和新建海洋保护区总面积达到占广西海洋功能区划范围总面积的 11%以上。

划定专门的保留区,实施严格的阶段性开发限制,保留区面积不少于 7 万 hm²。严格控制占用自然岸线的开发利用活动,至2020年,大陆自然岸线保有率不低于35%。

三、区划实施:多途径立体化监控

《区划》要求,推进自治区、市、县三级海域动态监视监测体系建设。利用卫星遥感、航空遥感、地理信息技术、远程监控、现场监测等手段,对管辖海域实施全覆盖、立体化、高精度监视监测,及时掌握海岸线、海域、海岛资源环境变化和开发利用情况。对造成海洋生态系统及海洋水产资源、海洋保护区破坏和造成海洋环境污染损害的单位,要依法查处,并限期采取补救措施,进行整治和恢复。对于不按海洋功能区划规定非法使用海域的单位,要依法予以查处,责令限期改正,拒不改正的,注销海域使用权证书,收回海域使用权。

第三节　我国海洋牧场规划

一、建设现状

1. 黄渤海区建设现状

据不完全统计,截至2016年,黄渤海区投入海洋牧场建设资金44.52亿元,建设海洋牧场148个,涉及海域面积346.7km²,投放人工鱼礁1 805.4万 m³·空,建成人工鱼礁区面积

157.1km², 形成海珍品增殖型人工鱼礁、鱼类养护礁、藻礁、海藻场以及鲍、海参、海胆、贝、鱼和休闲渔业为一体的复合模式,具有物质循环型-多营养层次-综合增殖开发等特征,产出多以海珍品为主,兼具休闲垂钓功能,主要属于增殖型和休闲型海洋牧场。

2. 东海区建设现状

据不完全统计,截至 2016 年,东海区投入海洋牧场建设资金 3.83 亿元,建设海洋牧场 23 个,涉及海域面积 235.7km², 投放人工鱼礁 70 万 m³·空,建成人工鱼礁区面积 206.2km², 形成了以功能型人工鱼礁、海藻(草)床以及近岸岛礁鱼类、甲壳类和休闲渔业为一体的立体复合型增殖开发的海洋牧场模式,主要属于养护型和休闲型海洋牧场。

3. 南海区建设现状

据不完全统计,截至 2016 年,南海区投入海洋牧场建设资金 7.45 亿元,建设海洋牧场 74 个,涉及海域面积 270.2km², 投放人工鱼礁 4 219.1 万 m³·空,建成人工鱼礁区面积 256.6km², 形成了以生态型人工鱼礁、海藻场和经济贝类、热带亚热带优质鱼类以及休闲旅游为一体的海洋生态改良和增殖开发的海洋牧场模式,以生态保护及鱼类、甲壳类和贝类产出为主,兼具休闲观光功能,主要属于养护型海洋牧场。

二、建设规划

基于我国近海海域地理环境状况,根据《国家级海洋牧场示范区建设规划(2017—2025年)》,到 2025 年在全国建设 178 个国家级海洋牧场示范区(包括 2015—2016 年已建的 42个),如表 3-1、表 3-2 所示,具体布局如下。

表 3-1　2015—2016 年国家级海洋牧场示范区已建名单

序号	海区	示范区名称	地区	建设海域	所在海域面积/hm²	管理维护单位
1	黄渤海区	辽宁省丹东海域国家级海洋牧场示范区	辽宁	东港市	1400	东港市人工鱼礁管理处
2		辽宁省盘山县海域国家级海洋牧场示范区	辽宁	盘锦市盘山县	667	盘山县海洋与渔业技术中心
3		辽宁省锦州市海域国家级海洋牧场示范区	辽宁	锦州市	573	锦州市海洋与渔业科学研究所
4		大连市獐子岛海域国家级海洋牧场示范区	大连	长海县	2196	獐子岛集团股份有限公司
5		大连市海洋岛海域国家级海洋牧场示范区	大连	长海县	600	大连海洋岛集团股份有限公司

续表 3-1

序号	海区	示范区名称	地区	建设海域	所在海域面积/hm²	管理维护单位
6	黄渤海区	大连市财神岛海域国家级海洋牧场示范区	大连	长海县	822.4	大连财神岛集团有限公司
7		大连市蚂蚁岛海域国家级海洋牧场示范区	大连	金普新区	666.6	大连蚂蚁岛海产有限公司
8		大连市大长山岛海域金茂国家级海洋牧场示范区	大连	长海县	665.1	大连长海县兴国金茂海产品有限公司
9		大连市小长山岛海域经典国家级海洋牧场示范区	大连	长海县	666.6	大连经典海洋珍品养殖有限公司
10		河北省山海关海域国家级海洋牧场示范区	河北	秦皇岛市山海关区	820	秦皇岛市海鑫水产养殖科技开发有限公司
11		河北省祥云湾海域国家级海洋牧场示范区	河北	唐山市海港经济开发区	533	唐山海洋牧场实业有限公司
12		河北省新开口海域国家级海洋牧场示范区	河北	秦皇岛市昌黎县	581	秦皇岛晨升水产养殖有限公司
13		河北省北戴河海域国家级海洋牧场示范区	河北	秦皇岛北戴河新区	650	秦皇岛市国家级水产种质资源保护区管理处
14		河北省北戴河新区外侧海域国家级海洋牧场示范区	河北	秦皇岛北戴河新区	551.1	秦皇岛市海洋牧场增养殖有限公司
15		河北省乐亭县海域兴乐国家级海洋牧场示范区	河北	乐亭县滦河口西南	724.4	乐亭县兴乐水产养殖专业合作社
16		河北省新开口海域通源国家级海洋牧场示范区	河北	秦皇岛北戴河新区	711.8	秦皇岛通源水产有限公司
17		天津市大神堂海域国家级海洋牧场示范区	天津	天津市汉沽区	2360	天津市滨海新区汉沽水产局
18		山东省芙蓉岛西部海域国家级海洋牧场示范区	山东	莱州市	10 700	山东蓝色海洋科技股份有限公司
19		山东省荣成北部海域国家级海洋牧场示范区	山东	荣成市	676	山东西霞口海珍品股份有限公司

续表 3-1

序号	海区	示范区名称	地区	建设海域	所在海域面积/hm²	管理维护单位
20	黄渤海区	山东省牟平北部海域国家级海洋牧场示范区	山东	烟台市牟平区	1216	山东东方海洋科技股份有限公司
21		山东省爱莲湾海域国家级海洋牧场示范区	山东	荣成市	623	威海长青海洋科技股份有限公司
22		山东省岚山东部海域万泽丰国家级海洋牧场示范区	山东	日照市岚山区	524.6	日照市万泽丰渔业有限公司
23		山东省莱州市太平湾海域明波国家级海洋牧场示范区	山东	烟台莱州市	1507	莱州明波水产有限公司
24		山东省荣成市南部海域好当家国家级海洋牧场示范区	山东	荣成市	647.5	山东好当家海洋发展股份有限公司
25		山东省庙岛群岛北部海域国家级海洋牧场示范区	山东	烟台市长岛县	1120	长岛弘祥海珍品有限责任公司、烟台南隍城海珍品发展有限公司
26		山东省荣成市桑沟湾海域国家级海洋牧场示范区	山东	荣成市	873.9	荣成楮岛水产有限公司、荣成市泓泰海洋生态休闲旅游有限公司
27		青岛市石雀滩海域国家级海洋牧场示范区	青岛	黄岛区	867	青岛鲁海丰食品集团有限公司
28		青岛市崂山湾海域国家级海洋牧场示范区	青岛	崂山区	500	青岛海泉崂山特色水产品有限公司
29		青岛市崂山湾海域龙盘国家级海洋牧场示范区	青岛	崂山区	519	青岛龙盘海洋生态养殖有限公司
30		青岛市灵山湾海域灵山国家级海洋牧场示范区	青岛	黄岛区	524	青岛灵山海域生态海产有限公司
31		青岛市灵山湾海域西海岸国家级海洋牧场示范区	青岛	黄岛区	886.6	青岛西海岸海洋渔业科技开发有限公司
32		江苏省海州湾海域国家级海洋牧场示范区	江苏	连云港市	4000	连云港市海洋与渔业局

续表3-1

序号	海区	示范区名称	地区	建设海域	所在海域面积/hm²	管理维护单位
33	东海区	上海市长江口海域国家级海洋牧场示范区	上海	上海市崇明县	1440	上海市长江口中华鲟自然保护区管理处
34		浙江省中街山列岛海域国家级海洋牧场示范区	浙江	舟山市普陀区、岱山县	4180	舟山市海洋与渔业局
35		浙江省马鞍列岛海域国家级海洋牧场示范区	浙江	舟山市嵊泗县	6960	嵊泗县海盛养殖投资有限公司
36		浙江省南麂列岛海域国家级海洋牧场示范区	浙江	平阳县	698.5	平阳县海洋与渔业局
37		宁波市渔山列岛海域国家级海洋牧场示范区	宁波	象山县	2250	象山县海洋与渔业局
38	南海区	广东省万山海域国家级海洋牧场示范区	广东	珠海市万山海洋开发试验区	31 200	万山海洋开发试验区海洋与渔业局
39		广东省龟龄岛东海域国家级海洋牧场示范区	广东	汕尾市城区	2028	汕尾市城区海洋与渔业局
40		广东省南澳岛海域国家级海洋牧场示范区	广东	汕头市南澳县	3000	南澳县海洋与渔业局
41		广东省汕尾遮浪角西海域国家级海洋牧场示范区	广东	汕尾市红海湾	2100	汕尾市海洋与渔业局
42		广西壮族自治区防城港市白龙珍珠湾海域国家级海洋牧场示范区	广西	防城港市	1040	防城港市水产畜牧兽医局

表 3-2　2017—2025 年国家级海洋牧场示范区规划建设表

海区	规划建设区域	所在行政区域	建设数量	规划建设位置
黄渤海区	渤海辽东湾,渤海湾,莱州湾,秦皇岛-滦河口海域,大连近海海域,山东半岛近岸海域,南黄海等海域	辽宁	20	绥中,葫芦岛,营口近海等海域;大连大小长山岛海域,黄海大李家街道海域,海洋岛,平岛,石城岛,王家岛等海域
		河北	15	秦皇岛近海,南戴河近海,昌黎近海,唐山唐山湾、佛手岛,沧州等海域
		天津	1	天津南港工业区海域
		山东	44	滨州无棣县近海海域,东营河口区近海、黄河河口区,龙口岷屺岛,烟台南北隍城海域、南北长山岛、崆峒岛、砣矶-喉矶-高山岛、庙岛群岛东部、蓬莱东部、芝罘岛东部、养马岛、四十里湾、牟平金山下寨、金山港东部、海阳琵琶口、土埠岛东部、大阁家海域、威海双岛湾、五垒岛湾、小石岛、刘公岛、五渚河至茅子草口、靖海湾东部、乳山白沙湾海域、荣成临洛湾、荣成湾、苏山岛、爱伦湾、俚岛湾、王家湾海域、青岛五丁礁、田横岛南部、斋堂岛、崂山湾、竹岔岛、朝连岛、凤凰岛海域、日照北部近海、黄家塘湾、刘家湾、前三岛、海州湾北部等海域
		江苏	1	江苏南通近海海域
东海区	浙江、福建近海海域	浙江	6	普陀朱家尖白沙海域、台州椒江大陈海域、临海东矶海域、温岭积络三牛海域、玉环鸡山岛群海域、温州洞头等海域
		福建	9	宁德霞浦海域、福州连江、福清、平潭海域,莆田秀屿海域,泉州晋江海域,厦门白哈礁海域,漳州龙海、东山等海域

续表 3-2

海区	规划建设区域	所在行政区域	建设数量	规划建设位置
南海区	广东、广西和海南近海海域	广东	25	汕头莱芜海域，揭阳神泉、前詹海域，汕尾陆丰碣石湾金厢南海域，惠州大辣甲、红海湾、大星山海域，湛江江洪、硇洲、乌石、烟灶海域，深圳杨梅坑、东冲-西冲海域，珠海庙湾、外伶仃海域，江门乌猪洲、沙堤海域，阳江山外东、青洲岛、红鱼排、海陵岛海域，茂名大放鸡岛、第一滩海域，吴川博茂渔港西南部等海域
		广西	2	北海近海海域、钦州三娘湾等海域
		海南	13	三亚近海的三亚湾、蜈支洲岛、崖州海域，陵水近海海域，万宁洲仔岛海域，琼海冯家湾海域，文昌海域，临高头洋湾海域，儋州市峨蔓、海头、磷枪石岛海域，乐东莺歌海域，西沙永乐群岛等海域

1. 黄渤海区

截至 2025 年，规划共在黄渤海区建设 113 个国家级海洋牧场示范区（包括 2015—2016 年已建情况），形成示范海域面积 1200 多平方千米，其中：建设人工鱼礁区面积 600 多平方千米，投放人工鱼礁 3400 多万空立方米，形成海藻场和海草床面积 $160 km^2$。

主要分布区域：渤海辽东湾、秦皇岛-滦河口海域、渤海湾、莱州湾、大连近海海域、山东半岛近岸海域、南黄海等海域。其中，辽东湾主要分布在绥中、葫芦岛、营口近海等海域；秦皇岛-滦河口海域主要分布在秦皇岛近海、南戴河近海、昌黎近海、唐山唐山湾、佛手岛等海域；渤海湾主要分布在天津南港工业区海域、沧州海域、滨州无棣县近海海域、东营河口区近海等海域；莱州湾主要分布在东营黄河河口区、龙口屺岇岛等海域；大连近海海域主要分布在大小长山岛海域、黄海大李家街道海域、海洋岛、平岛、石城岛、王家岛等海域；山东半岛近岸主要分布在烟台南北隍城海域、南北长山岛、崆峒岛、砣矶-喉矶-高山岛、庙岛群岛东部、蓬莱东部、芝罘岛东部、养马岛、四十里湾、牟平金山下寨、金山港东部、海阳琵琶口、土埠岛东部、大阎家海域、威海双岛湾、五垒岛湾、小石岛、刘公岛、五渚河至茅子草口、靖海湾东部、乳山白沙湾海域、荣成临洛湾、荣成湾、苏山岛、爱伦湾、俚岛湾、王家湾海域、青岛五丁礁、田横岛南部、斋堂岛、崂山湾、竹岔岛、朝连岛、凤凰岛海域、日照北部近海、黄家塘湾、刘家湾、前三岛、海州湾北部等海域；南黄海海域主要分布在江苏南通近海海域。

2. 东海区

截至2025年，规划共在东海区建设20个国家级海洋牧场示范区（包括2015—2016年已建情况），形成示范海域面积500多平方千米，其中：建设人工鱼礁区面积160多平方千米，投放人工鱼礁500多万空立方米，形成海藻场和海草床面积80km²。

主要分布区域：浙江、福建近海海域。其中浙江主要分布在普陀朱家尖白沙海域、台州椒江大陈海域、临海东矶海域、温岭积络三牛海域、玉环鸡山岛群海域、温州洞头等海域；福建主要分布在宁德霞浦海域，福州连江、福清、平潭海域，莆田秀屿，泉州晋江海域，厦门白哈礁，漳州龙海、东山海域。

3. 南海区

截至2025年，规划共在南海区建设45个国家级海洋牧场示范区（包括2015—2016年已建情况），形成示范海域面积1000多平方千米，其中：建设人工鱼礁区面积300多平方千米，投放人工鱼礁1100多万空立方米，形成海藻场和海草床面积90km²。

主要分布区域：广东、广西和海南近海海域。其中广东主要分布在汕头莱芜海域，揭阳神泉、前詹海域，汕尾陆丰碣石湾金厢南海域，惠州大辣甲、红海湾、大星山海域，湛江江洪、硇洲、乌石、烟灶海域，深圳杨梅坑、东冲-西冲海域，珠海庙湾、外伶仃海域，江门乌猪海、沙堤海域，阳江山外东、青洲岛、红鱼排、海陵岛海域，茂名大放鸡岛、第一滩海域，吴川博茂渔港西南部等海域；广西主要分布在北海近海海域、钦州三娘湾等海域；海南主要分布在三亚近海的三亚湾、蜈支洲岛、崖州海域，陵水近海海域，万宁洲仔岛海域，琼海冯家湾海域，文昌海域，临高头洋湾海域，儋州市峨蔓、海头、磷枪石岛海域，乐东莺歌海海域，西沙永乐群岛等海域。

第四节 海洋牧场智能化技术方法水平

海洋牧场和深水养殖的海洋环境立体监测是海洋牧场建设的重要内容，贯穿于整个海洋牧场的建设、生产、经营与安全保障等各个环节。因此建立海洋牧场和深水养殖的海洋环境立体监测小型智能化装备是极为必要的。

目前，世界上各大沿海国家都在深入探索研究海洋水质环境监测的相关技术，美国先后研究了立体监测网络有害藻类水华的观测系统HABSOS、岸用海洋自动观测系统C-MAN和水质监测系统SWQMS，发起了全球海洋观测计划ARGO；欧洲研究的综合海洋环境资源信息平台ROSES；西班牙加泰罗尼亚理工大学研究了水下物联网系统；法国、日本和中国台湾等联合研制了"热带大气和海洋（TAO）阵列"锚泊浮标和潜标系统等环境监测系统。进入21世纪以来我国海洋环境监测也进入快速发展阶段，通过建立天基、空基、船载、水面、水下、海底等多种监测平台，利用基于声、光、电、磁等原理的传感器，感知海洋水文、气象、地形等要素，采用大数据、云计算及决策辅助等应用实现采集数据的存储、分析和处理，从而实现海上/海下全方位的立体海洋环境监测。我国海洋环境监测的目标是在全球海洋观测系统GOOS的框架下，加强对海洋环境的监测保护，努力建设中国海洋立体监测系统，提高数据处理和数据产品服务的能力,促进人口、资源、环境的和谐发展。

我国的海洋环境监测基本上是近岸固定台站式观测,近岸监测主要的任务是对海岸带的海水流速流向、海水温度、海面风速、海水盐度及其他相关的海洋化学参数进行长期连续监测。我国对移动监测平台的研究比较晚,真正开发并运用到海洋监测的成品非常稀少,例如:云洲智能科技股份有限公司研发了"领航者"无人监测船,可用于近海地貌、航口、港口、浅滩及岛礁的测绘,无人船最高速为30节航速,其工作半径为1000km。青岛市环境保护局与山东省海洋科学研究院研发了无人船,对青岛周边水库、入海口、近岸水域等进行监测,无人船最高速为3节航速,续航能力可达20km,工作半径为40km。国外对于监测平台的研究要比我国先进很多,例如:挪威科技工业研究所(SINTEF)等多家单位共同完成的MUNIN项目,研发了一艘长200m,具有自主航行、岸基站控制和探测目标等功能的监测船;英国普利茅斯大学研发的"斯普林格"双体船,其工作定位是对淡水和近海等地探测污染物以及测量地理信息;意大利研发的"查理"双体船,其定位是运用于南极等地对海洋微表层进行取样,此船采用无刷直流电机驱动,并配备有太阳能板对能源系统进行充电。虽然我国的监测技术发展时间较短,但是随着国家的重视和不断加大的资金投入,我国的监测技术日新月异,从传统的人工采样、分布基站监测到现在的移动平台监测,有着长足的进步,国内越来越多的学者对海洋环境移动监测设备进行了设计。朱敬如(2014)自制的多参数物理化学探测设备既可安装至系统监测平台上与监测平台及其他设备共同构成综合监测系统进行使用,也可安装在走航船只的拖体上单独使用,也可作为深海潜器的一个专用设备而使用,用于测量并采集深海热液区的相关热液敏感参数。张伯东(2016)设计了一个用ZigBee建立的通信网络,工作范围在2km,能够自主导航、自主采集监测并实时与岸基站通信的近海移动监测平台,可实现监测的自动化。刘培学等(2018)基于4G、Lora技术、遗传算法,设计了一种海洋养殖环境监测小型无人船,实现了海洋养殖环境的无人自主巡检,配合云服务器及PC端软件,可实现采集信息的远传远控,无须复杂布线且无人船能够自主规划路径,可提高监测效率。荆平平等(2018)首创了基于移动平台的海域无人机监视监测体系统,研发了海域无人机网络化测控数据链终端,创建了可灵活扩展的海域无人机业务监控与管理平台。

受监测区域、监测需求和企业经济实力的限制,当前国内海洋牧场监测系统以平台式在线监测、海底电缆实时监测、浮标监测等为主要监测手段,辅以巡逻艇、无人船等移动巡航监测。我国山东省最早开展了现代化海洋牧场的信息化建设,布局建设了具有世界先进水平的海洋牧场观测网,大力推进海洋牧场装备化信息化建设。该观测网主要以海底电缆实时观测站为主,辅以观测浮标。随后在海南省、浙江省等地相继建立了一些海洋牧场监测系统,并在辽宁省、福建省、上海市等近海广泛应用海底有缆在线观测系统,这些应用在发展海洋渔业经济中起到了重要的作用。截至目前平台式在线监测系统已在全国几十个海洋牧场得到了应用,海底电缆实时观测站是目前应用最为广泛的在线监测系统,基于浮标平台的监测系统也被广泛应用于海洋牧场监测中,中国海洋大学、上海海事大学、广东海洋大学、大连海洋大学等国内高校研制了海洋牧场远程水质监测系统,可实现在线监测和传输相关水质参数、视频参数等功能。

随着海洋牧场的建设与开发,需要水下机器人代替人在水中执行各种任务。因此发展大深度的水下机器人逐渐被各国重视起来,水下机器人探测技术已逐渐成为一种重要的探测手段。国外比较先进的小型水下机器人技术主要掌握在科技水平较高的几个国家,其中具有代表性的水下机器人有:海獭水下机器人(JW Fishers公司,美国)、REMUS-100(伍兹霍尔海洋研究所,美国)、Seamor Chinook 机器人(Seamor公司,加拿大)等。国内水下机器人的研究相对较晚,随着我国经济实力、科学水平的提高,国内相继出现了一些高校和研究机构进行水下机器人的研究,具有代表性的有白鲨 MAX(天津深之蓝海洋科技股份有限公司)和便携式 AUV(中国科学院沈阳自动化研究所)。近年来也有越来越多的学者进行了水下机器人研究,赖云波(2019)针对现代海洋牧场网箱养殖的特点,初步设计了一款面向网箱养殖的多功能小型水下机器人。彭伟锋等(2014)根据海洋牧场的复杂环境特点,对水下机器人的推进、转舵和沉浮三大系统进行了创新设计,使其能够适应环境复杂、空间狭小的海洋牧场环境。何雪浤等(2014)应用有限元和理论分析相结合的方法,对水下机器人进行了结构优化及全面的结构分析。陈永华(2008)将 AUV 模型前部设计成具有正高斯曲率的椭球面,相对于平端面提升了耐压性能。卓悦悦等(2021)应用有限元分析,通过建立合理的有限元模型、加载、分析强度,获得迎流耐压壳体的应力情况,设计了一款面向海洋牧场耐压强度满足设计要求,使用安全可靠的水下机器人,可进行水下捕捞及水下环境的监测等。

虽然我国海洋牧场监测技术和装备取得了一定的成果,初步实现了从近海到深远海监测,但在综合监测方面的技术体系尚不完善,海洋监测仪器设备智能化水平低,还依赖进口;海洋牧场环境原位在线监测、立体监测等方面的基础理论和技术装备相对薄弱,不能满足多学科、长期监测的应用需求;海洋环境灾害预报预警技术尚不成熟,缺乏全过程监测评估与预警保障;基于数字孪生技术的海洋牧场管理方式尚未见报道。智能化、信息化水平低下,人工智能、大数据、卫星遥感等新技术手段应用不足,严重制约了我国海洋牧场和深水养殖产业的创新升级和健康发展。

围绕以上国家海洋牧场动态立体监管预警体系系列问题,针对北部湾海洋牧场立体监测、灾害预警、智能评估、数字孪生等难题,南宁师范大学、广西科学院、北京大学、中科院地球物理所、桂林电子科技大学、广西海洋研究院、中海达公司等单位合作,开展了广西创新驱动专项"北部湾海洋牧场地理时空数据网格化智慧服务平台研发与示范应用",初步构建现代海洋牧场多维动态立体监测体系,打造了融合监测、预警、溯源、防灾、生态休闲和线上交易的全产业链现代化海洋牧场,达到"提质、增效、止损"目标。

中篇

北部湾智慧海洋牧场总体设计

第四章　北部湾智慧海洋牧场技术框架

第一节　总体任务

本书是在国家地方联合创新基金项目、国家重点研发计划项目和广西创新驱动项目支撑下完成的,紧紧围绕"提质、增效、止损"三大目标,以问题和需求为导向,开展北部湾海洋牧场地理时空立体化数据采集平台、广西北部湾海洋牧场示范区时空数据网格化处理平台、广西北部湾海洋牧场智慧服务平台的研究。分析总结了北部湾海洋牧场存在的系列问题,并以这些问题为导向,深入挖掘了北部湾海洋牧场当前迫切的和潜在的需求,提出针对北部湾海洋牧场的陆海综合体多维动态监管体系框架;研制海洋多功能数据采集、水下精准定位、海底地形扫描等专用设备,结合北部湾海岸带区域的空间资源规划与利用现状、生态环境、温盐及溶解氧、海底地形、水动力情况、台风等数据,利用网格化管理技术构建海洋牧场核心数据库;设计水动力、HOP模型,建立提供区域海上/海下综合位置服务的智慧牧场服务平台,为海洋牧场精细化管理、生蚝养殖立体监测等提供服务;打造智慧海洋牧场品牌,提升经济效益,并在全国范围内,进行海洋设备、关键技术及监管体系的推广应用。

为了加强研究成果的应用和推广,北部湾海洋牧场智能服务区的建立是必需的,它包括一厅(展示厅),一室(监控室),一中心(海洋牧场大蚝交易中心),一湾(北部湾地理时空数据集),一区(核心示范区),三套装备(信标,测深,多功能装置),三个平台(海洋大数据平台,海上/海下地图服务系统平台,地理时空数据网格化智慧服务平台)。智能服务区总体示意图如图4-1所示。

一、建成海洋资源地理时空大数据立体采集平台

1. 网格化智能服务区环境数据时空演变

1)便携式即时数据采集日常水质检测装置研发

研发便携式即时数据采集日常水质检测装置,提高海洋牧场环境监测的时空密度,降低数据采集成本。海洋牧场环境监测的数据时空演变是海产生境监管和预测的数据基础。然而,在线水质监测设备的高额成本是环境监测数据时空密度较低的关键制约因素。拟研发的便携式即时数据采集日常水质检测装置,集成在线盐度、温度、pH、溶解氧、浊度、化学需氧量(COD)、氨氮、叶绿素a等水质指标传感器,配备北斗/GNSS多模高精度定位模块和太阳能

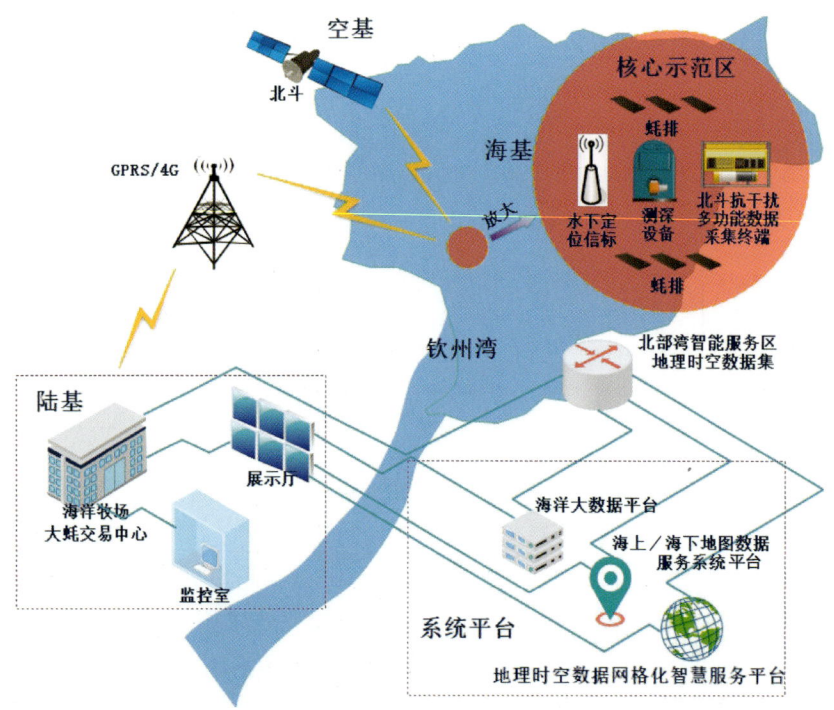

图 4-1 智能服务区总体示意图

供电系统,使海洋牧场管理人员可在蚝排日常巡逻管理过程中迅速采集核心区多点位环境数据,并通过 GPRS 数据采集仪即时传回终端,在提高环境监测时空密度的同时大大降低了设备、时间、动力、人力成本。

2) 数据集与水动力数值模拟、承灾体脆弱性评价模型融合

设置水质基线在线监测数据集、日常水质监测数据集、灾害应急区水质监测数据集等 3 种数据集,覆盖水动力数值模拟和承灾体脆弱性评价模型的所需数据类型及时空密度。三个数据集分别对应了智能服务区全海域、核心区海域($10km^2$)和灾害应急区海域的功能区划,分别反映了服务区全海域的水质基线、海产养殖生境的水质环境以及灾害应急海产安置区的水质环境。三个数据集的监测指标数量根据功能区的水质稳定性依次增加。从常规水质监测的温度、盐度、溶解氧、pH、浊度等 5 个指标延伸至温度、盐度、溶解氧、pH、浊度、COD、氨氮、叶绿素 a、生化需氧量(BOD)、总氮、硝态氮、亚硝态氮、总磷、活性磷、海水的重金属(汞、铜、锌、铅、镉、铬、砷)、石油类、双对氯苯基三氯乙烷(DDT)、多氯联苯、硫化物等 25 个指标。从数据采集的时空密度和环境指标种类的规划多层次提高水动力数值模拟、承灾体脆弱性评价模型的准确度。

2. 北斗抗干扰多功能数据采集组合装置

1) 多模传输技术

设计基于 3G/4G/BDS-RDSS 多模传输机制,实现综合终端与监控中心的双向通信,具备主动推送功能;运用分集技术,增强终端处于 BDS-RDSS 模式下在恶劣海况环境下工作信号

的质量,实现发射窗口的自适应选择,提升北斗短报文传输可靠性。

2)基于数据的帧结构设计

基于 3G/4G/BDS-RDSS 传输状况,针对对象的帧结构设计,并根据不同网络状态下对数据包传输进行智能选择。

3)位置服务软件系统与硬件组合装置开发

面对数据中心服务器,进行基于地理信息系统引擎(GIS)的二次开发,将 PVT(压力、体积、温度)数据及扩展数据叠加在原有 GIS 系统上,实现的各异构分布式终端的定位跟踪、监控录像、定时拍照、无人机遥感等数据的聚合管理;面对用户终端,进行可视化软件开发、现有商用北斗硬件定位手机等组合,实现手机端和 PC 端的及时查看。

3. 示范区海洋承灾体脆弱性调查与评价模型(HOP)

通过实地调查,摸清示范区沉排区(蚝苗)、浮排区(中蚝、大蚝)、红树林、虾塘、渔船、堤坝、码头、岸线、房屋结构、人口分布等 10 余种重点承灾体底数,在此基础上建立避灾区选址标准,建成承灾体、避灾区调查详细本底数据库。在此基础上,建立基于地理网格化的承灾体脆弱性评价模型(HOP),即对示范区进行空间建模,以此为基础建立脆弱性评价因子体系,并将风暴潮、海浪等灾害转化成水动力进行数值模拟,开发海洋灾害数据网格化预测智能算法,对整个示范区危险性进行评价、分级,构建面向海洋灾害的承灾体快速监测预警及智能规划避灾区路线。最大程度降低核心区经济损失,实现对核心区海洋防灾减灾的高效信息化辅助决策支持和管理,对研究成果进行示范应用,为海洋牧场达到"提质、增效、止损"的目的。

4. 北部湾陆海综合体核心数据库及入库标准

以构建海洋基础信息资源的集中存储和共享应用为目标,建成先进实用、安全可靠,集基础性、全局性的海洋信息资源存储管理、共享与交换、应用服务等功能为一体的海洋核心数据库,逐步形成标准、开放的海洋信息资源的服务窗口,为广西海洋各类业务应用系统提供数据支撑。

在国家及海洋行业相关数据库标准的基础上,结合广西北部湾的实际需求,以成熟的业务技术和标准体系为支撑,实现对海洋行业各类数据的标准化、归一化和空间化组织与构造,形成海洋数据统一存储、统一管理和统一维护,以支撑信息产品的生成、面向新一代海洋业务应用及多模式的信息发布与服务。

北部湾陆海综合体核心数据库总体结构采用分层架构。分层的基本原则就是系统的各个层是相对独立的;系统的任何一层都只依赖于低于自己的层,而完全独立于高于自己的层。对系统进行分层划分,将非常有利于系统的逻辑设计和实现,并能有效隔离不同层次需要解决的问题。本系统自上而下划分为数据应用、数据管理、数据资源、运行环境,如图 4-2 所示。

5. 水动力数值模拟模型

构建具有北部湾特色的钦州湾高分辨率三维水动力数值模型和波浪模型,提供水动力要素的时空分布特征值,研究极端天气条件下风暴增水对海洋牧场示范区的影响程度,并提出

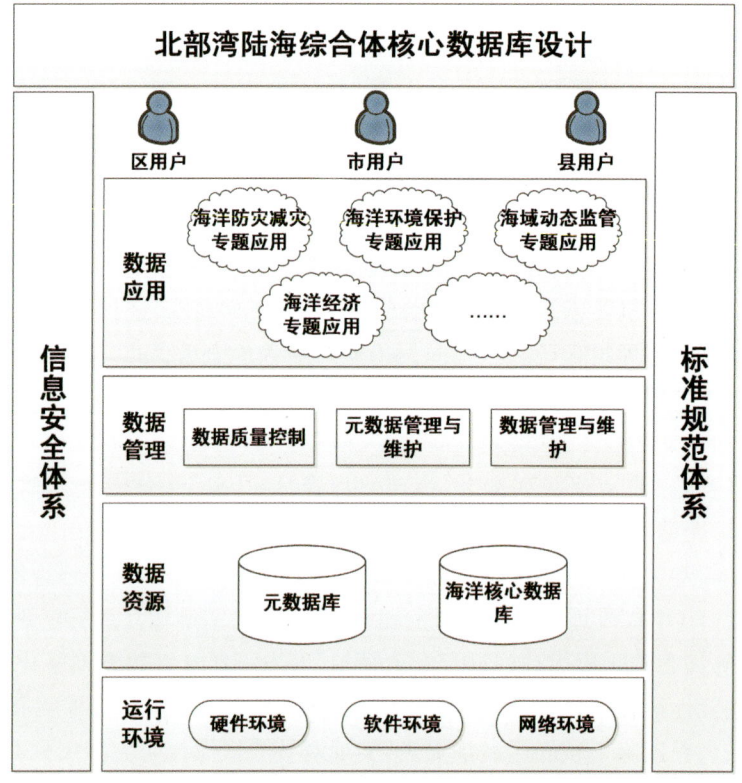

图 4-2　北部湾陆海综合体核心数据库总体框架图

相应防范措施。

(1) 在精细化地形数据基础上,采用欧洲中期天气预报中心(ECMWF)风场数据,利用波浪 SWAN 模型模拟极端天气条件下的海浪特征,获取海洋牧场示范区及周围海域在极端天气条件下海浪的波向、波高和海浪谱的变化。

(2) 基于广西近海水动力模型(水深、风场、初始温盐场和开边界水位数据)并结合实测数据,构建水动力模型,采用三角网格,可以更好地拟合侧边界地形,同时对海洋牧场示范区进行加密处理。

(3) 构建北部湾台风模式,模拟极端天气条件下的海流和温盐场,获取海洋牧场示范区及周围海域在水平和垂向上温、盐、流的分布和变化。同化实测数据,保证模型结果的精确度。

(4) 布置潜标,进行半年至一年的长时间观测,收集海流、温度以及盐度的垂向剖面数据;同时进行关键断面的调查,收集海流、温度、盐度、溶解氧等要素的数据。

(5) 提供北部湾水动力要素的时空分布值,为海洋牧场地理时空大数据平台提供数据源;同时融合 HOP 模型评估风暴增水对海洋牧场示范区的影响,并提出相应的防范措施。

6. 研制并布设示范区域海洋大地测量基准(信标)与应答感知设备

1) 水下导航定位装备研制与标定技术

研制海底信标设备和高精度时延测量系统,发展研发多传感器组合标定技术和海底信标高精度标定技术。海底信标的位置标定是提供海洋大地测量参考基准的基础,高精度的标定技术是实现海底信标精确定位的关键技术。设计一种对称的水面船航行轨迹,将 GNSS 天线、声学换能器进行统一,同时测量声速剖面,实时测量融合船载姿态传感器数据和声学测距信息,实现海底信标的精确有效标定。

2) 深水耐压换能器设计

提高换能器的电声转换和声电转换效率。换能器的电声转换和声电转换效率是制约作用距离的最主要因素,从换能器设计思路和内部结构上进行改进和调整,采用仿真和测试相结合的研究方式逐个攻克技术难点。

开展换能器电路匹配技术研究。换能器通常的模型是呈容性的,当电信号驱动换能器工作时会产生大量虚功,造成电声转换效率偏低,开展换能器匹配电路模型研究,设计换能器匹配电路使换能器发射时的特性接近纯阻,可提高电声转换效率。

降低接收电路噪声。接收机等效输入噪声也是制约作用距离的重要因素,对现有的接收机电路进行优化,调整放大电路的增益分配,同时对关键器件的参数进行重新选择,达到降低等效输入噪声的目的。

7. 研制出海底地形测量设备,海上/海下位置服务原型系统

1) 聚焦波束和纵倾横摇稳定

系统需要研究处理算法及相应的硬件支持,实现对发射和接收波束的波束聚焦,在声学近场中获得最大分辨率。发射时,对每个发射扇区单独聚焦在前一个 PING(Packet Internet Groper,因特网包探索器)定义的量程聚焦点上,以保留近场中的角分辨率。同时所有接收波束也支持动态聚焦方法。研究发射波束纵倾横摇电子稳定,接收波束横摇稳定技术。

2) 换能器研制

浅水多波束换能器需要研究合理的材料、结构和工艺,以满足浅水多波束对带宽、发射声源级、发射指向性、接收灵敏度及接收指向性的要求,需要重点解析以下几个关键难题:带宽的选取、严格的性能容差、发射功率的大小以及发射和接收开角的大小。设计合理的换能器安装结构用以支持测量杆安装。便携布放,同时保证结构的稳定性,保障测深精度。

3) 浅水多波束处理方法研究

国外浅水多波束普遍采用 CW 信号及 FM 信号,同时支持多 PING 发射及分扇区发射。为实现这些功能,需要研究与之相适应的浅水多波束处理方法。浅水多波束处理方法关键技术包括:脉冲压缩、宽带波束形成、高分辨率波束形成、近场聚焦、底检测算法及质量评价等。

二、建成地理时空数据网格化智慧服务应用平台

1. 海上/海下高精度导航定位算法

海洋牧场水下声学高精度动态定位解算方法,是拟解决的关键问题之一。水下声学定位中,理论上只要接收器接收到海底 3 个已知控制基准点的声信号就可以确定其位置。但实际问题要复杂得多,声学定位利用测量各基元的相对时间延迟来估计目标的距离和方位,其受

很多因素的影响,如时间延迟估计精度、方位、目标与基元的距离及其形成的空间几何结构、海洋环境等。为了提高目标定位的可靠性,需要开展以下几方面的研究:

(1)考虑水下定位中系统误差和空间相关性误差,对测量船(或浮标)与海底信标之间在不同历元的观测数据进行差分处理,对不同浮标之间、不同应答器之间的观测数据也进行差分处理。构建水下单差、双差模型,减弱或消除声学定位中系统误差的影响,实现基于差分的水下动态定位解算方法。

(2)构建水下定位误差模型,研究安装校准误差、系统响应误差及声速测量误差的影响特点及消除方法;构建声线跟踪模型和声线传播误差模型,在保证跟踪计算精度的基础上,研究提高计算效率的方法。

(3)针对水下导航定位数据中存在的粗差,研究抗差估计及粗差处理方法。

(4)针对噪声统计特性不确定的问题,研究基于非线性滤波的自适应高精度水下导航定位算法。

在此基础上,形成快速、高精度、高可靠性的海洋牧场水下声学动态定位解算方法。

2. 区域海洋大地测量基准与位置服务系统原型

区域海洋大地测量基准与海上/海下综合位置服务系统,是指依托海洋大地测量基准信标与应答感知设备,为水面船舶、观光垂钓平台、网箱、筏架、蚝排、水下鱼礁、自主式水下航行器(AUV)、遥控无人潜水器(ROV)等海洋牧场生产设施设备提供高精度的位置信息服务,系统工作示意图如图4-3所示。

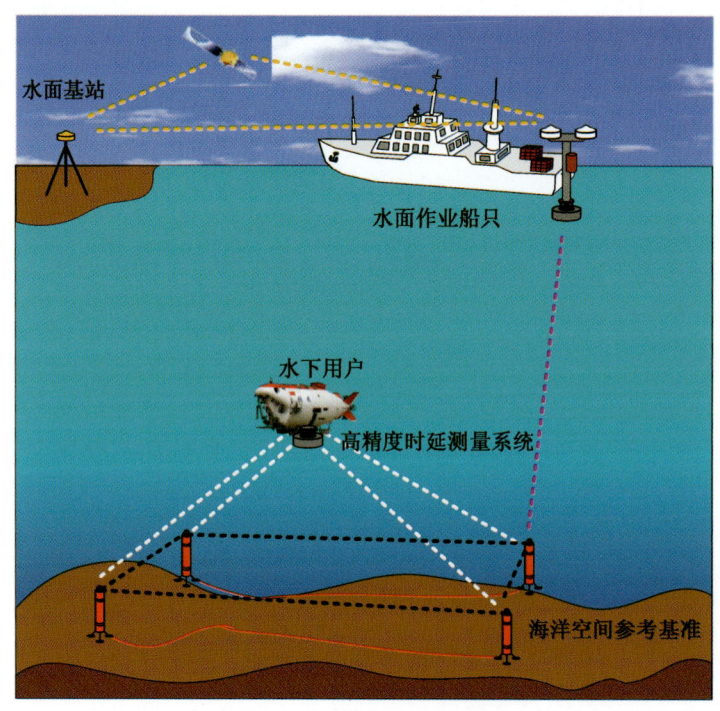

图4-3 系统工作示意图

建立区域海洋大地测量基准与海上/海下综合位置服务系统原型,需要针对海洋牧场区域海水的温度、盐度、地形地貌等因素,结合海洋牧场内各类设施设备对高精度位置信息服务的需求,考虑到环境因素和不同的应用场景,对水下声学高精度导航定位算法进行不断调试,建立一套算法的使用准则,并与海洋牧场示范区地理时空采集观测网及大数据平台,数据网格化处理平台,以及智能服务平台建立高效的数据传输机制,形成综合位置服务系统原型,并开展大量测试和试验,对其有效性和稳定性进行充分验证。

3. 全域时空北斗网格码的网格化算法

全域时空北斗网格剖分框架为每一层级的每个体块赋予了唯一的、有层次性的时空剖分编码。该编码隐含了体块的位置和时间信息。基于这一原理,本书提出面向海洋牧场全域时空北斗网格码的网格化算法,即在全域时空北斗网格剖分框架内通过剖分编码之间的运算得出体块自身的属性以及体块之间的时空关系。

针对实际海洋牧场中的管理需求,设计全域时空北斗网格码的网格化算法。该算法要保证:

(1)时空计算特性。根据海洋数据变化速度、设立对应的更新时间,设计对应的时间编码,根据课题一采样数据频率,对不同区域内网格的时间属性进行编码。

(2)高效计算特性。要对多源海洋数据进行综合处理分析,就对计算速度提出了新的要求,该算法要满足高效计算的需求,才能为未来的综合位置服务提供有效的技术支撑。

同时,以编码运算对象分类可将网格化算法分为编码本体运算和编码间运算。其中编码本体运算是针对北斗网格码本身的相关运算,具体包括基本转换算法、邻域运算、父子关系运算等,编码间运算包括编码间四则运算、空间拓扑运算、度量运算等。

北斗网格码是一个基于二进制整型的编码,因此,该编码很多计算操作可通过二进制位运算来完成,包括按位与、按位或、按位异或、按位取反、左移、右移等基本操作,在基本操作的基础上完成复杂功能,大大加快了计算机的处理速度,实现了高效运算。

4. 海上/海下北斗网格码一体化数据服务引擎

海上/海下北斗网格码一体化数据服务引擎是一种对时空实体一体化表达的数据引擎,通过对各类数据进行网格化处理转化,纳入统一的网格化数据管理系统中,进而为位置服务提供接口。

如图 4-4 所示,可将该引擎分为三部分:数据层、管理层、服务层。数据层是各类数据的汇集,经过网格化预处理进入统一的网格数据管理中。管理层提供对数据的剖分唯一标识、网格索引大表、数据库索引技术以及编码代数算法。最终网格数据上传到服务层,为各类位置服务应用提供网格数据接口。

其中的关键是网格索引技术的研究,传统的数据库针对静态数据而设计,不支持动态数据快速入库,对多个数据库的索引效率低下。对于不同结构的数据库,要设计不同的索引方法,对某一区域的数据请求要调用多个索引方法进行查询统计,效率低下。随着每日数据的更新,导致查询速度越来越慢,难以满足实际应用的需求。当前大多采用先统计再分析的方

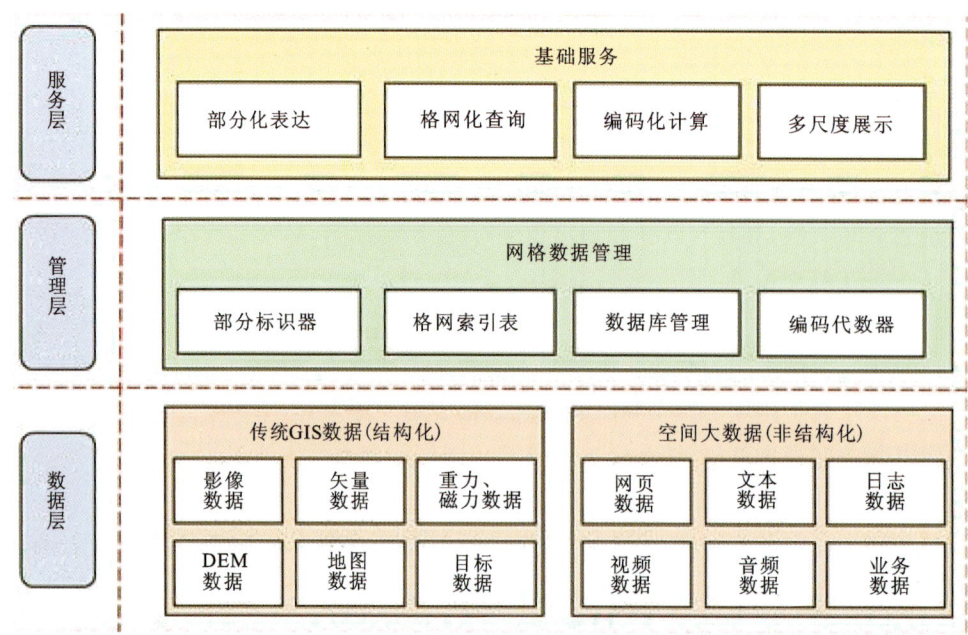

图 4-4 引擎工作示意图

法,先统计数据再进行分析,无法做到对海洋牧场生态环境进行实时监测与分析。使用全球剖分网格所形成的立体空间索引,使用二进制一维整型数作为检索主键,通过逻辑大表的形式与其他数据库形成关联。

三、网格化智能服务区建设及应用示范

1. 地理时空数据网格化智慧服务平台与应用示范

(1)利用数据加密、滑动窗口的数据传输技术,设计实时海洋环境数据的传输协议和接口标准。根据北斗网格编码与经纬度的相互转换服务,对物联网传感器接入的实时数据进行网格编码。实现基于北斗网格码的海上/海下地图数据服务系统与海上/海下定位导航、数据采集等海洋大数据平台数据集成与应用。

(2)在集成多源、异构、多序列时空数据的基础上,构建海洋地理时空数据网格化智慧服务平台的建设方案,引入 Hadoop2.2.0 以及 NoSQL 数据库 HBase,实现海量海洋大数据的分散存储、集中管理以及海洋信息服务的共享应用,建立基于 WebGL 技术的海洋地理时空数据网格化智慧服务平台的可视化模型与研发。

2. 北部湾科学数据共享集成应用

通过示范区及周边海域海洋水产养殖、海洋经济、生态环境、水文水质、气象和防灾减灾等科学数据采集,完成示范区温度、盐度、溶解氧等环境指标实时监测的集成,实现基于海洋科学数据的海洋牧场精细化管理与快速监测预警。

3. 大蚝在线监控与交易展示系统集成应用

在生蚝养殖示范区应用高清监控技术、实时播放技术、物联网溯源技术，展现示范区天然蚝苗从蚝饼吊挂到蚝苗的繁殖以及小苗、中蚝、大蚝养殖的全过程，提高品牌的知名度和价值，实现示范区域的精细化管理、快速立体监测预警与交易服务的无缝集成与应用，推动"互联网＋钦州大蚝"的发展。提出推广应用方案，将海洋地理时空数据网格化智慧服务平台的应用推广到北部湾区域和其他沿海地区。

四、台风影响下北部湾风暴潮与海浪演变特征、预测预报及灾变关系研究

1. 北部湾台风影响下的风暴潮和海浪的长时间、高分辨率数据集构建

基于三维风暴潮模式和第三代海浪模式，利用高分辨率再分析风场并结合 Holland 台风模型风场作为驱动场，对北部湾 1981—2019 年台风影响下的风暴潮和海浪进行高分辨率数值模拟，形成一套长时间、高分辨率的北部湾台风风暴潮和海浪数据集，并利用历史观测资料进行验证和评估。

2. 北部湾台风、风暴潮和海浪的演变特征分析及中长期预测模型构建

利用 1981—2019 年南海北部台风数据，分析全球气候变化下南海北部台风发生频率、强度和路径的变化规律；利用验潮站观测记录、高分辨率台风风暴潮和海浪数据集，分析台风影响下北部湾风暴潮和海浪的空间分布特征及多时间尺度变化趋势，并探讨其关键影响因子。在此基础上，利用统计与回归分析方法，结合深度学习技术，建立北部湾风暴潮和海浪的中长期（年际、年代际）预测模型。

3. 北部湾海洋灾害动力过程及其对风暴潮增水的影响机制研究

利用浪-潮-流耦合模式，通过多组敏感性试验，研究北部湾复杂海底地形和岸线条件下北部湾海洋灾害动力过程的耦合作用及其对风暴增水的影响，重点分析风暴潮-海浪、天文潮-海浪、风暴潮-天文潮之间的相互作用及它们对灾害过程的强化效应，找出其中的关键影响因子并进一步探讨相关机制。

4. 北部湾台风风暴潮和海浪短期预警预报关键技术研发及系统构建

研发并有机集成多项适合北部湾海区的台风风暴潮和海浪预警预报关键技术，包括选尺度资料同化技术、海气动量通量参数化技术、浪-潮-流耦合技术、多重嵌套技术和包含动边界漫滩方案的精细化预报技术等，构建南海-北部湾-广西近岸重点港区的台风、风暴潮和海浪短期（0～120h）预警预报系统，提高对北部湾海区及近岸重点区域的台风风暴潮和海浪的精细化短期预警预报精度，为该地区的防灾减灾提供技术支撑。

5. 台风影响下北部湾沿岸地区承灾体的灾变关系与演变特征分析

以北部湾典型脆弱承灾体为研究对象,开展台风影响下承灾体灾变、灾损演化特征及其对海洋灾害作用强度归一化响应机理研究,阐明北部湾脆弱承灾体的灾损变化规律与演化特征,构建脆弱承灾体灾变与海洋灾害作用强度之间的高精度定量响应模型,为防灾减灾应急指挥、养殖止损、财产理赔、防护工程设计等提供依据。

五、风暴潮与海浪演变、预测及灾变研究技术路线

阐明全球气候变化影响下北部湾台风、风暴潮和海浪的分布特征及多时间尺度演变趋势,揭示北部湾复杂地形和岸线条件下浪-潮-流非线性相互作用等动力因子对风暴增水的影响机制;研发和集成多项适合北部湾海区的台风、风暴潮和海浪预警预报关键技术,构建台风影响下北部湾风暴潮和海浪的中长期预测模型与精细化短期预警预报系统,切实提高对北部湾海区及沿岸港口等重点区域的台风、风暴潮和海浪精细化预警预报精度;量化北部湾沿岸脆弱承灾体灾变与海洋灾害作用强度之间的关系并建立相应的响应模型,为北部湾沿海地区未来的防灾减灾和经济建设提供科学的决策依据和技术支撑。本书拟采用统计分析、数值模拟、深度学习相结合的研究方法与实验手段开展研究,总体技术路线如图4-5所示。

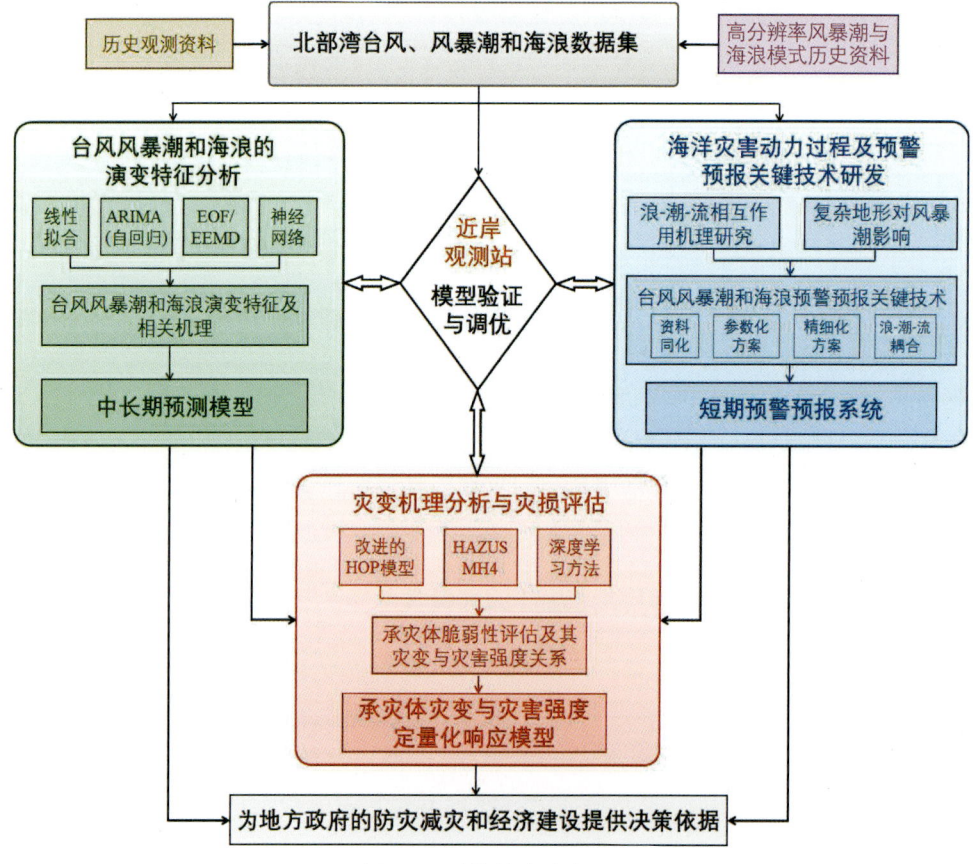

图4-5 总体技术路线图

第二节 技术路线

一、总体技术路线

项目分析总结了北部湾海洋牧场存在的系列问题,并以这些问题为导向,深入挖掘北部湾海洋牧场当前迫切和潜在的需求,提出针对北部湾海洋牧场的陆海综合体多维动态监管体系框架;研制海洋多功能数据采集、水下精准定位、海底地形扫描等专用设备,结合北部湾海岸带区域的空间资源规划与利用现状、生态环境、温盐及溶解氧、海底地形、水动力情况等数据,利用网格化管理技术构建海洋牧场核心数据库;设计水动力、HOP 模型,建立提供区域海上/海下综合位置服务的智慧牧场服务平台,为海洋牧场精细化管理、生蚝养殖立体监测等提供服务;打造智慧海洋牧场品牌,提升经济效益,进行海洋设备、关键技术及监管体系的推广应用,项目总体技术路线如图 4-6 所示。

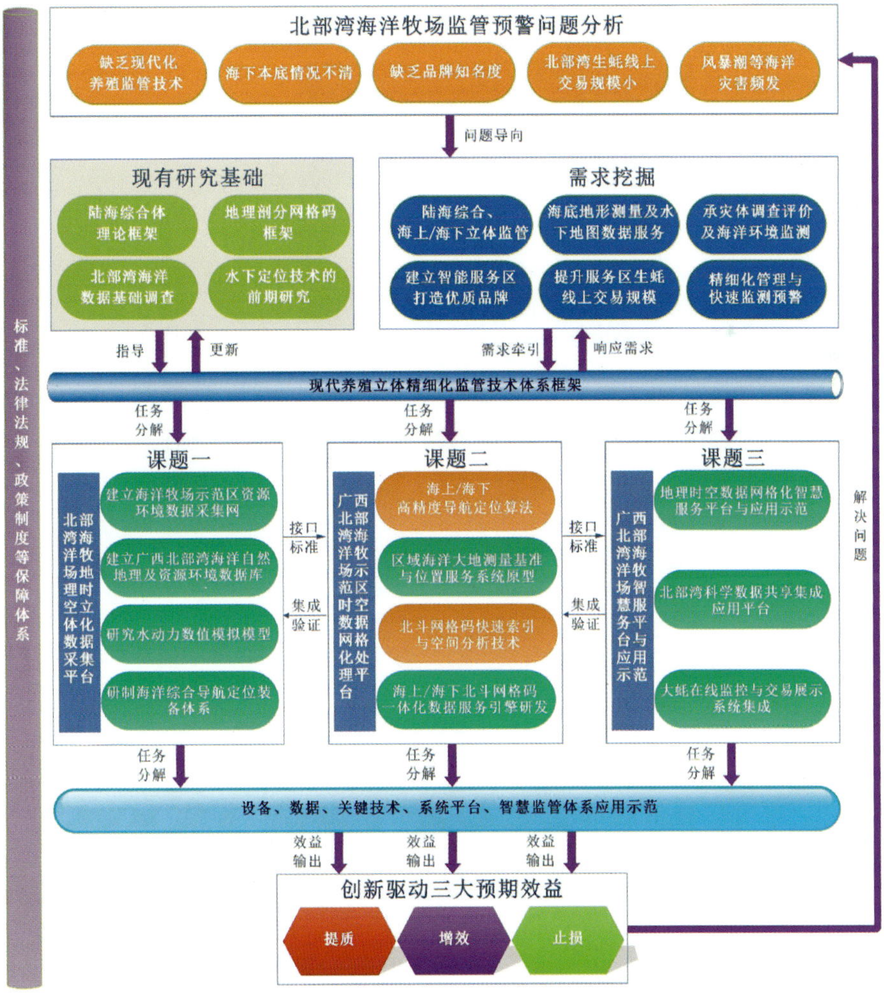

图 4-6 项目总体技术路线图

二、立体采集技术路线

项目针对北部湾海洋牧场的精细化监管问题和智慧应用需求,在现有数据资料与研究基础上,设计海洋牧场陆海综合监管新框架,并在此框架下设置了 4 个有机结合的子课题:建立海洋牧场示范区资源环境数据采集网、建立广西北部湾海洋自然地理与资源环境数据库、研究水动力数值模拟模型、研制海洋综合导航定位装备体系,并在此基础上进行理论研究、开发集成和应用示范,也为课题二、课题三提供了数据支撑和数据验证,以实现对海洋牧场的精细化监测和智慧管理。课题一拟采取的技术路线如图 4-7 所示。

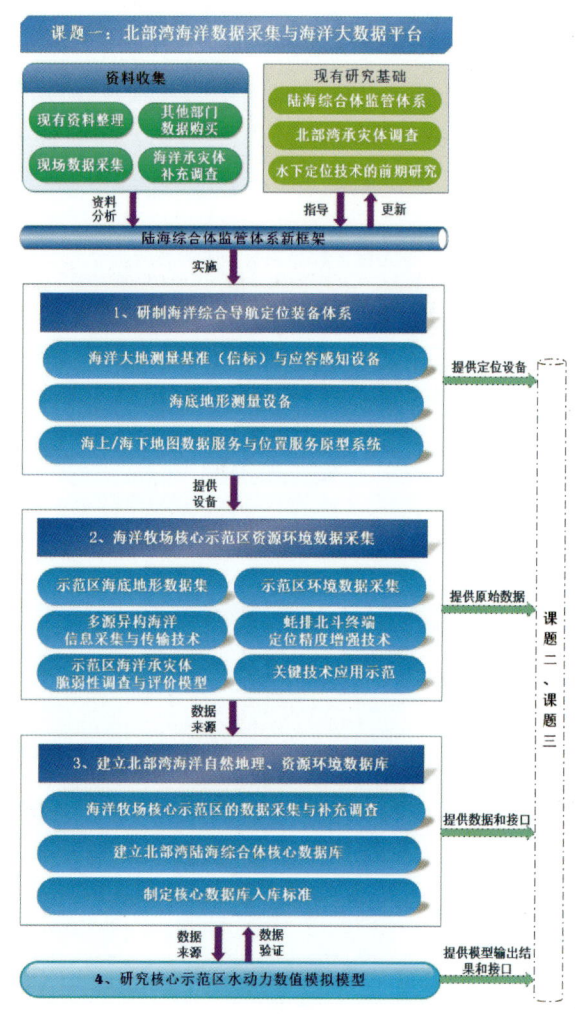

图 4-7 课题一技术路线图

三、数据网格化技术路线

课题二的研究内容主要为设计多源异构海洋信息立体网格编码模型;突破海上/海下一体化高精度定位、北斗网格码快速索引与空间分析、灾害数据地理网格预测预警等关键技术;

第四章 北部湾智慧海洋牧场技术框架

研发区域海洋大地测量基准与海上/海下综合位置服务系统原型;研制海上/海下北斗网格码一体化数据服务引擎,实现水下高精度的位置信息服务。课题二技术路线如图 4-8 所示。

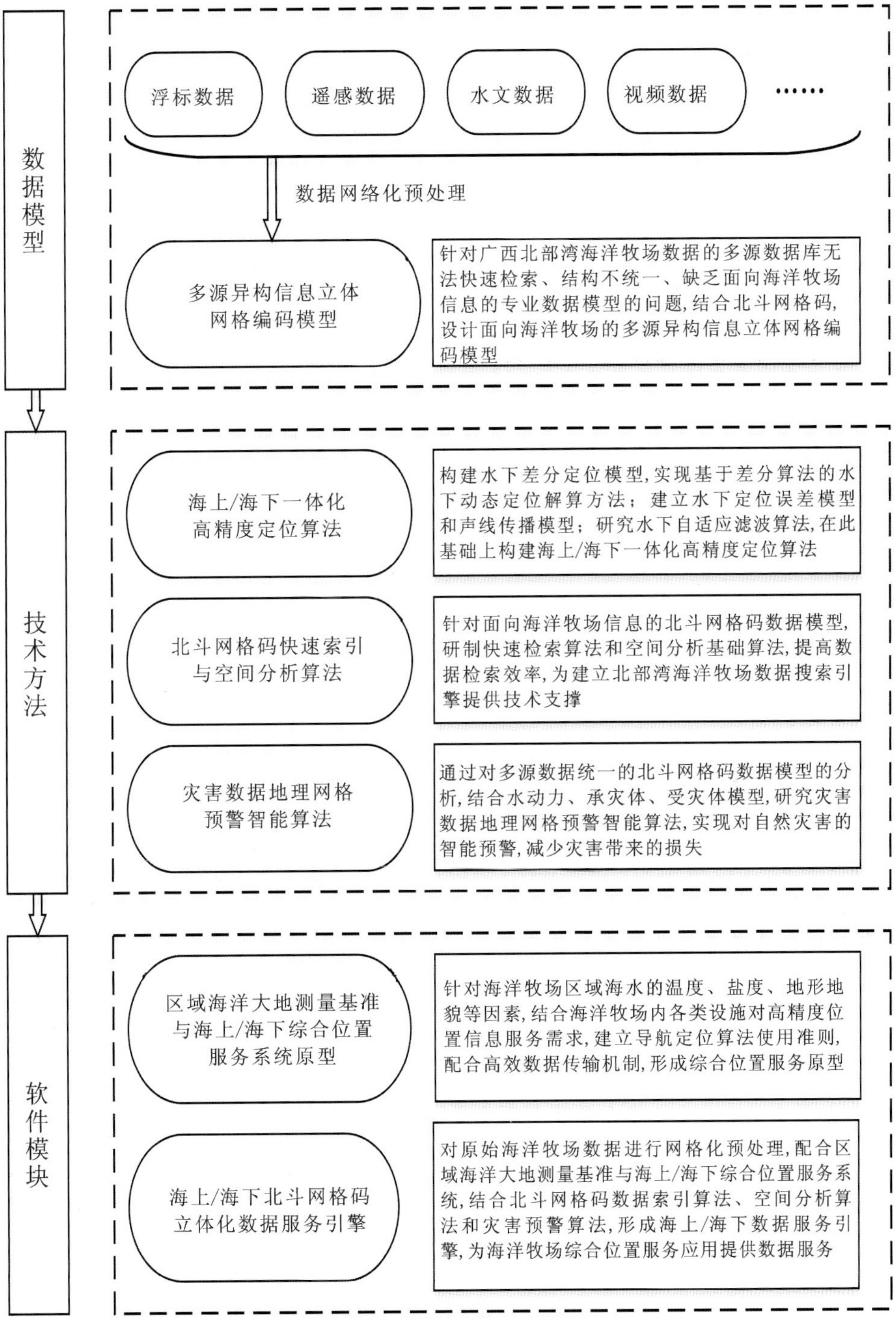

数据模型

- 浮标数据
- 遥感数据
- 水文数据
- 视频数据
- ……

数据网络化预处理

- 多源异构信息立体网格编码模型 —— 针对广西北部湾海洋牧场数据的多源数据库无法快速检索、结构不统一、缺乏面向海洋牧场信息的专业数据模型的问题,结合北斗网格码,设计面向海洋牧场的多源异构信息立体网格编码模型

技术方法

- 海上/海下一体化高精度定位算法 —— 构建水下差分定位模型,实现基于差分算法的水下动态定位解算方法;建立水下定位误差模型和声线传播模型;研究水下自适应滤波算法,在此基础上构建海上/海下一体化高精度定位算法

- 北斗网格码快速索引与空间分析算法 —— 针对面向海洋牧场信息的北斗网格码数据模型,研制快速检索算法和空间分析基础算法,提高数据检索效率,为建立北部湾海洋牧场数据搜索引擎提供技术支撑

- 灾害数据地理网格预警智能算法 —— 通过对多源数据统一的北斗网格码数据模型的分析,结合水动力、承灾体、受灾体模型,研究灾害数据地理网格预警智能算法,实现对自然灾害的智能预警,减少灾害带来的损失

软件模块

- 区域海洋大地测量基准与海上/海下综合位置服务系统原型 —— 针对海洋牧场区域海水的温度、盐度、地形地貌等因素,结合海洋牧场内各类设施对高精度位置信息服务需求,建立导航定位算法使用准则,配合高效数据传输机制,形成综合位置服务原型

- 海上/海下北斗网格码立体化数据服务引擎 —— 对原始海洋牧场数据进行网格化预处理,配合区域海洋大地测量基准与海上/海下综合位置服务系统,结合北斗网格码数据索引算法、空间分析算法和灾害预警算法,形成海上/海下数据服务引擎,为海洋牧场综合位置服务应用提供数据服务

图 4-8 课题二技术路线图

四、智慧服务平台技术路线

通过集成课题一、课题二和其他系统的成果,进行海洋数据预处理,提出课题间衔接的系统接口和数据标准;研究大数据分布式异构空间数据管理与可视化核心问题,研发海洋地理时空数据网格化智慧服务平台;利用平台实现海洋牧场智能服务区精细化监管与快速预警示范应用,项目整体成果推动面向海洋渔业行业部门、海洋牧场养殖户和科研院校和公众服务应用,探索面向我国沿海海洋牧场应用,辐射东盟国家推广保障机制。主要做法是深入调查研究,分析课题需求,做好总体设计和分析评价;扎实地研究可视化开发技术、大数据技术,奠定良好的课题研究基础;细致深入地研究和分析智慧服务平台的具体流程、思想和处理数据的原理和方法,研究数据集成接口和数据传输协议,保证业务的理解正确;遵循软件系统开发的技术准则,建立完整的、科学的阶段评审和流程迭代,真正做好做实每一个假设、论证和实验。课题三技术路线如图4-9所示。

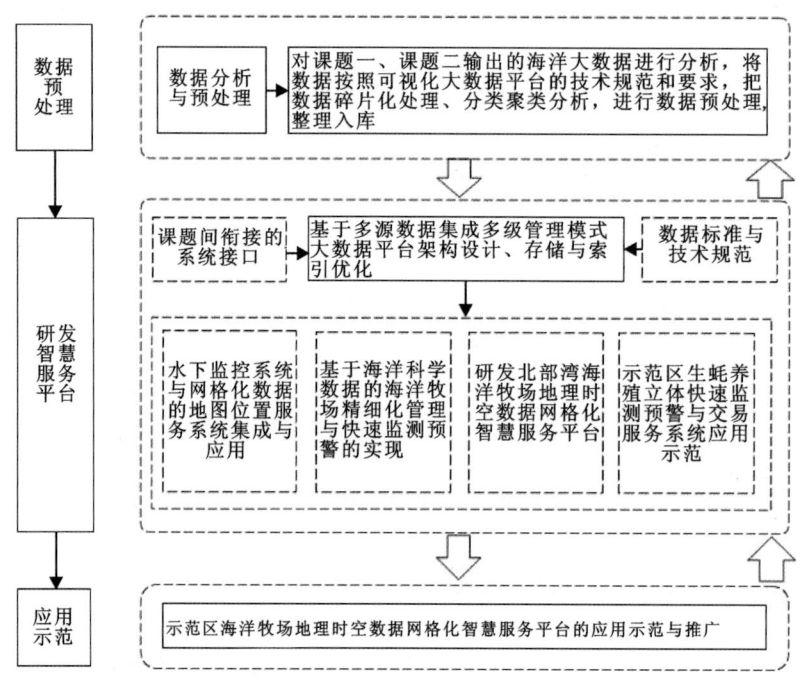

图 4-9　课题三技术路线图

第五章　北部湾智慧海洋牧场监测预警平台建设框架

第一节　陆海综合体海洋牧场技术集成框架

本书的陆海综合体海洋牧场监管技术框架,融合了空间规划、土地利用、全国第二次土地调查、海洋经济、海域空间信息、海域使用现状、海洋公共资源、海洋生态环境等数据,对海洋综合数据进行网格化处理,通过构建大数据分布式存储中心,实现各种异构数据的集成、存储建模、挖掘计算与共享,此框架可以成为后续开发各种智慧应用的数据集成平台。

该框架主要划分为6层(图5-1):陆海异构数据层、数据融合层、Hadoop集群层、数据分析层、行业应用层、用户层。

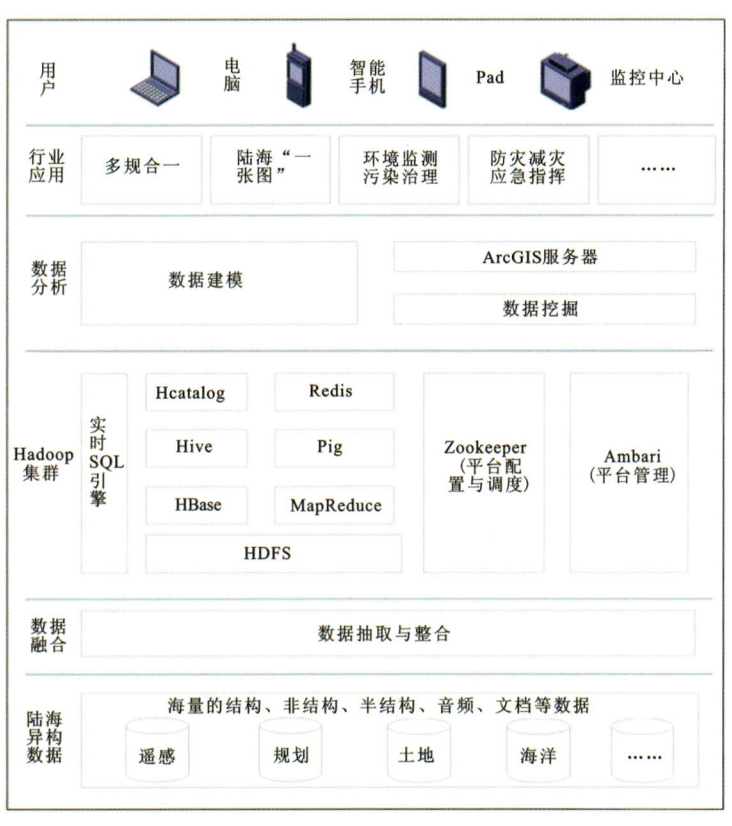

图 5-1　陆海综合体海洋牧场动态监管信息技术集成框架

陆海综合体海洋牧场监管大数据框架实现了海籍调查的综合成果入库，以及空间数据的拓扑处理、疑点疑区项目的动态跟踪管理、附件的自动关联及批量处理、自定义区域范围内的多元素数据综合统计分析等功能，实现了对陆海综合区域的任意拉框、导入自定义区域坐标、设置任意缓冲区等任意区域的数据综合统计和利用现状分析，为土地规划、海域使用论证提供数据支撑。分区子系统实现了多图层数据管理、疑点疑区动态跟踪、附件管理与图片浏览、自定义区域统计分析等功能。

一、多图层数据管理

系统配备制图模板，包括图件的图名、注记、接图表、内外图廓、经纬网、四角坐标、比例尺、指北针、图例、制作单位、地图参数、图层要素等信息。同时提供多种工具实现对空间数据中的简单要素类、注记类、对象类等空间数据和属性数据的调阅与修改，实现数据的不同空间参考系之间的动态投影功能。

二、疑点疑区项目动态跟踪

根据各种查询条件对疑点疑区项目进行查询，并对所查询出的疑点疑区项目进行统计分析和数据导出。该模块用于集中保存海籍业内核查的问题图斑，主要有权属重叠、缝隙、无登记现状用海等类型。模块提供分类查询、数据补测更新、数据导入导出、核查成果资料关联入库、元数据编辑、核查报告生成等功能。

三、附件管理与图片浏览

系统提供了附件上传、查询和下载功能，方便了包括外业调查图片、证书、宗海图等附件的查看及管理。系统将附件与对应的地类图斑、拍照点关联起来，只能在一个独立的界面进行查询，不能达到更直观、更便捷的效果。

四、自定义区域统计分析

对陆域和海域项目进行一些统计分析，包括：土地利用统计分析、宗海项目统计分析、行政区用海分析、海域使用论证缓冲区统计分析、拉框统计分析。方便用户自定义查询、查看陆域和海域的使用情况，并把统计结果以柱状图、饼状图、折线图的形式展示出来（图 5-2）。

第二节　监测预警溯源交易平台集成框架

一、总体设计

1. 概述

地理时空数据网格化智慧服务平台主要建成海洋牧场监测预警智能服务区；开展示范区温度、盐度、溶解氧等环境指标监测和课题一、课题二以及其他系统集成，实现海洋牧场精细

第五章　北部湾智慧海洋牧场监测预警平台建设框架

图 5-2　陆海综合体海洋牧场大数据统计分析

化管理,共享数据中心与快速灾害监测预警平台。该平台可帮助海洋生态管理部门对水下网箱中的水产品进行长周期监控,对海洋生态的相关信息数据进行检测、监测,与其他系统对接进行管理和统计分析,形成历史的统计分析以供决策者使用,并对自然灾害进行预警。

2. 系统环境描述

系统包括的范围:地理时空数据网格化智慧服务平台。
1)运行环境
(1)软件环境如表 5-1 所示。

表 5-1　运行环境中的软件环境配制表

工具类型	名称	版本	语言
用户操作系统	Windows	7,8,10	中文
关系型数据库	Oracle	12c	英文
分布式计算框架	Hadoop	2.6	英文
分布式数据库	HBase	2	英文
浏览器	IE,Chrome,Firefox	IE 9 以上均可	中文

(2)硬件环境:服务器 5 台,每台配置双核 2.4GHz 以上性能 CPU、4GB 内存、300GB 以上硬盘。

2) 开发环境

(1) 软件环境如表 5-2 所示。

表 5-2 开发环境中的软件环境配置表

工具类型	名称	版本	语言
用户操作系统	Windows	7,8,10	中文
关系型数据库	Oracle	12c	英文
分布式计算框架	Hadoop	2.6	英文
分布式数据库	HBase	2	英文
数据抽取工具	Sqoop	1.4	英文
浏览器	IE,Chrome,Firefox	IE 9 以上均可	中文
Java 开发包	JDK	1.8	英文
网站集成开发环境	IDEA	2017.3	英文
Web 中间件	Tomcat	8.5	英文
Hadoop 服务器操作系统	CentOS	7.0	英文
关系型数据库服务器操作系统	Windows	2008R2	中文

(2) 硬件环境：服务器 5 台，每台配置双核 2.4GHz 以上性能 CPU、4GB 内存、300GB 以上硬盘。

3. 系统总体结构设计

1) 系统业务层次图

本系统应完成如图 5-3 所示的所有功能模块，通过身份验证平台登录进入本系统，根据用户角色的不同，对显示可以操作的功能模块进行管理、统计分析。

地理时空数据网格化智慧服务平台 ⎰ 海洋牧场高精度位置服务
　　　　　　　　　　　　　　　　 邻近海域大地水准面模型分析
　　　　　　　　　　　　　　　　 示范区水动力数值模型分析
　　　　　　　　　　　　　　　　 海籍核查动态监管
　　　　　　　　　　　　　　　　 广西海洋防灾减灾与决策支持
　　　　　　　　　　　　　　　　 广西海洋生态环境监测
　　　　　　　　　　　　　　　　 海洋确权数据监测
　　　　　　　　　　　　　　　　 浮标信息监测与分析
　　　　　　　　　　　　　　　　 海洋科学数据智能查询
　　　　　　　　　　　　　　　　 自然灾害快速监测预警
　　　　　　　　　　　　　　　　 水产品交易系统与趋势分析 ⎰ 水产品长周期全程溯源
　　　　　　　　　　　　　　　　　　　　　　　　　　　　　 交易趋势分析与统计
　　　　　　　　　　　　　　　　 基础数据管理

图 5-3 地理时空数据网格化智慧服务平台业务层次图

第五章 北部湾智慧海洋牧场监测预警平台建设框架

2)系统架构说明

本系统对于海洋异构多源数据采用系统前置平台进行数据的抽取与接收,如图5-4所示,在前置平台中进行数据的预处理和数据的分发,发送数据到 Hadoop 集群中的 Hbase 数据库和关系型数据库中。视频文件存储在分布式文件系统(HDFS)中,在 Hadoop 集群中进行数据的分析、建模。比较监控数据和标准数据,如果发生自然灾害,则发送短信到联系人的手机上进行快速预警。ArcGIS 服务器提供地图服务,采用 REST 的软件架构原则,将数据可视地展现在用户面前,使用户能更高效、更直观地观察数据的波动变化,为用户决策提供有力的支持。

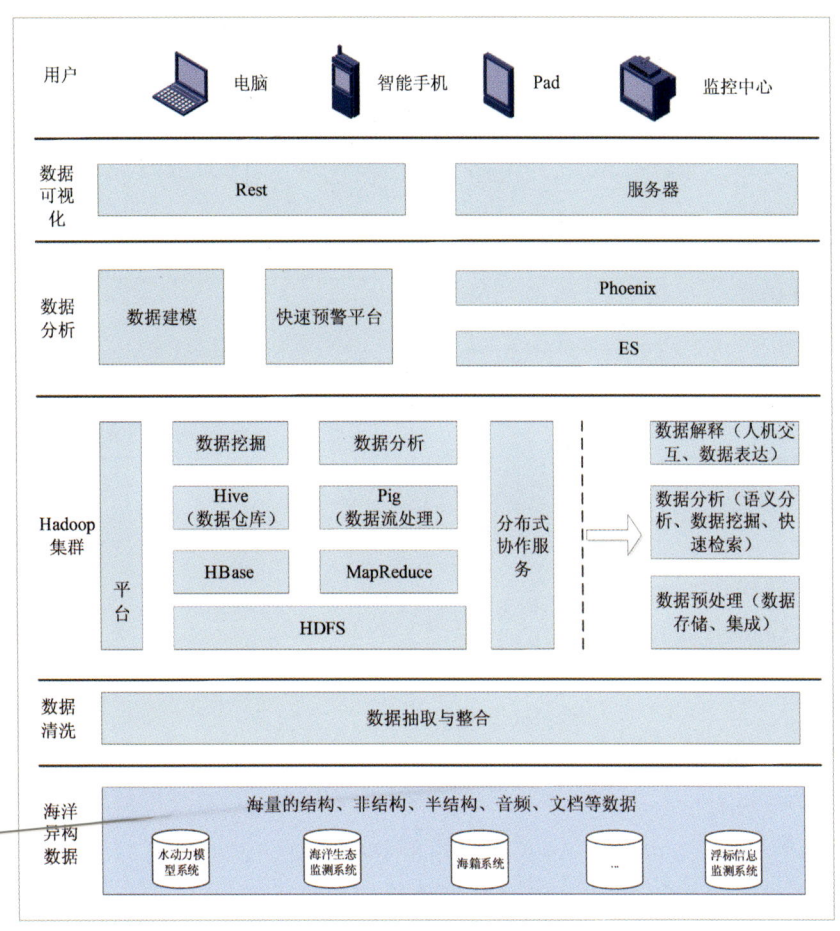

图 5-4 系统构架说明

3)B/S架构说明

如图 5-5 本系统采用 B/S(Browser/Server)架构,降低了对客户机的要求。使用 MVC (Model、View、Control)的软件设计模式,以业务逻辑、数据、界面显示分离的方法组织代码,将业务逻辑聚集到同一个部件里面,在改进和个性化定制界面及用户交互的同时,不需要重新编写业务逻辑。在一个逻辑的图形化用户界面的结构中,MVC 常被用于映射传统的输入、处理和输出功能。

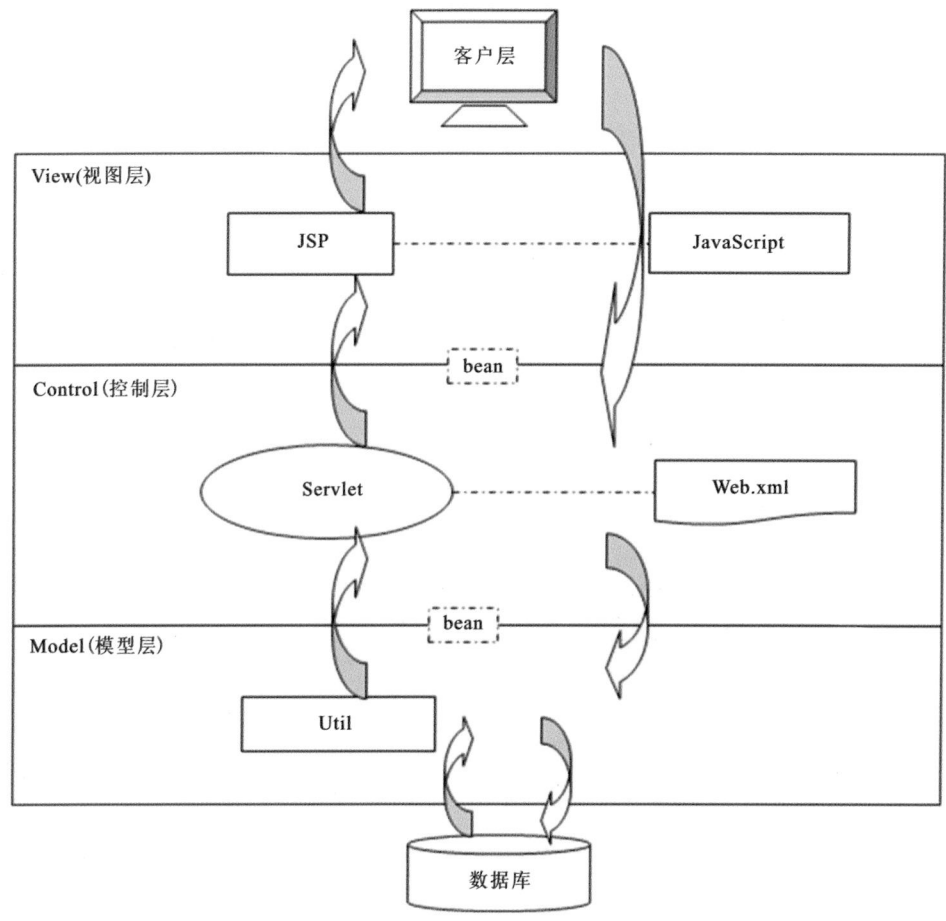

图 5-5　B/S 架构说明

View 层是与客户的交互层，负责提交用户请求和数据，并将后台的响应结果返回给客户层。同时提供客户提交信息的 JavaScript 验证功能。

Control 层负责项目中业务功能实现流程的管理工作。如具体的业务功能由哪些类来实现，实现结果由谁来显示等，必须由 Control 层来决定。同时 Control 层还要负责与其他两层的通信，这个过程还需要一些 bean 类来协助传递信息，另外 Control 层还要负责请求的转发与从定向。从 Control 层所负责的功能上不难想象的到在业务逻辑相对复杂的时候此层代码编写会略显繁重和复杂。

Model 层主要是一些实现具体业务功能的类，在这里可以统一简称为 Entity 类，也可以将架构中除了 Servlet 控制器之外的所有类统一叫作 Javabean 类。从这种命名方式上可以看出，Model 层在实现业务功能时的方式比较自由，但在业务逻辑比较复杂的情况下 Model 层职能的划分会出现问题，可能会造成一定混乱和不便。设想一下如果可以更明确地将 Model 层进一步划分，使之变得更有条理，就会增强该层的可维护性。

二、开发关键技术简介

1. Hadoop

Hadoop 是由 Apache 基金会所开发的分布式系统基础架构。用户可以在不了解分布式底层细节的情况下,开发分布式程序,充分利用集群的能力进行高速运算和存储。

Hadoop 实现了分布式文件系统(Hadoop Distributed File System),简称 HDFS。HDFS 有高容错性的特点,并且设计用来部署在低廉的硬件上;而且它提供高吞吐量来访问应用程序的数据,适合那些有着超大数据集的应用程序。HDFS 放宽了 POSIX 的要求,可以流的形式访问文件系统中的数据。

Hadoop 的框架最核心的设计如图 5-6 所示。HDFS 为海量的数据提供了存储,MapReduce 为海量的数据提供了计算。

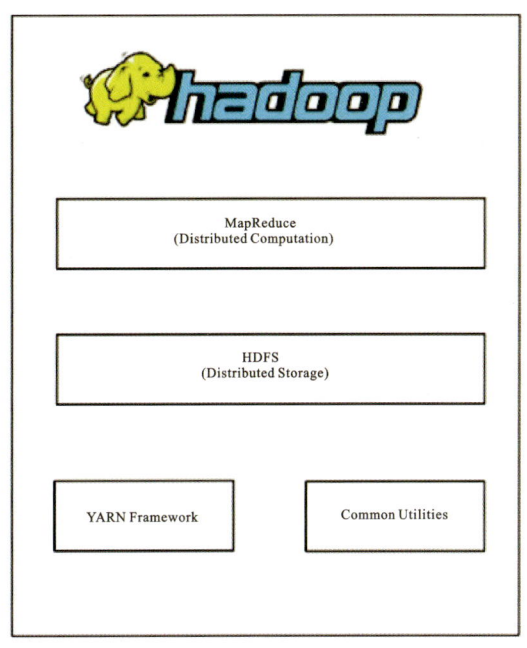

图 5-6　Hadoop 框架核心设计

2. HBase

HBase 是一个分布式的、面向列的开源数据库,如图 5-7 所示,该技术来源于结构化数据的分布式存储系统 Bigtable。就像 Bigtable 利用了 Google 文件系统所提供的分布式数据存储一样,HBase 在 Hadoop 之上提供了类似于 Bigtable 的功能。HBase 是 Apache 的 Hadoop 项目的子项目。HBase 不同于一般的关系数据库,它是一个适合于非结构化数据存储的数据库。此外,HBase 是基于列的而不是基于行的模式。

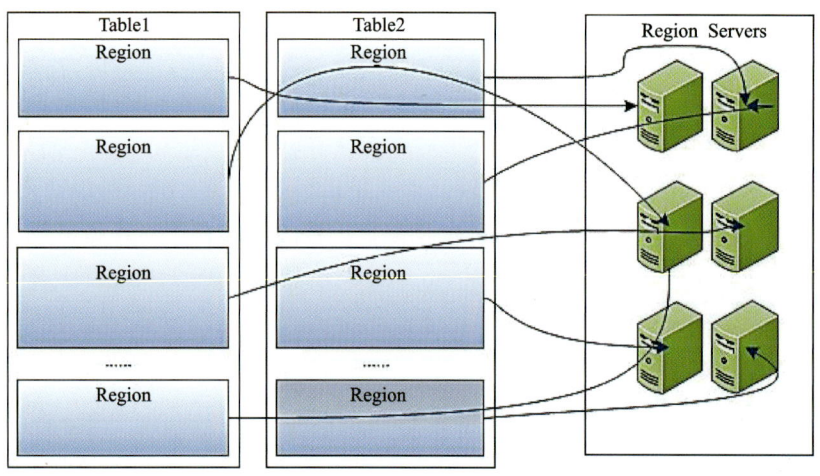

图 5-7　HBase 示意图

3. Oracle

Oracle 是在数据库领域处于领先地位的产品。Oracle 数据库系统是目前世界上最流行的关系数据库管理系统之一,系统可移植性好、使用方便、功能强,适用于各类大、中、小、微机环境。它是一种高效率、可靠性好的、适应高吞吐量的数据库。

4. Sqoop

Apache Sqoop(SQL 到 Hadoop)支持批量从结构化数据存储导入数据到 HDFS,如关系数据库、企业级数据仓库和 NoSQL 系统。如图 5-8 所示,Sqoop 基于连接器体系结构,它支持利用插件连接到新的外部系统。

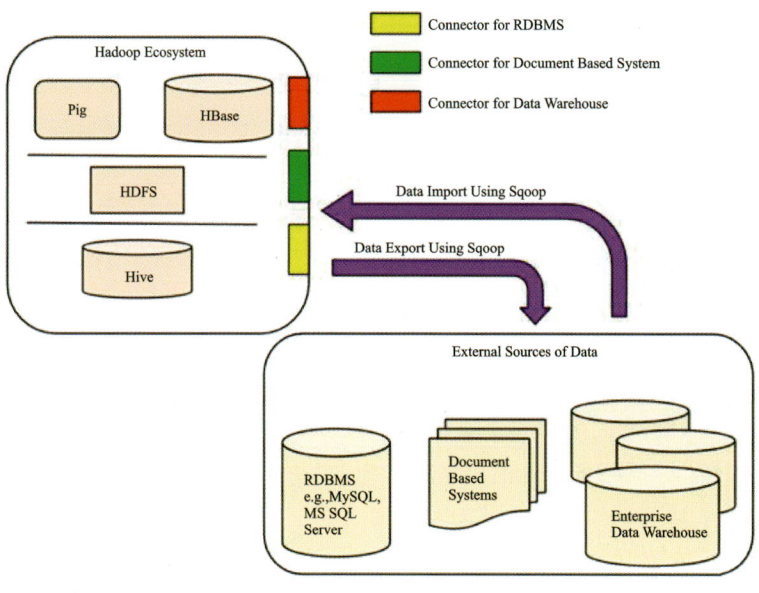

图 5-8　Sqoop 示意图

5. REST

REST(Representational State Transfer)是 Roy Fielding 博士在他的博士论文中提出来的一种软件架构风格。它是一种针对网络应用的设计和开发方式,可以降低开发的复杂性,提高系统的可伸缩性。

REST 从资源的角度来观察整个网络,分布在各处的资源由 URI 确定,而客户端的应用通过 URI 来获取资源的表示方式。目前在三种主流的 Web 服务实现方案中,因为 REST 模式的 Web 服务相对复杂的 SOAP 和 XML-RPC 来讲更加简洁,越来越多的 Web 服务开始采用 REST 风格设计和实现。

6. ECharts

ECharts 是一款由百度前端技术部开发的,商业级数据图表,它最初是为了满足公司商业体系里各种业务系统,后来制作成基于 JavaScript 的数据可视化图表库,提供直观、生动、可交互、可个性化订制的数据可视化图表。

ECharts 提供大量常用的数据可视化图表,底层基于 ZRender(一个全新的轻量级 Canvas 类库),创建了坐标系、图例、提示、工具箱等基础组件,并在此上构建出折线图(区域图)、柱状图(条状图)、散点图(气泡图)、饼图(环形图)、K 线图、地图、力导向布局图以及和弦图,同时支持任意维度的堆积和多图表混合展现。

7. OpenCV

OpenCV 于 1999 年由 Intel 建立,如今由 Willow Garage 提供支持。OpenCV 是一个基于 BSD 许可(开源)发行的跨平台计算机视觉库,可以运行在 Linux、Windows 和 Mac OS 操作系统上。它量级轻且高效——由一系列 C 函数和少量 C++ 类构成,同时提供了 Python、Ruby、MATLAB 等语言接口,实现了图像处理和计算机视觉方面的很多通用算法。

OpenCV 拥有包括 500 多个 C 函数的跨平台的中、高层 API。它不依赖于其他的外部库——尽管也可以使用某些外部库。OpenCV 为 Intel© Integrated Performance Primitives (IPP)提供了透明接口。这意味着如果有为特定处理器优化的 IPP 库,OpenCV 将在运行时自动加载这些库。

三、系统功能设计

1. 数据抽取与分发

在本系统与其他数据对接中间设置一个数据预处理的前置系统,针对各系统发往本系统的数据进行预处理,做到筛选与清洗,如图 5-9 所示,将不同类型的数据分发到关系型数据库和分布式数据库中进行转储。

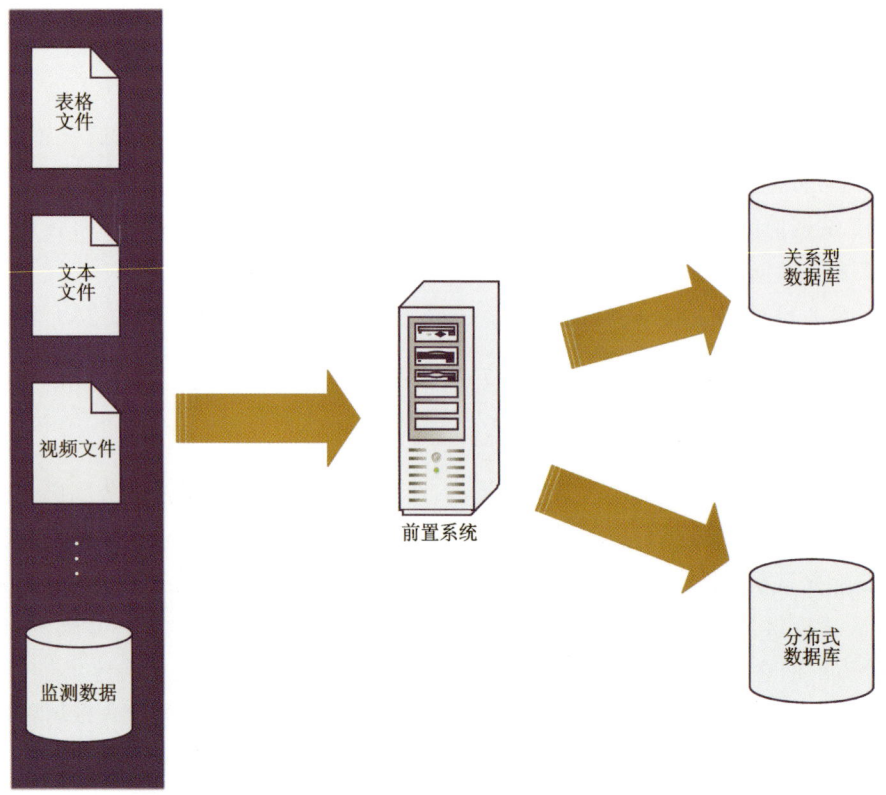

图 5-9 本系统与其他数据对接中的数据预处理前置系统

2. 海洋牧场高精度位置服务模块

海洋大地测量基准信标与应答感知设备能为水面船舶、观光垂钓平台、网箱、筏架、蚝排、水下鱼礁、AUV、ROV 等海洋牧场生产设施设备提供高精度的位置信息服务。图 5-10 和图 5-11 为水下定位示意图和水面船舶定位图。

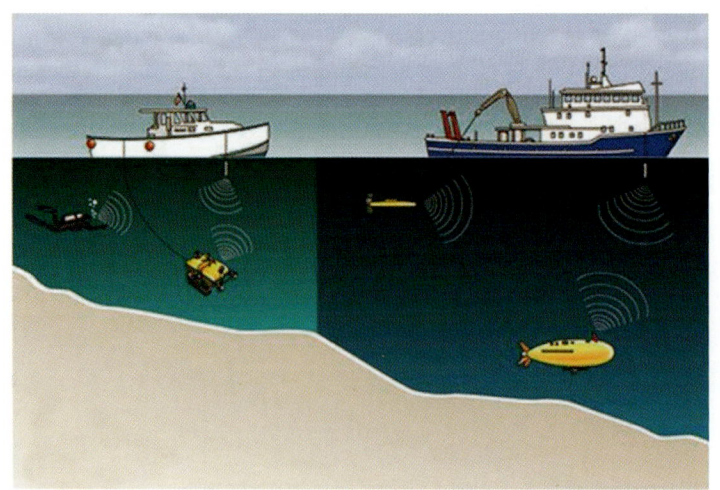

图 5-10 采用 AUV 或 ROV 进行水下定位示意图(图片来源百度百科)

第五章 北部湾智慧海洋牧场监测预警平台建设框架

图 5-11 水面船舶定位图

3. 邻近海域大地水准面模型分析模块

依托海洋大地测量基准信标与应答感知设备,通过解算,在平台上显示海洋牧场邻近海域网格化的大地水准面数值。

4. 示范区水动力数值模型分析模块

该模块可显示水动力要素的网格化空间分布和时间变化,如图 5-12 所示,形象生动地表达计算结果,为研究近海区域波浪、潮流、泥沙运动规律提供科学决策依据。

本模块以请求服务方式从本系统定位到中科院系统测量与地球物理研究所服务器上展示水动力模型。

5. 海籍核查动态监管模块

该模块以海籍数据为基础,形成集

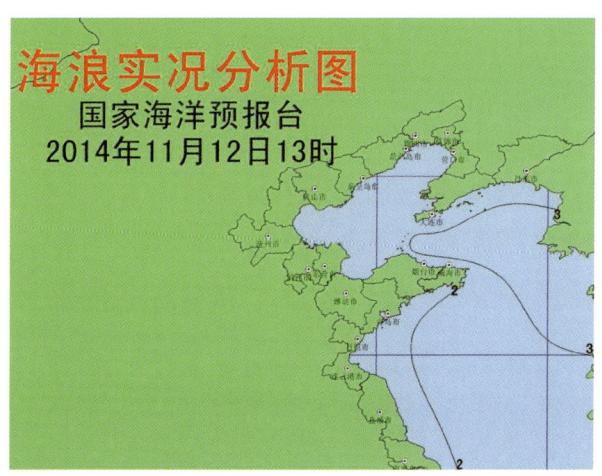

图 5-12 水动力要素的网格化空间分布和时间变化

数据采集建库、数据管理、数据更新交换于一体的服务链,为广西海域海籍管理提供强大的数据和服务支撑。通过建立基于 SOA 架构的数据中心集成开发平台,实现专题业务模块的服务化、组件化、定制化管理;开发整合海域海籍专题数据应用服务,实现多年度、多比例尺、全区域的空间数据库分布式运行和综合管理。通过建立完善省、市、县四级的数据交换机制,实现国土系统内的信息共享和效能监督。海籍核查动态监管模块如图 5-13 所示。

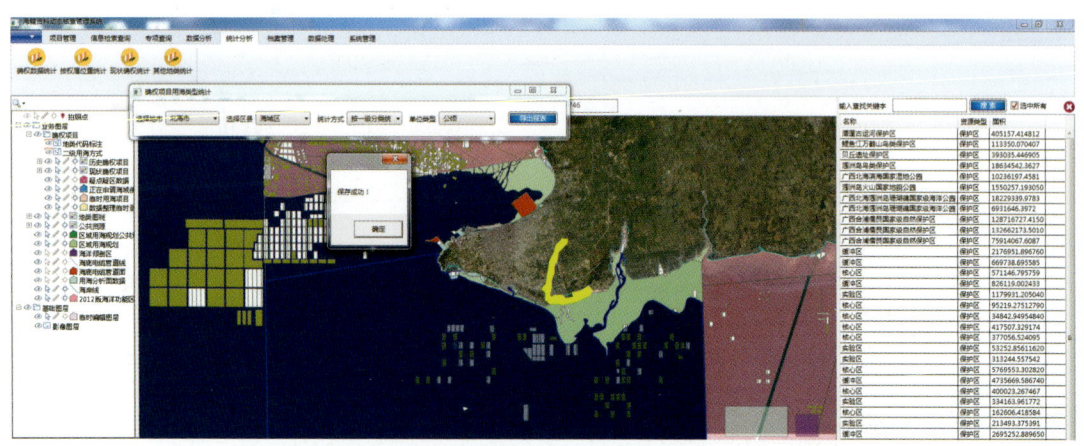

图 5-13　海籍核查动态监管模块示意图

6. 广西海洋防灾减灾与决策支持模块

通过广西海洋研究院的广西海洋防灾减灾业务系统进行接口访问,能在智慧服务平台中访问这些子系统,为海洋防灾减灾提供科学决策。

7. 广西海洋生态环境监测模块

通过广西海洋研究院的广西海洋生态环境监测业务系统进行接口访问,能在智慧服务平台中访问广西海洋生态环境监测系统,减少平台差异性。

8. 海洋确权数据监测模块

该模块建立包括基础调查及建库管理、建库平台配置和管理、文档和附件管理等功能的数据库管理平台。通过现有的海域动管系统和后续的业务化开发定制分别建立国家、自治区、市、县多级海籍基础调查数据库,包括基础地理数据、海域使用现状、海域确权数据、海洋功能区划数据、海域勘界数据、遥感影像等内容,形成互联共享的多级调查数据管理平台。海洋确权数据监测模块如图 5-14 所示,该模块具有以下功能。

(1)实现数据影像比对、发现疑点疑区、现场核查校对、数据检测更新及补充调查等,保证原始数据与空间数据库的对应关系,实现数据转换过程中的质量控制和检查、数据处理过程中的质量控制和入库。

(2)实现海域使用权属现状数据库、历史整理数据库、变更数据库、基础地理数据库、遥感影像数据库、功能区划数据库、现场核查调查数据库、疑点疑区数据库等,数据涵盖基础地理

第五章　北部湾智慧海洋牧场监测预警平台建设框架

数据、海域使用现状、海域确权数据、海洋功能区划数据、海域勘界数据、遥感影像等内容,集图形、图像、属性、表格和文档资料一体化管理,能同国家海域动态监视监测管理系统进行定期数据更新和共享。

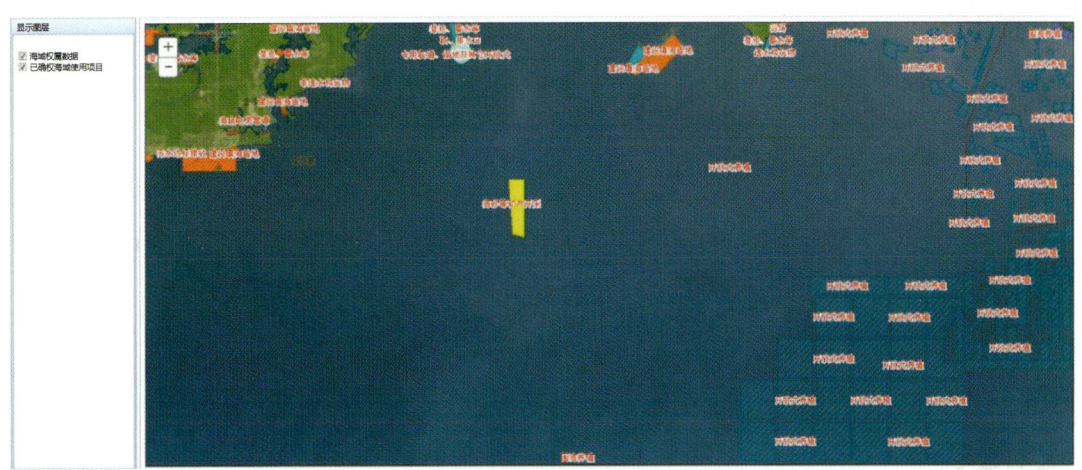

图 5-14　海洋确权数据监测模块示意图

9. 浮标信息监测与分析模块

该模块实现各级各类监测数据系统交互共享,能提升监测预报预警、信息化能力和保障水平,健全广西海洋生态环境监测监管体系,提高北部湾海洋环境实时监测能力。浮标信息监测模块如图 5-15 所示,该模块具有以下功能。

图 5-15　浮标信息监测模块示意图

(1)通过国家海洋局和广西海洋局制定的相关标准针对海洋生态监测中的各类信息资料组建统一的海洋生态环境监督数据库,完成海洋生态监测管理的规范化、系统化、网络化,提

· 63 ·

高监测工作的效率。

(2)将不同来源的监测数据收集整合,建立统一的省级管理网络。

(3)可以更加准确、高效地向国家海洋局上报全区海洋生态监测信息,并能满足与国家海洋局平台对接的要求。

(4)海洋生态监测的网络化、信息化建设可以提供充足、翔实的实时信息资源,为未来政务信息公开创造有利的条件。

10. 海洋科学数据智能查询模块

北部湾经济区科学数据智能查询系统和北部湾经济区科学数据辅助分析决策系统,如图5-16所示,该模块能进行气候资源数据、地质信息、水文信息等数据集等相关数据可视化、浏览、查看、统计展示。

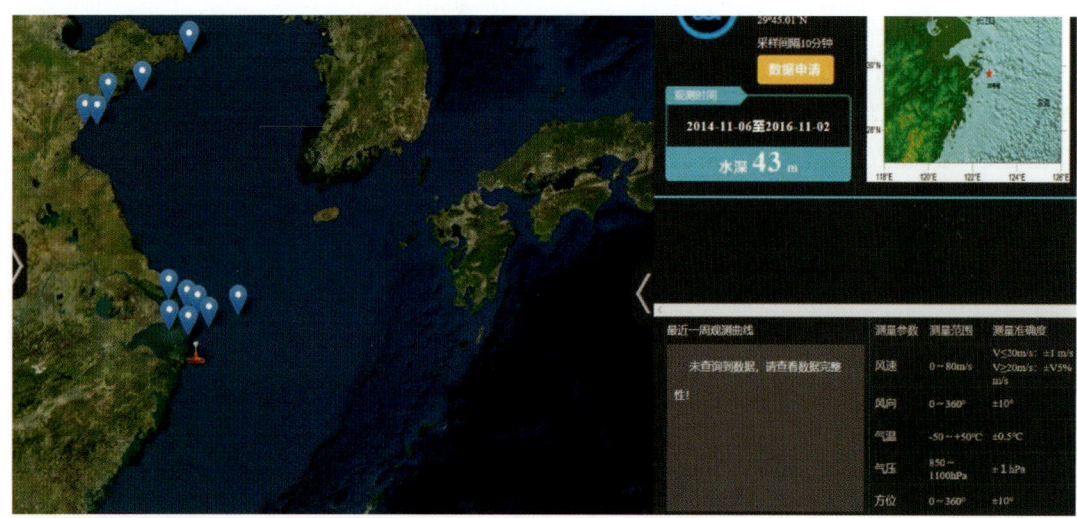

图5-16 数据辅助分析决策系统模块示意图

11. 快速监测预警模块

实现动态监测预警,通过计划模块和监测模块提供的数据进行对比分析计算和评分,进而快速判断是否超标而进行预警,管理与监测现有数据,并以不同的方式将其展示出来用以辅助决策。如果检测指标超标,则系统自动发送短信到用户手机上提醒用户进行风险预警。

12. 海洋牧场产品交易系统与趋势分析模块

通过交易系统,统计查询存放、展示、销售的水产品,记录存放的货物信息,由于需要充分利用存放空间,把不同农户的商品存放在同一区域,需要精确查找识别各类商家存放的货品。对所有电商的在库商品进行统计分析,对有保质期的商品进行有效期检查,如有发现即将到期的商品系统要有提示,电商还可以查询到商品出货情况。如图5-17所示,该模块通过分析可展示海洋牧场水产品的生态和销售趋势。

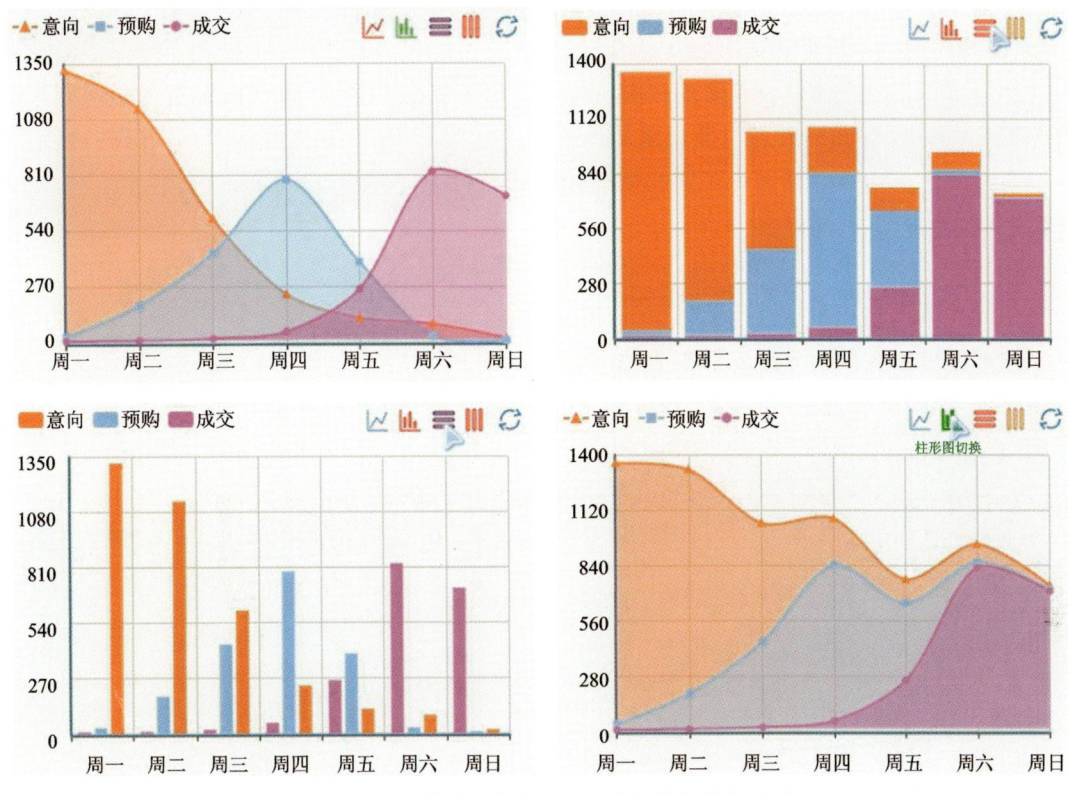

图 5-17　海洋牧场水产品的生态和销售趋势展示

不仅如此,为了更好地让水产养殖户监测到海洋牧场水产品的生长情况,对生产过程做到心中有数,也为了向客户更好地展现所购买水产品的生长过程,在水产品监测中,对于水下摄像机拍摄的视频流进行截取,在本模块中可以做到随时调取某个网箱中指定摄像头在某一天拍摄的视频,做到全程可溯源。

13. 基础数据管理模块

分别对沿海地区数据表、确权项目基本统计表、其他海籍地类基本统计表、其他权属等相关数据进行分析统计并把数据可视化,包括浏览、查看、统计展示。

用户权限管理,每个用户都需要系统管理员来分配其权限,而用户本身不能授权给其他用户自己的权限。

下篇

北部湾智慧海洋牧场研发应用

第六章　北部湾智慧海洋牧场基础能力建设

第一节　地理时空数据集

一、分类与编码

标准信息分类与编码参照《我国近海海洋综合调查要素分类代码和图式图例规程》，并进行部分扩充。将标准涉及的要素分为二十一大类，进一步细分为若干小类、一级和二级。分类代码由10位数字码组成，其结构如图6-1所示：

```
××    ××    ××    ××    ××
 |     |     |     |     |
 大    小    一    二    扩
 类    类    级    级    充
 码    码    代    代    码
             码    码
```

图 6-1　分类代码结构

大类码、小类码、一级代码和二级代码分别以数字顺序排列。扩充码一般由用户自行定义，以便于扩充。其中，大类码的起始码从10开始，小类码、一级代码、二级代码和扩充码均从01开始。大类要素名称与代码见表6-1。

表 6-1　大类要素代码与名称描述表

大类要素名称	编码
海洋水文、气象信息	1000000000
海底地形地貌	1300000000
海洋沉积物	1400000000
海岛海岸带地质	1700000000
海岛海岸带资源	1800000000
海洋灾害	2000000000

续表 6-1

大类要素名称	编码
海域使用	2100000000
海洋承灾体	2200000000
海洋基础地理	2300000000
栅格要素	2600000000
海洋遥感	2800000000
海洋环境监测	2900000000

二、海洋基础地理专题信息数据结构

海洋基础地理专题信息包括河流、岸线等基础地理以及海域界线信息。海洋基础地理专题数据库标准涉及的各类要素的属性名称描述见表 6-2。

表 6-2　海洋基础地理专题信息要素代码与名称描述表

要素代码	要素名称	属性表名称
2300000000	海洋基础地理	
2301000000	海岸线	JCDL_HAX
2302000000	河流	JCDL_HL
2315000000	行政区	JCDL_XZQ
2316000000	交通	JCDL_JT
2317000000	行政界线	JCDL_XZJX
2318000000	居民地	JCDL_JMD
2330000000	海域界线	
2330010000	省际海域界线	HYJX_SJ
2330020000	县际海域界线	HYJX_XJ

海岸线属性结构（属性表代码：JCDL_HAX）见表 6-3。

表 6-3　海岸线属性结构描述表

序号	数据项名称	代码	类型	长度	小数位	值域	备注
1	标识码	BSM	数字型	10		>0	
2	要素代码	YSDM	字符型	10			

第六章 北部湾智慧海洋牧场基础能力建设

续表 6-3

序号	数据项名称	代码	类型	长度	小数位	值域	备注
3	海岸线类型	HAXLX	字符型	2			
4	海岸线长度	HAXCD	数字型	8	2		km
5	岸线稳定性	AXWDX	字符型	2			
6	行政隶属	XZLS	字符型	50			

注：标识码由系统自动产生，下表相同。

省际海域界线属性结构（属性表代码：HYJX_SJ）和县际海域界线属性结构（属性表代码：HYJX_XJ）见表6-4。

表 6-4　省际和县际海域界线属性结构描述表

序号	数据项名称	代码	类型	长度	小数位	值域	备注
1	标识码	BSM	数字型	10		>0	
2	要素代码	YSDM	字符型	10			
3	界线名称	JXMC	字符型	40			
4	界线长度	JXCD	数字型	8	2		m
5	涉界省市（县）	SJSS	字符型	20			
6	界标所在地	JBSZD	字符型	30			
7	界线生效日期	SXRQ	日期型	8			年/月/日

注：界线名称填写规则按海域勘界技术规程执行。

三、海域专题信息数据结构

海域专题信息包括海洋功能区划、海域使用现状调查和海域使用申请审批等信息。海域专题信息标准涉及的各类要素代码与名称见表6-5。

表 6-5　海域专题信息要素代码与名称表

要素代码	要素名称	属性表名称
2102000000	海洋功能区划	HYGNQH
2101000000	海域使用状况调查	
2101010000	渔业用海	

续表 6-5

要素代码	要素名称	属性表名称
2101010100	海水养殖	HYDC_HSYZ
2101010200	底播增殖	HYDC_DBZZ
2101020000	交通运输用海	
2101020100	港口（港池、航道和锚地）	HYDC_GK
2101030000	工矿用海	
2101030100	盐业	HYDC_YY
2101030200	油气田	HYDC_YQT
2101030300	固体矿产	HYDC_GTKC
2101030400	海砂开采	HYDC_ HSKC
2101030500	修造船	HYDC_XZC
2101030600	拆船	HYDC_CC
2101040000	旅游娱乐用海	HYDC_LY
2101050000	海底工程用海	
2101050100	海底管道（线）	HYDC_GX
2101060000	排污倾倒用海	HYDC_PW
2101070000	围填海造地用海	HYDC_WTH
2101080000	海洋自然保护区和特殊区用海	HYDC_BHQ
2101090000	海域使用基本情况调查	HYDC_JBQK
2101100000	海域使用金征收现状调查	HYDC_SYJ
2101110000	海域使用金抽样调查	HYDC_SYJCY
2101110000	海域使用金征收效果调查	HYDC_SYJXG
2104000000	海域使用管理	
2104010000	海域使用申请	HYSY_SQ
2104020000	海域使用权续期申请	HYSY_XQ
2104030000	海域使用权变更申请	HYSY_BG
2104040000	海域使用权转让申请	HYSY_ZR
2104050000	海域使用权登记	HYSY_DJ

海洋功能区属性结构(属性表代码:HYGNQH)见表6-6。

表6-6 海洋功能区属性结构描述表

序号	数据项名称	代码	类型	长度	小数位	值域	备注
1	标识码	BSM	数字型	10		>0	
2	要素代码	YSDM	字符型	10			
4	海洋功能区名称	GNQMC	字符型	40			
5	海洋功能区代码	GNQDM	字符型	10			
6	所在地区名称	DQMC	字符型	40			
7	地区代码	DQMA	字符型	10			
8	地理范围	DLFW	备注型				
9	面积	MJ	数字型	8	2	>0	hm^2
10	使用现状	SYXZ	备注型				
11	管理要求	GLYQ	备注型				
12	备注	BZ	备注型				

界址点数据结构(属性表代码:HYSY_JZD)见表6-7。

表6-7 界址点数据结构描述表

序号	数据项名称	代码	类型	长度	小数位	值域
1	标识码	BSM	数字型	10		>0
2	海籍编号	HYBH	字符型	14		
3	界址点顺序号	SXH	数字型	4		>0
4	坐标系	ZBX	字符型	20		
5	经度	JD	数字型	10	6	
6	纬度	WD	数字型	9	6	
7	位置描述	WZMS	备注型			

海水养殖用海调查数据结构(属性表代码:HYDC_HSYZ)见表6-8。

表 6-8 海水养殖用海调查数据属性结构描述表

序号	数据项名称	代码	类型	长度	小数位	值域	备注
1	标识码	BSM	数字型	10		>0	
2	要素代码	YSDM	字符型	10			
3	海籍编号	HJBH	字符型	14			
4	海域使用权属人	HYSYQS	字符型	50			
5	县(市)名称	XSMC	字符型	40			
6	地区代码	DQMA	字符型	10			
7	养殖场名称	YZCMC	字符型	40			
8	养殖面积	YZMJ	数字型	8	2	>0	hm²
9	养殖方式	YZFS	字符型	20			
10	养殖年产量	YZNCL	数字型	8	2	>0	t
11	养殖年产值	YZNCZ	数字型	8	2	>0	万元
12	养殖场投资	YZCTZ	数字型	8	2	>0	万元
13	调查日期	DCRQ	日期型	8			年/月/日

港口(港池、航道和锚地)用海调查数据结构(属性表代码:HYDC_GK)见表 6-9。

表 6-9 港口(港池、航道和锚地)用海调查数据属性结构描述表

序号	数据项名称	代码	类型	长度	小数位	值域	备注
1	标识码	BSM	数字型	10		>0	
2	要素代码	YSDM	字符型	10			
3	海籍编号	HJBH	字符型	14			
4	海域使用权属人	HYSYQS	字符型	50			
3	港口名称	GKMC	字符型	40			
5	港口面积	GKMJ	数字型	8	2	>0	hm²
6	港口最大深度	GKZDSD	数字型	8	2	>0	m
7	港口底质	GKDZ	字符型	40			
8	港口运营状况	GKYYZK	字符型	50			
9	港口投资额	GKTZ	字符型	8	2	>0	万元
10	调查日期	DCRQ	日期型	8			年/月/日

第六章 北部湾智慧海洋牧场基础能力建设

海砂开采用海调查数据结构(属性表代码:HYDC_HSKC)见表6-10。

表6-10 海砂开采用海调查数据属性结构描述表

序号	数据项名称	代码	类型	长度	小数位	值域	备注
1	标识码	BSM	数字型	10		>0	
2	要素代码	YSDM	字符型	10			
3	海籍编号	HJBH	字符型	14			
4	海域使用权属人	HYSYQS	字符型	50			
3	砂场名称	SCML	字符型	40			
5	砂场位置	SCWZ	字符型	100			
6	砂场资源量	SCZYL	数字型	8	2	>0	万t
7	砂场水深	SCSS	数字型	8	2	>0	m
8	砂场年产量	SCNCL	数字型	8	2	>0	万t
9	砂砾成分	SSCF	字符型	100			
10	砂源补给情况	SYBJQK	字符型	100			
11	砂场开采条件	SCKCTJ	字符型	100			
12	砂场年产值	SCNCZ	数字型	8	2	>0	万元
13	调查日期	DCRQ	日期型	8			年/月/日

旅游用海调查数据结构(属性表代码:HYDC_LY)见表6-11。

表6-11 旅游用海调查数据属性结构描述表

序号	数据项名称	代码	类型	长度	小数位	值域	备注
1	标识码	BSM	数字型	10		>0	
2	要素代码	YSDM	字符型	10			
3	海籍编号	HJBH	字符型	14			
4	海域使用权属人	HYSYQS	字符型	50			
5	县(市)名称	XSMC	字符型	40			
6	地区代码	DQMA	字符型	10			
7	旅游景点名称	JDMC	字符型	40			
8	旅游景点用海面积	JDYHMJ	数字型	8	2	>0	hm^2
9	旅游投资	LYTZ	数字型	8	2	>0	万元
10	旅游经营情况	LYJYQK	备注型				
11	旅游产值	LYCZ	数字型	8	2	>0	万元
12	调查日期	DCRQ	日期型	8			年/月/日

海底管道(线)用海调查数据结构(属性表代码:HYDC_GX)见表6-12。

表6-12 海底管道(线)用海调查数据属性结构描述表

序号	数据项名称	代码	类型	长度	小数位	值域	备注
1	标识码	BSM	数字型	10		>0	
2	要素代码	YSDM	字符型	10			
3	海籍编号	HJBH	字符型	14			
4	海域使用权属人	HYSYQS	字符型	50			
5	用海项目名称	YHXMMC	字符型	40			
6	用海项目位置	YHXMWZ	字符型	30			
7	作业区水深	ZYQSS	数字型	6	2	>0	m
8	作业区底质	ZYQDZ	字符型	100			
9	作业区灾害状况	ZHZK	字符型	100			
10	管道(线)年收入	GDNSR	数字型	8	2	>0	万元
11	管道(线)年生产成本	GDNCB	数字型	8	2	>0	万元
12	对周边产业造成的损失	GDSS	数字型	8	2	>0	万元
13	调查日期	DCRQ	日期型	8			年/月/日

排污用海调查数据结构(属性表代码:HYDC_PW)见表6-13。

表6-13 排污用海调查数据属性结构描述表

序号	数据项名称	代码	类型	长度	小数位	值域	备注
1	标识码	BSM	数字型	10		>0	
2	要素代码	YSDM	字符型	10			
3	海籍编号	HJBH	字符型	14			
4	海域使用权属人	HYSYQS	字符型	50			
5	县(市)名称	XSMC	字符型	40			
6	地区代码	DQMA	字符型	10			
7	用海项目名称	YHXMMC	字符型	40			
8	用海项目位置	YHXMWZ	字符型	100			
9	排污对周边产业造成的损失	PWSS	数字型	8	2	>0	万元
10	项目年收入	XMNSR	数字型	8	2	>0	万元
11	项目年生产费用	NSCFY	数字型	8	2	>0	万元
12	排污用海项目影响海域面积	PWYXMJ	数字型	8	2	>0	hm²
13	调查日期	DCRQ	日期型	8			年/月/日

第六章 北部湾智慧海洋牧场基础能力建设

围填用海调查数据结构(属性表代码:HYDC_WTH)见表6-14。

表6-14 围填用海调查数据属性结构描述表

序号	数据项名称	代码	类型	长度	小数位	值域	备注
1	标识码	BSM	数字型	10		＞0	
2	要素代码	YSDM	字符型	10			
3	海籍编号	HJBH	字符型	14			
4	海域使用权属人	HYSYQS	字符型	50			
5	县(市)名称	XSMC	字符型	40			
6	地区代码	DQMA	字符型	10			
7	用海项目名称	YHXMMC	字符型	40			
8	围填海位置	WTHWZ	字符型	100			
9	围填海面积	WTHMJ	数字型	8	2	＞0	hm^2
10	围填海开始时间	KSSJ	日期型	8			年/月/日
11	围填海用途	WTHYT	字符型	100			
12	围填海投资	WTHTZ	数字型	8	2	＞0	万元
13	围填海收益	WTHSY	数字型	6	2	＞0	万元
14	调查日期	DCRQ	日期型	8			年/月/日

保护区用海调查数据结构(属性表代码:HYDC_BHQ)见表6-15。

表6-15 保护区用海调查数据属性结构描述表

序号	数据项名称	代码	类型	长度	小数位	值域	备注
1	标识码	BSM	数字型	10		＞0	
2	要素代码	YSDM	字符型	10			
3	海籍编号	HJBH	字符型	14			
4	海域使用权属人	HYSYQS	字符型	50			
5	保护区名称	BHQMC	字符型	40			
6	保护区级别	BHQJB	字符型	10			
7	保护对象	BHDX	字符型	30			
8	分布范围	FBFW	字符型	100			
9	建成时间	JCSJ	日期型	8			年/月/日
10	用海面积	YHMJ	数字型	8	2	＞0	hm^2
11	管理状况	GLZK	字符型	50			
12	调查日期	DCRQ	日期型	8			年/月/日

海域使用基本情况调查数据属性结构(属性表代码:HYDC_JBQK)见表6-16。

表6-16 海域使用基本情况调查数据属性结构描述表

序号	数据项名称	代码	类型	长度	小数位	值域	备注
1	标识码	BSM	数字型	10		＞0	
2	要素代码	YSDM	字符型	10			
3	调查地点	DCDD	字符型	100			
4	海籍编号	HJBH	字符型	14			
5	海域使用权属人	HYSYQS	字符型	50			
6	图幅编号	TFBH	字符型	10			
7	图斑编号	TBBH	字符型	10			
8	调查表编号	DCBBH	字符型	10			
9	法定代表人	FR	字符型	8			
10	身份证号	FRSFZ	字符型	18			
11	实际海域使用类型	SJSYLX	字符型	4			
12	实际海域使用面积	SJSYMJ	数字型	8	2		hm²
13	确权发证类型	FZLX	字符型	6			
14	确权发证面积	FZMJ	数字型	8	2	＞0	hm²
15	确权发证时间	FZSJ	日期型	8			年/月/日
16	发证单位	FZDW	字符型	50			
17	用海年限	YHNX	数字型	4			
18	四至	SZ	备注型				
19	所在海域海洋功能区划类型	GNQLX	字符型	4			
20	是否符合海洋功能区划	SFFH	字符型	2			是/否
21	调查日期	DCRQ	日期型	8			年/月/日

海域使用权登记数据结构(属性表代码:HYSY_DJ)见表6-17。

表6-17 海域使用权登记属性结构描述表

序号	数据项名称	代码	类型	长度	小数位	值域	备注
1	标识码	BSM	数字型	10		＞0	
2	要素代码	YSDM	字符型	10			
3	海域使用权人	SYQR	字符型	50			
4	法定代表人	FR	字符型	8			
5	法定代表人职务	FRZW	字符型	20			

续表 6-17

序号	数据项名称	代码	类型	长度	小数位	值域	备注
6	身份证号码	FRSFZ	字符型	18			
7	联系人姓名	LXRMC	字符型	8			
8	联系人电话	LXRDH	字符型	16			
9	项目名称	TXDZ	字符型	50			
10	项目性质	YZBM	字符型	6			
11	用海起始时间	QSSJ	日期型	8			年/月/日
12	用海终止时间	ZZSJ	日期型	8			年/月/日
13	用海类型	YHLX	字符型	2			
14	使用方式	XQSYFS	字符型	30			
15	使用面积	SYMJ	数字型	8	2	>0	hm²
16	用途	YT	字符型	100			
17	海域使用金数额	SYJ	数字型	8	2		元
18	海域等级	HYDJ	字符型	4			
19	海域使用金标准依据	SYJYJ	字符型	40			
20	海域使用金缴纳总额	HYSYJ	数字型	8	2	>0	万元
21	海域使用金缴纳方式	SYJJNFS	字符型	6			一次性/逐年/分期
22	用海位置说明	YHWZ	字符型	100			
23	海籍编号	HJBH	字符型	14			
24	审批文号或合同号	SPWH	字符型	30			
25	海域使用权证书编号	HYSYZH	字符型	16			
26	发证日期	FZRX	日期型	8			年/月/日
27	登记日期	DJRX	日期型	8			年/月/日
28	变更登记时间	BGDJSJ	日期型	8			年/月/日
29	变更登记事项	BGDJSX	字符型	100			

四、海岛海岸带专题信息数据结构

海岛海岸带专题信息包括海岛使用现状调查数据、海岸带使用现状调查数据等。海岛海岸带专题信息涉及的各类要素名称与代码见表 6-18。

表 6-18 海岛海岸带专题信息要素代码与名称描述表

要素代码	要素名称	属性表名称
	海岛	
2301020000	海岛岸线数据	HD_AX
1302000000	海岛潮间带数据	HD_AT
1803000000	海岛湿地数据	HD_SD
1302000000	海岛地貌数据	HD_DM
1801000000	海岛植被数据	HD_ZB
1802000000	海岛土地利用数据	HD_TDLY
1803000000	海岛多媒体信息	HD_DMT
1805000000	海岛矿物数据	HD_KW
1806000000	海岛气候数据	HD_QH
1807000000	无居民海岛资源环境数据	HD_WJMDZY
1808000000	无居民海岛开发利用数据	HD_WJMDKF
	海岸带	
2301000000	海岸带岸线	HAD_AX
1301000000	海岸带地貌	HAD_DM
1302000000	海岸带潮间带	HAD_CJD
1801000000	海岸带植被	HAD_ZB
1803000000	海岸带湿地	HAD_SD

海岛岸线数据属性结构(属性表代码：HD_AX)见表 6-19。

表 6-19 海岛岸线数据属性结构描述表

序号	数据项名称	代码	类型	长度	小数位	值域	备注
1	标识码	BSM	数字型	10		>0	
2	要素代码	YSDM	字符型	10			
3	海岛名称	HDMC	字符型	20			
4	海岛编号	HDBH	字符型	10			
5	曾用名(别名)	HDCYM	字符型	20			
6	海岛位置	HDWZ	备注型				
7	海岛面积	HDMJ	数字型	8	4	>0	km^2
8	海岛岸线类型	AXLX	字符型	2			
9	岸线长度	AXCD	数字型	8	2	>0	km

第六章 北部湾智慧海洋牧场基础能力建设

续表 6-19

序号	数据项名称	代码	类型	长度	小数位	值域	备注
10	岸线稳定性	AXWDX	字符型	2			
11	岸线变迁情况	AXBQ	备注型				

注：海岛名称和海岛编号参照《中国海岛名称与代码》，下同。

海岸带岸线数据属性结构（属性表代码：HAD_AX）见表 6-20。

表 6-20　海岸带岸线数据属性结构描述表

序号	数据项名称	代码	类型	长度	小数位	值域	备注
1	标识码	BSM	数字型	10		>0	
2	要素代码	YSDM	字符型	10			
3	岸线类型	AXLX	字符型	2			
4	岸线长度	AXCD	数字型	8	2	>0	km
5	岸线稳定性	AXWDX	字符型	2			
6	岸线变迁情况	AXBQ	备注型				

海岸带地貌数据属性结构（属性表代码：HAD_DM）见表 6-21。

表 6-21　海岸带地貌数据属性结构描述表

序号	数据项名称	代码	类型	长度	小数位	值域	备注
1	标识码	BSM	数字型	10		>0	
2	要素代码	YSDM	字符型	10			
3	地貌类型	DMLX	字符型	4			
4	面积	MJ	数字型	8	4	>0	km²
5	周长	ZC	数字型	8	4	>0	km
6	描述	MS	备注型				

海岸带潮间带数据属性结构（属性表代码：HAD_CJD）见表 6-22。

表 6-22　海岸带潮间带数据属性结构描述表

序号	数据项名称	代码	类型	长度	小数位	值域	备注
1	标识码	BSM	数字型	10		>0	
2	要素代码	YSDM	字符型	10			
3	潮间带类型	CJDLX	字符型	2			
4	潮间带面积	CJDMJ	数字型	8	4	>0	km²

续表 6-22

序号	数据项名称	代码	类型	长度	小数位	值域	备注
5	海区	HQ	字符型	20			
6	潮间带名称	CJDMC	字符型	20			
7	具体范围	FW	备注型				
8	行政区划	XZQH	字符型	20			
9	备注	BZ	备注型				

海岸带植被数据属性结构（属性表代码：HAD_ZB）见表 6-23。

表 6-23　海岸带植被数据属性结构描述表

序号	数据项名称	代码	类型	长度	小数位	值域	备注
1	标识码	BSM	数字型	10		>0	
2	要素代码	YSDM	字符型	10			
3	海岸带植被类型	ZBLX	字符型	4			
4	海岸带植被面积	ZBMJ	数字型	8	4	>0	hm²
5	位置描述	WZMS	备注型				

海岸带湿地数据属性结构（属性表代码：HAD_SD）见表 6-24。

表 6-24　海岸带湿地数据属性结构描述表

序号	数据项名称	代码	类型	长度	小数位	值域	备注
1	标识码	BSM	数字型	10		>0	
2	要素代码	YSDM	字符型	10			
3	位置描述	WZMC	备注型				
4	湿地名称	SDMC	字符型	50			
5	海岸带湿地类型	SDLX	字符型	4			
6	海岸带湿地面积	SDMJ	数字型	8	2	>0	hm²

五、海洋环境监测专题信息数据结构

海洋环境监测专题信息包括海洋环境监测、废弃物倾倒申请审批、海洋工程、自然保护区、海洋环境监测产品要素信息。海洋环境监测专题信息标准涉及的各类要素代码与名称见表 6-25。

表 6-25 海洋环境监测信息要素代码与名称描述表

要素代码	要素名称	属性表名称
2900000000	海洋环境监测	
2901000000	海洋环境质量状况与趋势监测	
2901010000	海水质量监测	HJZL_HSJC
2901020000	近岸贻贝监测	HJZL_YBJC
2901030000	沉积物监测	HJZL_CJWJC
2901040000	放射性监测	HJZL_FSXJC
2901050100	海洋大气监测（湿沉降）	HJZL_DQJC_SCJ
2901050200	海洋大气监测（干沉降）	HJZL_DQJC_GCJ
2901060000	江河入海污染物总量监测	HJZL_WRZLJC
2902000000	海洋功能区监测	
2902010000	海水浴场	
2902010100	海水浴场水文气象观测	GNQ_HSYC_SWQX
2902010200	海水浴场水质常规监测	GNQ_HSYC_SZ
2902020000	海水增养殖区监测	
2902020100	海水增养殖区概况	GNQ_ZYZQ_GK
2902020200	海水增养殖区水质	GNQ_ZYZQ_SZ
2902020300	海水增养殖区沉积物	GNQ_ZYZQ_CJW
2902020400	海水增养殖区生物质量	GNQ_ZYZQ_SWZL
2902030000	海洋保护区监测	
2902030100	保护区概况	GNQ_BHQ_GK
2902030200	保护区水质	GNQ_BHQ_SZ
2902030300	保护区沉积物	GNQ_BHQ_CJW
2902030400	沉积物粒度	GNQ_BHQ_CJWLD
2902030500	保护区生物	GNQ_BHQ_SW
2902040000	滨海旅游度假区监测	
2902040100	滨海旅游度假区水文气象	GNQ_LYQ_SW
2902040200	滨海旅游度假区水质	GNQ_LYQ_SZ
2902040300	滨海旅游度假区沙滩地质	GNQ_LYQ_STDZ
2902050000	海洋倾倒区监测	GNQ_QDQJC
2902060000	海上油气开发区监测	GNQ_YQQJC
2903000000	近岸海域生态监控区监测	

续表 6-25

要素代码	要素名称	属性表名称
2903010000	水质	STJKQ_SZ
2903020000	沉积物	STJKQ_CJW
2903030000	沉积物粒度	STJKQ_CJWLD
2903040000	海洋生物质量	STJKQ_SWZL
2903050000	海洋生物	STJKQ_HYSW
2903060000	渔业资源	STJKQ_YYZY
2903070000	珊瑚礁	STJKQ_SHJ
2903080000	红树林	STJKQ_HSL
2903090000	海草床	STJKQ_HCC
2904000000	赤潮监控区监测	
2904001000	水文气象	CCJKQ_SWQX
2904002000	水质	CCJKQ_SZ
2904003000	赤潮生物	CCJKQ_CCSW
2904004000	贝毒	CCJKQ_BD
2904005000	沉积物	CCJKQ_CJW
2904006000	沉积物粒度	CCJKQ_CJWLD
2904007000	生物质量	CCJKQ_SWZL
2904008000	赤潮跟踪监测	CCJKQ_GZJC
2905000000	入海排污口及邻近海域环境质量监测	
2905010000	排污口监测	PWK_JC
2905020000	排污口邻近海域水质	PWKHY_SZ
2905030000	排污口邻近海域环境评价	PWKHY_HJPJ
2905040000	排污口邻近海域沉积物	PWKHY_CJW
2905050000	排污口邻近海域生物质量	PWKHY_SWZL
2905060000	排污口邻近海域底栖生物	PWKHY_DQSW
2906000000	废弃物倾倒申请审批	
2906010000	废弃物倾倒申请	FQWQD_SQ
2906020000	废弃物倾倒申请受理	FQWQD_SQSL
2906030000	废弃物倾倒呈报审批	FQWQD_CBSP
2906040000	废弃物海洋倾倒许可证备案	FQWQD_XKZBA
2906050000	废弃物倾倒许可证变更	FQWQD_XKZBG

续表 6-25

要素代码	要素名称	属性表名称
2907000000	海洋工程	
2907010000	海洋工程基本情况	HAGC_JBQK
2907020000	环境影响跟踪监测	HAGC_HJGZJC
2908000000	自然保护区	
2908010000	保护区基本情况	ZRBHQ_JBQK
2908020000	保护区管理情况	ZRBHQ_GLQK
2908030000	保护对象监测	ZRBHQ_BHDXJC
2909000000	海洋环境监测产品	
2909010000	全海域水质污染等级分布	PROD_SZ_DJFB
2909020000	近岸海域海水主要污染物平均浓度	PROD_SZ_PJND
2909030000	近岸海域贻贝体内残留污染物浓度分布	PROD_YB_NDFB
2909040000	河流污染物入海量统计	PROD_HL_WRWTJ
2909050000	海水浴场游泳适宜度	PROD_HSYC_YYSYD
2909060000	滨海旅游度假区综合评价	PROD_DJQ_ZHPJ
2909070000	养殖区综合风险评价	PROD_YZQ_FXPJ
2909080000	赤潮发生情况统计	PROD_CCJKQ_TJ
2909090000	生态监控区健康状况评价	PROD_STJKQ_JKPJ
2909100000	排污口排污现状评价	PROD_PWK_XZPJ
2909110000	排污口邻近海域生态环境评价	PROD_PWK_STPJ

海水质量监测数据属性结构(属性表代码:HJZL_HSJC)见表 6-26。

表 6-26 海水监测数据属性结构描述表

序号	数据项名称	代码	类型	长度	小数位	值域	备注
1	标识码	BSM	数字型	10		>0	
2	要素代码	YSDM	字符型	10			
3	站号	JCZZH	字符型	10			
4	经度	JCZJD	数字型	10	6		(°)
5	纬度	JCZWD	数字型	9	6		(°)
6	采样水深	CYSS	数字型	8	2		m
7	风向	FX	字符型	8			
8	风速	FS	数字型	4	1		m/s

续表 6-26

序号	数据项名称	代码	类型	长度	小数位	值域	备注
9	简易天气现象	TQXX	字符型	10			
10	水温	SW	数字型	4	2		℃
11	水色	SS	字符型	10			
12	海水深度	HSSD	数字型	4	2		m
13	透明度	TMD	数字型	4	2		m
14	海况	HK	字符型	50			
15	pH	pH	数字型	5	2		
16	盐度	YD	数字型	6	3		
17	溶解氧	DO	数字型	8	4		mg/L
18	化学耗氧量	COD	数字型	8	4		mg/L
19	磷酸盐	PO_4	数字型	8	4		μg/L
20	亚硝酸盐-氮	NO_2_N	数字型	8	4		μg/L
21	硝酸盐-氮	NO_3_N	数字型	8	4		μg/L
22	氨-氮	NH_4_N	数字型	8	4		μg/L
23	铅	PB	数字型	8	4		μg/L
24	石油类	SYL	数字型	8	4		μg/L
25	叶绿素 a	YLS	数字型	8	4		μg/L
26	监测日期	JCRQ	日期型	8			年/月/日
27	监测海域	JCHY	字符型	40			
28	监测单位	JCDW	字符型	50			
29	填报单位	TBDW	字符型	50			
30	任务日期	RWRQ	日期型	8			年/月/日
31	填报日期	TBRQ	日期型	8			年/月/日
32	填报人	TBR	字符型	20			
33	校对人	JDR	字符型	20			
34	审核人	SHR	字符型	20			

生态监控区生态健康评价数据属性结构(属性表代码:PROD_CCJKQ_TJ)见表 6-27。

表 6-27 生态监控区生态健康评价数据属性结构描述表

序号	数据项名称	代码	类型	长度	小数位	值域	备注
1	标识码	BSM	数字型	10		>0	
2	要素代码	YSDM	字符型	10			
3	海域名称	HYMC	字符型	30			
4	省份	SF	字符型	10			
5	生态监控区名称	JKQMC	字符型	50			
6	生态监控区类型	JKQLX	字符型	20			
7	生态监控区面积	JKQMJ	数字型	6	2		km²
8	评价年度	PJND	日期型	8			
9	水环境指数	SHJZS	数字型	4	2		
10	沉积环境指数	CJHJZS	数字型	4	2		
11	生物残毒指数	SWCDZS	数字型	4	2		
12	栖息地指数	QXDZS	数字型	4	2		
13	生物指数	SWZS	数字型	4	2		
14	健康指数	JKZS	数字型	4	2		
15	健康状况	JKZK	字符型	10			
16	评价单位	PJDW	字符型	50			
17	评价人	PJR	字符型	24			

六、海洋灾害专题信息数据结构

海洋灾害专题信息包括海洋环境灾害调查、地质灾害调查、生态灾害调查、其他海洋灾害调查等信息。海洋灾害专题信息数据库标准涉及的各类要素代码与名称见表 6-28。

表 6-28 海洋灾害信息要素代码与名称描述表

要素代码	要素名称	属性表名称	说明
2001000000	海洋环境灾害调查		
2001010000	风暴潮灾害		
2001010100	风暴潮漫滩范围调查	FBC_MTFW	
2001010200	风暴潮灾害统计	FBC_ZHTJ	
2001010300	重点区风暴潮漫滩区潮位观测	FBC_MTQCWGC	
2001020000	海浪灾害		
2001020100	海浪灾害人员伤亡及经济损失统计	HL_SSTJ	

续表 6-28

要素代码	要素名称	属性表名称	说明
2001020300	海浪灾害现场调查海浪观测	HL_XCHJGC	
2001020400	重点区测波站海浪要素观测	HL_CBQGC	
2001020500	海浪承灾体与防灾减灾能力调查	HL_NLDC	
2001030000	海冰灾害		
2001030100	流冰观测	HB_LBGC	
2001030200	固定冰观测	HB_GDBGC	
2001030300	渤海和黄海北部冰情灾害调查	HB_ZHDC	
2002000000	地质灾害调查		
2002010000	海岸侵蚀		
2002010100	海岸侵蚀现状统计	HAJS_TJ	
2002010200	重点调查区海岸地形监测	HAJS_DXJC	
2002020000	海水入侵		
2002020100	海水入侵观测井记录	HSRJ_CJJL	
2002020200	海水入侵水位观测记录	HSRJ_SWJL	
2002020300	海水入侵水质分析记录	HSRJ_SZFX	
2002030000	其他地质灾害		
2002030100	海岸带其他地质灾害调访记录	HADQTDZZH	
2003000000	生态灾害调查		
2003010000	赤潮灾害		
2003010100	赤潮灾害统计	CC_ZHTJ	
2003010200	海水化学要素调查	CC_HSHXYS	
2003010300	赤潮灾害调查沉积物分析	CC_CJW	
2003010400	赤潮灾害调查生物质量	CC_SWZL	
2003010500	赤潮灾害(重点)调查区监测数据	CC_DCQJC	
2003020000	病原生物		见基础数据库标准相关部分
2003030000	外来入侵生物		同上
2004000000	其他海洋灾害调查		同上

风暴潮漫滩调查数据属性结构(属性表代码:FBC_MTFW)见表 6-29。

表 6-29 风暴潮漫滩范围调查数据属性结构描述表

序号	数据项名称	代码	类型	长度	小数位	值域	备注
1	标识码	BSM	数字型	10		>0	
2	风暴潮灾害编号	FBCBH	字符型	8			台风编号或温带系统的日期
3	要素代码	YSDM	字符型	10			
4	调查地点	DCDD	字符型	30			
5	调查时间	DCSJ	日期型	8			年/月/日
6	调查方式	DCFS	字符型	20			
7	调查单位	DCDW	字符型	50			
8	观测点号	GCDH	字符型	8			
9	观测点经度	GCDJD	数字型	10	6		(°)
10	观测点纬度	GCDWD	数字型	9	6		(°)
11	灾害发生日期	FSRQ	字符型	8			年/月/日
12	淹没起始时间	YMQS	字符型	4			时/分
13	淹没持续时间	YMCX	数字型	3	1		小时
14	潮水入侵深度	RQSD	数字型	3	1		km
15	淹没参考基准	CKJZ	字符型	20			
16	淹没高度(水痕)	YMGD	数字型	4	2	[-9.99,99.99]	m
17	淹没面积	YMMJ	数字型	8	2		km²
18	调查补充说明	BCSM	备注型				
19	现场调查照片	DCZP	BLOB				
20	现场调查录像	DCLX	BLOB				

风暴潮灾害统计数据属性结构(属性表代码:FBC_ZHTJ)见表 6-30。

表 6-30 风暴潮灾害统计数据属性结构描述表

序号	数据项名称	代码	类型	长度	小数位	值域	备注
1	标识码	BSM	数字型	10		>0	
2	风暴潮灾害编号	FBCBH	字符型	8			台风编号或温带系统的日期
3	要素代码	YSDM	字符型	10			
4	行政区划编码	XZQH	字符型	6			行政编码
5	灾害位置	ZHWZ	字符型	30			具体描述

续表 6-30

序号	数据项名称	代码	类型	长度	小数位	值域	备注
6	灾害发生日期	ZHFSRQ	日期型	8			年/月/日
7	灾害发生时间	ZHFSSJ	字符型	4			时/分
8	灾害结束日期	ZHJSRQ	日期型	8			年/月/日
9	灾害结束时间	ZHJSSJ	字符型	4			时/分
10	发生地点经度	FSDDJD	数字型	10	6		(°)
11	发生地点纬度	FSDDWD	数字型	9	6		(°)
12	致灾原因	ZZYY	字符型	100			
13	潮灾影响范围	YXFW	字符型	30			县市乡镇
14	参考验潮站	CKYCZ	字符型	12			
15	受灾人口	SZRK	数字型	8	3		万人
16	转移安置人口	ZYAZRS	数字型	8	3		万人
17	淹没面积	YMMJ	数字型	8	2		km²
18	淹没农田面积	YMNTMJ	数字型	8	2		km²
19	牲畜死亡	SCSW	数字型	8	2		万头
20	海水养殖损失面积	SCYZSS	数字型	8	2		km²
21	盐田受灾面积	YTSZMJ	数字型	8	2		km²
22	潮灾损毁房屋（座）	XHFWZ	数字型	6	3		万座
23	潮灾损毁房屋（间）	XHFWJ	数字型	6	3		万间
24	冲毁崩决海塘堤防	CHHT	数字型	8	3		km
25	损毁闸门	SHZM	数字型	4			座
26	冲毁铁路	CHTL	数字型	6	3		km
27	冲毁公路	CHGL	数字型	6	3		km
28	冲毁桥梁	CHQL	数字型	4			座
29	港口码头受灾	GKMT	备注型				
30	损毁船只（大）	SHCZD	数字型	6			艘
31	损毁船只（小）	SHCZX	数字型	6			艘
32	死亡人数	SWRS	数字型	6			人
33	其他社会经济损失	SHJJSS	备注型				
34	直接经济损失	ZJJJSS	数字型	6	3		亿元
35	分类经济损失	FLJJSS	备注型				
36	政府应急决策	ZFYJJC	备注型				

第六章 北部湾智慧海洋牧场基础能力建设

续表 6-30

序号	数据项名称	代码	类型	长度	小数位	值域	备注
37	动用军队	DYJDSL	数字型	6	2		万人
38	派遣医疗队	PQYLD	数字型	6	3		万人
39	社会捐助款项	SHJZKX	数字型	10	4		万元折合
40	社会捐助简述	SHJZJS	备注型				
41	主要次生灾害	CSZH	备注型				
42	重大社会影响	ZDSHYX	备注型				
43	恢复重建	HFCJ	备注型				
44	备注	BZ	备注型				

重点区风暴潮漫滩区潮位观测数据属性结构（属性表代码：FBC_MTQCWGC）见表 6-31。

表 6-31　重点区风暴潮潮位观测数据属性结构描述表

序号	数据项名称	代码	类型	长度	小数位	值域	备注
1	标识码	BSM	数字型	10		>0	
2	风暴潮灾害编号	FBCBH	字符型	8			台风编号或温带系统的日期
3	要素代码	YSDM	字符型	10			
4	地点名称	DDMC	字符型	40			
5	测站经度	CZJD	数字型	10	6		(°)
6	测站纬度	CZWD	数字型	9	6		(°)
7	测站编号	CZBH	字符型	8			
8	仪器名称	YQMC	字符型	40			
9	水尺零点	SCLD	数字型	4			以 85 基面为准，cm
10	参考基准面	CKJZM	字符型	16			缺省 85 高程
11	警戒水位	JJSW	数字型	4			cm
12	平均海平面	PJHPM	数字型	4			cm
13	观测日期	GCRQ	日期型	8			年/月/日
14	0 时潮位	CW_0	数字型	4			cm
15	1 时潮位	CW_1	数字型	4			cm
16	2 时潮位	CW_2	数字型	4			cm

续表 6-31

序号	数据项名称	代码	类型	长度	小数位	值域	备注
17	3时潮位	CW_3	数字型	4			cm
18	4时潮位	CW_4	数字型	4			cm
19	5时潮位	CW_5	数字型	4			cm
20	6时潮位	CW_6	数字型	4			cm
21	7时潮位	CW_7	数字型	4			cm
22	8时潮位	CW_8	数字型	4			cm
23	9时潮位	CW_9	数字型	4			cm
24	10时潮位	CW_10	数字型	4			cm
25	11时潮位	CW_11	数字型	4			cm
26	12时潮位	CW_12	数字型	4			cm
27	13时潮位	CW_13	数字型	4			cm
28	14时潮位	CW_14	数字型	4			cm
29	15时潮位	CW_15	数字型	4			cm
30	16时潮位	CW_16	数字型	4			cm
31	17时潮位	CW_17	数字型	4			cm
32	18时潮位	CW_18	数字型	4			cm
33	19时潮位	CW_19	数字型	4			cm
34	20时潮位	CW_20	数字型	4			cm
35	21时潮位	CW_21	数字型	4			cm
36	22时潮位	CW_22	数字型	4			cm
37	23时潮位	CW_23	数字型	4			cm
38	第一高潮时	GCS_1	数字型	4			时/分
39	第一高潮位	GCW_1	数字型	4			cm
40	第二高潮时	GCS_2	数字型	4			时/分
41	第二高潮位	GCW_2	数字型	4			cm
42	第一低潮时	DCS_1	数字型	4			时/分
43	第一低潮位	DCW_1	数字型	4			cm
44	第二低潮时	DCS_2	数字型	4			时/分
45	第二低潮位	DCW_2	数字型	4	0		cm

海浪灾害人员伤亡及经济损失统计数据属性结构（属性表代码：HL_SSTJ）见表 6-32。

表 6-32 海浪灾害人员伤亡及经济损失（点或多边形）统计数据属性结构描述表

序号	数据项名称	代码	类型	长度	小数位	值域	备注
1	标识码	BSM	数字型	10		>0	
2	海浪灾害编号	HLZHBH	字符型	8			
3	要素代码	YSDM	字符型	10			
4	灾害发生日期	ZHFSRQ	日期型	8			年/月/日
5	灾害发生时间	ZHFSSJ	数字型	4			时/分
6	灾害发生地点	ZHFSDD	字符型	30			
7	灾害发生经度	ZHFSJD	数字型	10	6		(°)
8	灾害发生纬度	ZHFSWD	数字型	9	6		(°)
9	致灾原因	ZZYY	字符型	100			
10	参考测波站	CKCB	字符型	10			
11	海水养殖损失面积	SCYZXSMJ	数字型	8	2		km^2
12	海水养殖损失产量	SCYZSSCL	数字型	8	1		t
13	损毁船只（大）	XHCZD	数字型	6			艘
14	损毁船只（小）	XHCZX	数字型	6			艘
15	损坏海堤	CHHD	数字型	8	3		km
16	损毁海洋工程	SHHAGC	数字型	6			座
17	损毁港口码头	SHGKMT	备注型				
18	损毁其他设施	CHQTGC	数字型	6			座
19	死亡人数	SWRS	数字型	6			人
20	直接经济损失	ZJJJXS	数字型	6	3		亿元
21	最大风速	ZDFS	数字型	3	1		m/s
22	最大波高	ZDBG	数字型	3	1		m
23	大浪、巨浪持续时间	DLCXSJ	数字型	3	1		小时
24	灾害损失简述	SSJS	备注型				

海浪灾害现场调查海浪要素观测数据属性结构（属性表代码：HL_XCHJGC）见表6-33。

表 6-33　海浪灾害现场调查海浪要素观测数据属性结构描述表

序号	数据项名称	代码	类型	长度	小数位	值域	备注
1	标识码	BSM	数字型	10		>0	
2	海浪灾害编号	HLZHBH	字符型	8			
3	要素代码	YSDM	字符型	10			
4	观测海区	GCQY	字符型	20			
5	观测日期	GCRQ	日期型	8			年/月/日
6	观测时间	GCSJ	字符型	4			时/分
7	观测站或浮标名称	GCZ_1	字符型	30			
8	观测站或浮标编号	GCZ_2	字符型	10			
9	测站经度	CZJD	数字型	10	6		(°)
10	测站纬度	CZWD	数字型	9	6		(°)
11	水深	CZSS	数字型	6	1		m
12	1/10 大波波高	SYBG	数字型	3	1		m
13	1/10 大波周期	SYZQ	数字型	3			s
14	有效波高	YXBG	数字型	3			m
15	有效波高周期	SYZQ	数字型	3			s
16	最大波高	ZDBG	数字型	3	1		m
17	最大波高周期	ZDZQ	数字型	3			s
18	涌浪波高	FLBG	数字型	3	1		m
19	涌浪周期	FLZQ	数字型	3			s
20	涌浪浪向	FLBX	字符型	8			
21	风速	FS	数字型	3	1		m/s
22	风向	FX	字符型	8			
23	最大风速	ZDFX	数字型	4	1		m/s

海浪承灾体与防灾减灾能力调查统计数据属性结构（属性表代码：HL_NLDC）见表 6-34。

表 6-34　海浪承灾体与防灾减灾能力调查统计数据属性结构描述表

序号	数据项名称	代码	类型	长度	小数位	值域	备注
1	标识码	BSM	数字型	10		>0	
2	要素代码	YSDM	字符型	10			
3	省、市（县）名称	SSMC	字符型	30			

续表 6-34

序号	数据项名称	代码	类型	长度	小数位	值域	备注
4	人口	SSRK	数字型	8	3		万人
5	GDP	GDP	数字型	8	3		亿元
6	海岸带水产养殖面积	SCYZMJ_HAD	数字型	8	2		km²
7	近海水产养殖面积	SCYZMJ_JH	数字型	8	2		km²
8	港口码头资源	GKZY	备注型				
9	船舶资源	CBZY	备注型				
10	工业、农业设施	GNYSS	备注型				
11	水利交通旅游设施	SLJTSS	备注型				
12	防波堤长度	FBTCD	数字型	8	3		km
13	防波堤结构	FBTJG	字符型	50			
14	防波堤等级	FBTDJ	字符型	4			
15	海上搜救能力-船舶	SJNL_CB	数字型	4			艘
16	海上搜救能力-飞机	SJNL_FJ	数字型	3			架
17	岸上抢险救助能力	QXJZNL	字符型	150			

大陆海岸带其他地质灾害调访数据属性结构(属性表代码:HADQTDZZH)见表 6-35。

表 6-35 大陆海岸带其他地质灾害调访数据属性结构描述表

序号	数据项名称	代码	类型	长度	小数位	值域	备注
1	标识码	BSM	数字型	10		>0	
2	海底地质灾害编号	HDDZBH	字符型	16			
3	要素代码	YSDM	字符型	10			
4	灾害类型	ZHLX	字符型	20			
5	位置范围	WZFW	字符型	30			
6	发生时间	FSSJ	日期型	8			年/月/日
7	灾害概况	ZHCD	备注型				
8	引用资料名称	ZLMC	字符型	30			

重点区赤潮灾害统计数据属性结构(属性表代码:CC_ZHTJ)见表 6-36。

表 6-36 重点区赤潮灾害统计数据属性结构描述表

序号	数据项名称	代码	类型	长度	小数位	值域	备注
1	标识码	BSM	数字型	10		>0	
2	赤潮灾害编号	CCZHBH	字符型	16			
3	要素代码	YSDM	字符型	10			
4	灾害发生日期	ZHFSRQ	日期型	8			年/月/日
5	灾害发生时间	ZHFSSJ	数字型	4			时/分
6	灾害持续时间	ZHCXSJ	数字型	3			小时
7	灾害发生地点	ZHFSDD	字符型	30			
8	灾害发生经度	ZHFSJD	数字型	9	6		(°)
9	灾害发生纬度	ZHFSWD	数字型	8	6		(°)
10	赤潮发生面积	CCFSMJ	数字型	8	2		km^2
11	致灾原因	ZZYY	字符型	100			
12	参考监测站	CKJCZ	字符型	10			
13	海水养殖损失面积	YZSSMJ	数字型	8	2		km^2
14	海水养殖损失产量	YZSSCL	数字型	8	1		t
15	其他损失	QTSS	备注型				

七、海洋地形地貌数据结构

1. 海洋地形地貌数据内容

海洋地形地貌数据内容包括单波束测深、多波束测深和侧扫声呐 3 类数据。海洋地形地貌数据库内容见表 6-37。

表 6-37 海洋地形地貌数据库

数据库类别	数据库基表名称	数据库基表代码
单波束测深	单波束测深航次信息	TDX010101
	单波束测量测线信息	TDX010201
	单波束测深数据	TDX010301
多波束测深	多波束测深航次信息	TDX020101
	多波束测量测线信息	TDX020201
	多波束成果水深表头信息	TDX020301
	多波束成果水深数据	TDX020302

续表 6-37

数据库类别	数据库基表名称	数据库基表代码
多波束测深	多波束水深网格数据	TDX020401
	声速剖面表头信息	TDX020501
	声速剖面数据	TDX020502
	潮位表头信息	TDX020601
	潮位数据	TDX020602
侧扫声呐	侧扫声呐调查航次信息	TDX030101
	侧扫声呐调查信息	TDX030201
	侧扫声呐调查测线数据	TDX030301
	侧扫声呐调查成果数据	TDX030401

2. 海洋地形地貌数据结构

1)单波束测深

单波束测深数据库结构由以下表组成:表 6-38 单波束测深航次信息(TDX010101);表 6-39 单波束测量测线信息(TDX010201);表 6-40 单波束测深数据(TDX010301)。

表 6-38 单波束测深航次信息(TDX010101)

数据项名称	代码	类型与长度	备注
PID	PDX010101	NUMBER(10)	主键,唯一且不能为空
MID	MDX010101	NUMBER(10)	元数据记录号
调查单位代码	A3000500308	VARCHAR2(6)	按 GB/T 12460—2006 的有关规定填写代码
调查项目代码	A3000400108	VARCHAR2(10)	按 GB/T 12460—2006 的有关规定填写代码
调查海区代码	A3000300708	VARCHAR2(10)	按 GB/T 12460—2006 的有关规定填写代码
调查船代码	A3000300608	VARCHAR2(6)	按 GB/T 12460—2006 的有关规定填写代码
航次号	A3000300100	VARCHAR2(20)	调查机构规定的原始航次号
航次开始日期	A3001200800	VARCHAR2(8)	年/月/日
航次结束日期	A3001200900	VARCHAR2(8)	年/月/日
首席科学家	A3000301000	VARCHAR2(10)	用文字描述
起始港	A3000300400	VARCHAR2(20)	用文字描述
结束港	A3000300500	VARCHAR2(20)	用文字描述
北边纬度	A3001101200	NUMBER(8,6)	(°)
南边纬度	A3001101100	NUMBER(8,6)	(°)
西边经度	A3001101000	NUMBER(9,6)	(°)

续表 6-38

数据项名称	代码	类型与长度	备注
东边经度	A3001100900	NUMBER(9,6)	(°)
测深系统名称	A3060001007	VARCHAR2(20)	用文字描述
导航定位方法代码	A3000100108	VARCHAR2(2)	按 GB/T 12460—2006 的有关规定填写代码
潮汐改正	A3070000100	VARCHAR2(1)	已改正填"Y",未改正填"N"
深度基准面代码	A3000100808	VARCHAR2(2)	按 GB/T 12460—2006 的有关规定填写代码
地理坐标系统名称	A3000100607	VARCHAR2(20)	用文字描述,如 WGS-84 系统等
测线数	A3060000400	NUMBER(3)	条
有效测线总长度	A3060000600	NUMBER(5)	km
时间戳	XDX010101	TIMESTAMP	数据库记录更新的时间

表 6-39 单波束测量测线信息(TDX010201)

数据项名称	代码	类型与长度	备注
PID	PDX010201	NUMBER(10)	主键,唯一且不能为空
MID	MDX010201	NUMBER(10)	元数据记录号
FID	FDX010101	NUMBER(10)	外键,TDX010101.PDX010101
测线号	A3060000100	VARCHAR2(30)	调查单位编制的原始测线号
测线起点纬度	A3001100500	NUMBER(8,6)	(°)
测线起点经度	A3001100400	NUMBER(9,6)	(°)
测线终点纬度	A3001100600	NUMBER(8,6)	(°)
测线终点经度	A3001100700	NUMBER(9,6)	(°)
时间戳	XDX010201	TIMESTAMP	数据库记录更新的时间

表 6-40 单波束测深数据(TDX010301)

数据项名称	代码	类型与长度	备注
PID	PDX010301	NUMBER(10)	主键,唯一且不能为空
MID	MDX010301	NUMBER(10)	元数据记录号
FID	FDX010101	NUMBER(10)	外键,TDX010101.PDX010101
航次号	A3000300100	VARCHAR2(20)	调查机构规定的原始航次号
测线号	A3060000100	VARCHAR2(30)	由调查单位编制的原始测线号
观测年	A300120030A	NUMBER(4)	年份,填满四位
观测月	A300120030B	NUMBER(2)	01~12
观测日	A300120030C	NUMBER(2)	01~31

续表 6-40

数据项名称	代码	类型与长度	备注
观测时	A300120030D	NUMBER(2)	00～23
观测分	A300120030E	NUMBER(2)	00～59
观测秒	A300120030F	NUMBER(4,2)	00～59.99
纬度	A3001100200	NUMBER(8,6)	(°)
经度	A3001100100	NUMBER(9,6)	(°)
测深传播时间	A3060001600	NUMBER(6,4)	s
实测水深	A3060001800	NUMBER(6,2)	m
声速改正	A3070000200	NUMBER(3,1)	m
仪器误差校正	A3070000400	NUMBER(3,1)	m
水位校正	A3070000300	NUMBER(3,1)	m
改正后水深	A3060001900	NUMBER(6,1)	m
时间戳	XDX010301	TIMESTAMP	数据库记录更新的时间

2)多波束测深

多波束测深数据库结构由以下表组成：表 6-41 多波束测深航次信息（TDX020101）；表 6-42 多波束测量测线信息（TDX020201）；表 6-43 多波束成果水深表头信息（TDX020301）；表 6-44 多波束成果水深数据（TDX020302）；表 6-45 多波束水深网格数据（TDX020401）；表 6-46 声速剖面表头信息（TDX020501）；表 6-47 声速剖面数据（TDX020502）；表 6-48 潮位表头信息（TDX020601）；表 6-49 潮位数据（TDX020602）。

表 6-41 多波束测深航次信息（TDX020101）

数据项名称	代码	类型与长度	备注
PID	PDX020101	NUMBER(10)	主键,唯一且不能为空
MID	MDX020101	NUMBER(10)	元数据记录号
调查单位代码	A3000500308	VARCHAR2(6)	按 GB/T 12460—2006 的有关规定填写代码
调查项目代码	A3000400108	VARCHAR2(4)	按 GB/T 12460—2006 的有关规定填写代码
调查海区代码	A3000300708	VARCHAR2(10)	按 GB/T 12460—2006 的有关规定填写代码
调查船代码	A3000300608	VARCHAR2(6)	按 GB/T 12460—2006 的有关规定填写代码
航次号	A3000300100	VARCHAR2(20)	调查机构规定的原始航次号
航次开始日期	A3001200800	VARCHAR2(8)	年/月/日
航次结束日期	A3001200900	VARCHAR2(8)	年/月/日
起始港	A3000300400	VARCHAR2(20)	用文字描述

续表 6-41

数据项名称	代码	类型与长度	备注
结束港	A3000300500	VARCHAR2(20)	用文字描述
首席科学家	A3000301000	VARCHAR2(10)	用文字描述
北边纬度	A3001101200	NUMBER(8,6)	(°)
南边纬度	A3001101100	NUMBER(8,6)	(°)
西边经度	A3001101000	NUMBER(9,6)	(°)
东边经度	A3001100900	NUMBER(9,6)	(°)
多波束测深系统	A3070100100	VARCHAR2(20)	用文字描述
导航定位方法代码	A3000100108	VARCHAR2(2)	按 GB/T 12460—2006 的有关规定填写代码
潮汐改正	A3070000100	VARCHAR2(1)	已改正填"Y",未改正填"N"
深度基准面代码	A3000100808	VARCHAR2(2)	按 GB/T 12460—2006 的有关规定填写代码
地理坐标系统名称	A3000100607	VARCHAR2(20)	用文字描述,如 WGS-84 系统等
测线数	A3060000400	NUMBER(4)	条
有效测线总长度	A3060000600	NUMBER(5)	km
声速剖面站数	A3070000600	NUMBER(2)	站
时间戳	XDX020101	TIMESTAMP	数据库记录更新的时间

表 6-42 多波束测量测线信息(TDX020201)

数据项名称	代码	类型与长度	备注
PID	PDX020201	NUMBER(10)	主键,唯一且不能为空
MID	MDX020201	NUMBER(10)	元数据记录号
FID	FDX020101	NUMBER(10)	外键,TDX020101.PDX020101
测线号	A3060000100	VARCHAR2(30)	调查单位编制的原始测线号
测线起点纬度	A3001100500	NUMBER(8,6)	(°)
测线起点经度	A3001100400	NUMBER(9,6)	(°)
测线终点纬度	A3001100600	NUMBER(8,6)	(°)
测线终点经度	A3001100700	NUMBER(9,6)	(°)
时间戳	XDX020201	TIMESTAMP	数据库记录更新的时间

第六章 北部湾智慧海洋牧场基础能力建设

表 6-43 多波束成果水深表头信息(TDX020301)

数据项名称	代码	类型与长度	备注
PID	PDX020301	NUMBER(10)	主键,唯一且不能为空
MID	MDX020301	NUMBER(10)	元数据记录号
FID	FDX020101	NUMBER(10)	外键,TDX020101.PDX020101
深度基准面代码	A3000100808	VARCHAR2(2)	按 GB/T 12460—2006 的有关规定填写代码
多波束测深系统	A3070100100	VARCHAR2(20)	用文字描述
调查项目代码	A3000400108	VARCHAR2(4)	按 GB/T 12460—2006 的有关规定填写代码
调查单位代码	A3000500308	VARCHAR2(6)	按 GB/T 12460—2006 的有关规定填写代码
调查海区代码	A3000300708	VARCHAR2(10)	按 GB/T 12460—2006 的有关规定填写代码
分辨率	A3010706100	VARCHAR2(20)	m
时间戳	XDX020301	TIMESTAMP	数据库记录更新的时间

表 6-44 多波束成果水深数据(TDX020302)

数据项名称	代码	类型与长度	备注
PID	PDX020302	NUMBER(10)	主键,唯一且不能为空
MID	MDX020302	NUMBER(10)	元数据记录号
FID	FDX020301	NUMBER(10)	外键,TDX020301.PDX020301
文件内容	A3070100900	BFILE	
时间戳	XDX020302	TIMESTAMP	数据库记录更新的时间

表 6-45 多波束水深网格数据(TDX020401)

数据项名称	代码	类型与长度	备注
PID	PDX020401	NUMBER(10)	主键,唯一且不能为空
MID	MDX020401	NUMBER(10)	元数据记录号
FID	FDX020101	NUMBER(10)	外键,TDX020101.PDX020101
深度基准面代码	A3000100808	VARCHAR2(2)	按 GB/T 12460—2006 的有关规定填写代码
开始经度	A3001100400	NUMBER(10,6)	(°)
开始纬度	A3001100500	NUMBER(8,6)	(°)
结束经度	A3001100700	NUMBER(10,6)	(°)
结束纬度	A3001100600	NUMBER(8,6)	(°)

续表 6-45

数据项名称	代码	类型与长度	备注
水深最大值	A3070100200	NUMBER(7,1)	m
水深最小值	A3070100300	NUMBER(7,1)	m
网格间距	A3070001000	NUMBER(7,1)	m
插值方法	A3070101100	VARCHAR2(20)	用文字描述
行数	A3070101200	NUMBER(5)	
列数	A3070101300	NUMBER(5)	
文件名称	A3070100707	VARCHAR2(100)	用文字描述
文件格式	A3070100800	VARCHAR2(20)	用文字描述
数据量	A3070001100	NUMBER(7,1)	MB
文件内容	A3070100900	BFILE	
时间戳	XDX020401	TIMESTAMP	数据库记录更新的时间

表 6-46　声速剖面表头信息(TDX020501)

数据项名称	代码	类型与长度	备注
PID	PDX020501	NUMBER(10)	主键,唯一且不能为空
MID	MDX020501	NUMBER(10)	元数据记录号
FID	FDX020101	NUMBER(10)	外键,TDX020101.PDX020101
航次号	A3000300100	VARCHAR2(20)	调查机构规定的原始航次号
站号	A3000600100	VARCHAR2(20)	调查机构规定的原始站位号
声速剖面仪器	A3070000500	VARCHAR2(20)	用文字描述
纬度	A3001100200	NUMBER(8,6)	(°)
经度	A3001100100	NUMBER(9,6)	(°)
调查年	A300120030A	NUMBER(4)	年份,填满四位
调查月	A300120030B	NUMBER(2)	01～12
调查日	A300120030C	NUMBER(2)	01～31
调查时	A300120030D	NUMBER(2)	00～23
调查分	A300120030E	NUMBER(2)	00～59
调查秒	A300120030F	NUMBER(2)	00～59
时间戳	XDX020501	TIMESTAMP	数据库记录更新的时间

第六章 北部湾智慧海洋牧场基础能力建设

表6-47 声速剖面数据（TDX020502）

数据项名称	代码	类型与长度	备注
PID	PDX020502	NUMBER(10)	主键,唯一且不能为空
MID	MDX020502	NUMBER(10)	元数据记录号
FID	FDX020501	NUMBER(10)	外键,TDX020501. PDX020501
测声深度	A3070000700	NUMBER(7,1)	m
声速	A3090211600	NUMBER(6,1)	m/s
温度	A3010100100	NUMBER(4,1)	℃
盐度	A3010200100	NUMBER(4,1)	
压强	A3070000900	NUMBER(6,1)	kPa
时间戳	XDX020502	TIMESTAMP	数据库记录更新的时间

表6-48 潮位表头信息（TDX020601）

数据项名称	代码	类型与长度	备注
PID	PDX020601	NUMBER(10)	主键,唯一且不能为空
MID	MDX020601	NUMBER(10)	元数据记录号
FID	FDX020101	NUMBER(10)	外键,TDX020101. PDX020101
台站名称	A3011300407	CHAR(4)	
台站类型	A3011300700	CHAR(6)	
纬度	A3001100200	NUMBER(8,6)	(°)
经度	A3001100100	NUMBER(9,6)	(°)
时间戳	XDX020601	TIMESTAMP	数据库记录更新的时间

表6-49 潮位数据（TDX020602）

数据项名称	代码	类型与长度	备注
PID	PDX020602	NUMBER(10)	主键,唯一且不能为空
MID	MDX020602	NUMBER(10)	元数据记录号
FID	FDX020601	NUMBER(10)	外键,TDX020601. PDX020601
观测年	A300120030A	NUMBER(4)	年份,填满四位
观测月	A300120030B	NUMBER(2)	01～12
观测日	A300120030C	NUMBER(2)	01～31
观测时	A300120030D	NUMBER(2)	00～23

续表 6-49

数据项名称	代码	类型与长度	备注
观测分	A300120030E	NUMBER(2)	00～59
观测秒	A300120030F	NUMBER(2)	00～59
观测潮位	A3070000800	NUMBER(5,1)	cm
时间戳	XDX020602	TIMESTAMP	数据库记录更新的时间

3）侧扫声呐

侧扫声呐数据库结构由以下表组成：表 6-50 侧扫声呐航次信息（TDX030101）；表 6-51 侧扫声呐调查信息（TDX030201）；表 6-52 侧扫声呐测线数据（TDX030301）；表 6-53 侧扫声呐成果数据（TDX030401）。

表 6-50　侧扫声呐航次信息（TDX030101）

数据项名称	代码	类型与长度	备注
PID	PDX030101	NUMBER(10)	主键,唯一且不能为空
MID	MDX030101	NUMBER(10)	元数据记录号
调查单位代码	A3000500308	VARCHAR2(6)	按 GB/T 12460—2006 的有关规定填写代码
调查项目代码	A3000400108	VARCHAR2(4)	按 GB/T 12460—2006 的有关规定填写代码
调查海区代码	A3000300708	VARCHAR2(10)	按 GB/T 12460—2006 的有关规定填写代码
调查船代码	A3000300608	VARCHAR2(6)	按 GB/T 12460—2006 的有关规定填写代码
航次号	A3000300100	VARCHAR2(20)	调查机构规定的原始航次号
航次开始日期	A3001200800	VARCHAR2(8)	年/月/日
航次结束日期	A3001200900	VARCHAR2(8)	年/月/日
首席科学家	A3000301000	VARCHAR2(10)	用文字描述
起始港	A3000300400	VARCHAR2(20)	用文字描述
结束港	A3000300500	VARCHAR2(20)	用文字描述
航段数	A3000301100	NUMBER(3)	个
北边纬度	A3001101200	NUMBER(8,6)	(°)
南边纬度	A3001101100	NUMBER(8,6)	(°)
西边经度	A3001101000	NUMBER(9,6)	(°)
东边经度	A3001100900	NUMBER(9,6)	(°)
导航定位方法代码	A3000100108	VARCHAR2(2)	按 GB/T 12460—2006 的有关规定填写代码

续表 6-50

数据项名称	代码	类型与长度	备注
导航定位仪器名称及型号	A3000100200	VARCHAR2(40)	用文字描述
侧扫仪器名称及型号	A3001000207	VARCHAR2(40)	用文字描述
测深仪名称及型号	A3060001107	VARCHAR2(40)	用文字描述
测线数	A3060000400	NUMBER(3)	条
有效测线总长度	A3060000600	NUMBER(5)	km
备注	A3005000100	VARCHAR2(200)	用文字描述
密级	A3005000300	VARCHAR2(1)	按 GB/T 7156—2003 的有关规定填写代码
时间戳	XDX030101	TIMESTAMP	数据库记录更新的时间

表 6-51 侧扫声呐调查信息(TDX030201)

数据项名称	代码	类型与长度	备注
PID	PDX030201	NUMBER(10)	主键,唯一且不能为空
MID	MDX030201	NUMBER(10)	元数据记录号
FID	FDX030101	NUMBER(10)	外键,TDX030101.PDX030101
航次号	A3000300100	VARCHAR2(20)	调查机构规定的原始航次号
测线号	A3060000100	VARCHAR2(30)	调查单位编制的原始测线号
记录文件名	A3060400500	VARCHAR2(20)	用文字描述
换能器位置校正值	A3060401300	NUMBER(4)	
侧扫仪频率	A3060400200	VARCHAR2(20)	
发射脉冲间隔	A3060400300	NUMBER(4)	s
调查年	A300120030A	NUMBER(4)	年份,填满四位
调查月	A300120030B	NUMBER(2)	01~12
调查日	A300120030C	NUMBER(2)	01~31
调查时	A300120030D	NUMBER(2)	00~23
调查分	A300120030E	NUMBER(2)	00~59
调查秒	A300120030F	NUMBER(2)	00~59
纬度	A3001100200	NUMBER(8,6)	(°)
经度	A3001100100	NUMBER(9,6)	(°)
水深	A3000600300	NUMBER(6,1)	m

续表 6-51

数据项名称	代码	类型与长度	备注
航向	A3000200100	NUMBER(4,1)	(°)
换能器吃水	A3060003000	NUMBER(3,1)	m
记录图谱编号	A3060400400	VARCHAR2(20)	
记录长度	A3060400400	VARCHAR2(20)	
延时	A3060400800	NUMBER(3,1)	
增益	A3060400900	NUMBER(3,1)	
波形设置	A3060401400	VARCHAR2(20)	
备注	A3005000100	VARCHAR2(100)	用文字描述
时间戳	XDX030201	TIMESTAMP	数据库记录更新的时间

表 6-52 侧扫声呐测线信息（TDX030301）

数据项名称	代码	类型与长度	备注
PID	PDX030301	NUMBER(10)	主键，唯一且不能为空
MID	MDX030301	NUMBER(10)	元数据记录号
FID	FDX030101	NUMBER(10)	外键，TDX030101. PDX030101
航次号	A3000300100	VARCHAR2(20)	调查单位规定的原始航次号
测线号	A3060000100	VARCHAR2(30)	调查单位规定的原始测线号
记录文件名	A3060401000	VARCHAR2(30)	用文字描述
测线起点纬度	A3001100500	NUMBER(8,6)	(°)
测线起点经度	A3001100400	NUMBER(9,6)	(°)
起点水深	A3060000200	NUMBER(6,1)	m
测线终点纬度	A3001100600	NUMBER(8,6)	(°)
测线终点经度	A3001100700	NUMBER(9,6)	(°)
终点水深	A3060000300	NUMBER(6,1)	m
测线走向	A3060004100	VARCHAR2(10)	用文字描述
测线长度	A3060004200	NUMBER(6,1)	km
备注	A3005000100	VARCHAR2(100)	用文字描述
时间戳	XDX030301	TIMESTAMP	数据库记录更新的时间

第六章 北部湾智慧海洋牧场基础能力建设

表 6-53　侧扫调查成果数据（TDX030401）

数据项名称	代码	类型与长度	备注
PID	PDX030401	NUMBER(10)	主键,唯一且不能为空
MID	MDX030401	NUMBER(10)	元数据记录号
FID	FDX030101	NUMBER(10)	主键,唯一且不能为空
开始经度	A3001100400	NUMBER(9,6)	(°)
开始纬度	A3001100500	NUMBER(8,6)	(°)
结束经度	A3001100700	NUMBER(9,6)	(°)
结束纬度	A3001100600	NUMBER(8,6)	(°)
数据量	A3070001100	NUMBER(5,1)	MB
侧扫图像格式	A3070300300	VARCHAR2(10)	
侧扫图像	A3070300200	BLOB	
侧扫图像解译信息	A3070300400	VARCHAR2(200)	用文字描述
备注	A3005000100	VARCHAR2(100)	用文字描述
时间戳	XDX030401	TIMESTAMP	数据库记录更新的时间

第二节　核心示范区

为了实现以点带面,局部示范带动整体的效果,选取龙门港大蚝养殖主产区为核心示范区(位于钦州茅尾海一带),其范围东至钦州市维丰农业有限公司交易中心大楼,西至松飞大岭一带,北至三坡墩一带,南至南村一带,为一东西长 5km,南北长 2km 的矩形,核心示范区面积约 $10km^2$（图 6-2）。

该区域是一个面向智慧海洋牧场陆海综合体监管研究区。养殖户集中、蚝排密集,具有"提质增效"的立体监测要求；灾害频发、人工活动多,具有"增效止损"预警需求；要素齐全、位置独特,适合区域数据网格化、水下位置服务装备化、水动力模拟数值化和承灾体调查评价模型化。该区域地理时空数据按照北部湾、服务区、核心区不同尺度,分别被划分为 1000m、100m、10m,时间为季度、月、周进行网格化。通过集成研发广西北部湾海洋牧场智慧服务平台,对该区域 2000 多户养殖户、10 000 多个蚝排进行应用示范,成果可延伸推广到北部湾、我国沿海海区,甚至辐射到东盟国家。

另外,为了增强课题研究结果的代表性,课题组还选取北海市铁山港金鲳鱼网箱养殖区作为新增示范区。金鲳鱼的养殖是一项高投入、高风险、高回报的行业,以一个 10 万尾苗金鲳鱼养殖规模为例,渔排的搭建费用需要将近 40 多万元,从苗种到 0.5 斤的上市规格,饲料要花费近 40 万元,单单饲料和渔排的成本就要花费 80 多万元。同时,金鲳鱼主要在港口及近海区域养殖,因此也造就了养殖金鲳鱼的门槛高,并不是所有人都有能力养殖这种鱼,加上

图 6-2　钦州龙门港海洋牧场智能服务区、核心示范区位置图

强大台风的风险,不少人都被拒之门外。因此,建立海水鱼类网箱养殖在线监测系统、网箱养殖海洋灾害快速预警系统,加强对金鲳鱼养殖的信息化监管具有更重要的示范意义(图 6-3)。

图 6-3　北海市铁山港金鲳鱼网箱养殖监测示范区位置

收集智能服务区高清影像图、地形图、水质质量分布图、富营养化分布图,对它们进行整理和分析,比例尺不小于 1∶10 000,为服务区数据模型建立打下基础。核心示范区采集比例尺不小于 1∶2000 的陆域、海域地形图、高清影像图。

第三节 硬件基础建设

一、展示厅

交易中心位于钦州市钦南区龙门港镇,大蚝交易中心大楼(图6-4)共11层,总计14 800m²,其内包括大蚝交易中心大厅、游客接待大厅、康养度假酒店,总投资达6个亿。交易中心大厅从牧场交易系统与趋势分析、精细化管理与快速监测预警、广西海洋生态环境监测、海洋牧场高精度位置服务、示范区水动力数值模型分析、海洋科学数据智能查询、国家环境科学数据共享服务、北斗大蚝养殖溯源系统、北部湾海洋牧场雷达监控系统、广西海洋防灾减灾与决策支持等十大方面提供在线智慧养殖服务,利用先进的海洋数据采集措施,数据信息化技术进行定时、持续、全方位巡航观测,科学准确地评价海洋牧场管理和建设效果,达到"提质、增效、止损"的目标。

图6-4 交易中心大楼

二、监控室

核心示范区部署了5个北斗溯源定位装置(图6-5、图6-6)、3套海上视频监控系统(图6-7、图6-8)、水下定位和导航系统(图6-9)、线上钦州大蚝养殖环境在线监测系统(图6-10~图6-15)等应用平台,建立了一套科学实用的海洋牧场生态环境监测机制,完成示范区生蚝养殖立体快速监测,实现对海洋牧场实时监测预警。

图 6-5　北斗溯源平台

图 6-6　北斗溯源装备

第六章 北部湾智慧海洋牧场基础能力建设

图 6-7 海上视频监控平台

图 6-8 海洋基地生蚝及鱼儿视频截屏

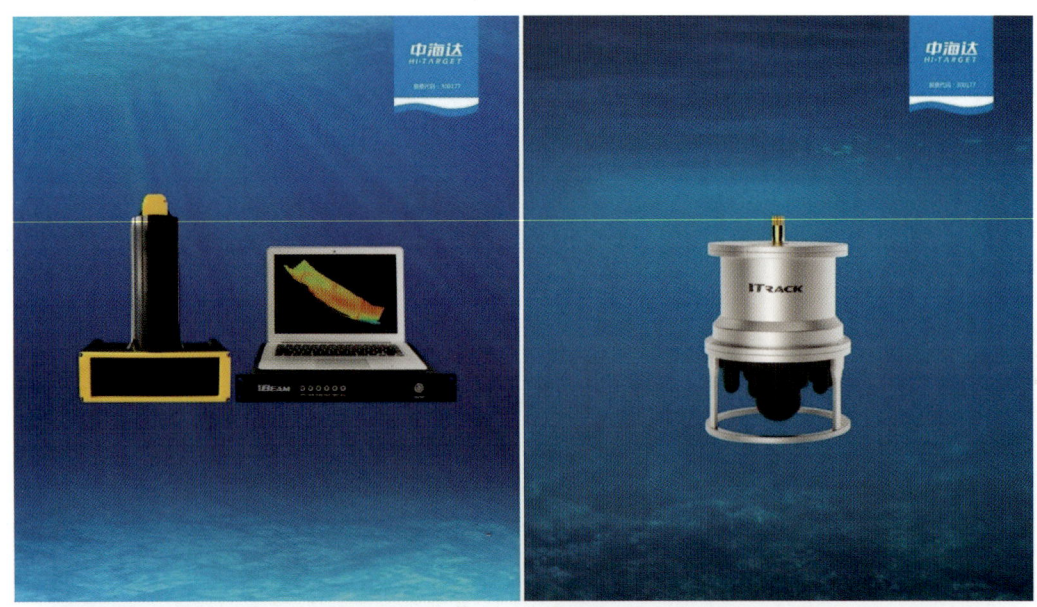

图 6-9　多波速测深仪

图 6-10　水下机器人

第六章 北部湾智慧海洋牧场基础能力建设

图 6-11　水下机器人操作平台

图 6-12　水下机器人工作视频截屏

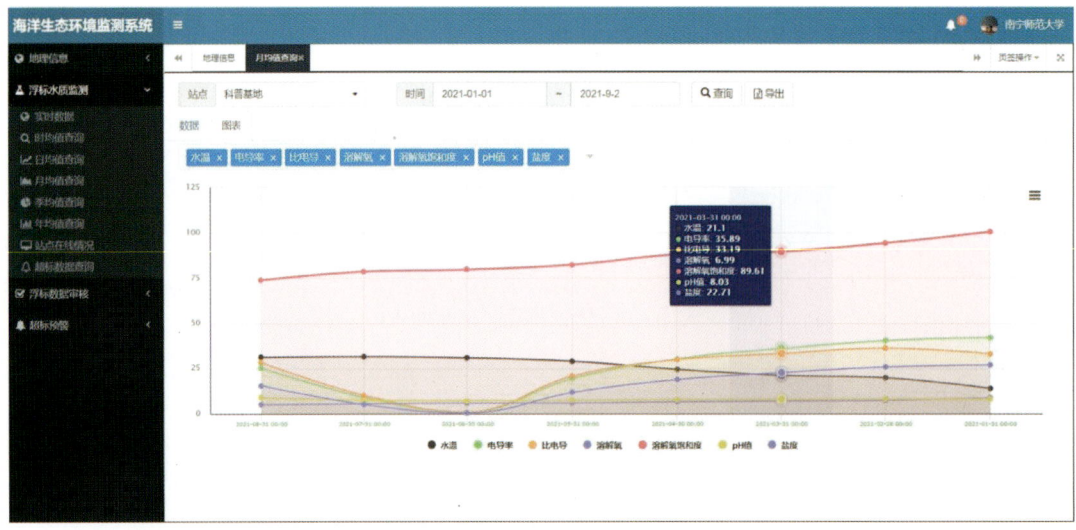

图 6-13　五参数在线监测水质仪数据平台

图 6-14　五参数在线监测水质仪探头

图 6-15　在线五参数水质监测仪

三、交易中心

在核心示范区,通过线下交易中心场所,大力开展钦州大蚝品牌营销,鼓励和扶持蚝农便捷地使用平台,通过淘宝、抖音、直播、竞赛等宣传营销手段(图 6-16、图 6-17),推介钦州大蚝,达成增效目标。

图 6-16　交易中心交易平台培训

图 6-17　钦州大蚝科普基地

第四节 装备研发

一、海洋大地基准应答与感知设备

海洋牧场水下高精度导航定位系统的研发,需要研制海底信标设备和高精度时延测量系统,发展研发多传感器组合标定技术和海底信标高精度标定技术。

海底信标的位置标定是提供海洋大地测量参考基准的基础,高精度的标定技术是实现海底信标精确定位的关键技术。本项目通过设计一种对称的水面船航行轨迹,将 GNSS 天线、声学换能器进行统一,同时测量声速剖面,实时测量融合船载姿态传感器数据和声学测距信息,实现海底信标的精确有效标定。

1. 项目概述

声音是唯一能在水中有效地远距离传递信息的物理场。水声技术是研究声波在水中的发射、传输、接收、处理的专业技术,在水下通信、导航和探测领域有非常重要的地位,已成为人类认识、开发和利用海洋的重要手段。

水下目标定位跟踪的主要手段依赖于几何原理的水声学定位方法。水声学定位系统主要用于局部区域的水下目标进行精确定位及导航。根据测量基线的长度不同,水声学定位系统分为超短基线(USBL/SSBL)、短基线(SBL)和长基线(LBL)。

对水下目标的高精度定位可以结合长基线和超短基线混合定位方式对远场目标进行定位。长基线水声定位系统主要由船载/水下航行器分系统、应答器阵分系统、无线电遥控浮标分系统(可选)、系统检测和目标模拟器分系统(可选)、显控计算机分系统等几部分组成。

(1)船载/水下航行器分系统:船载分系统主要负责实时定位、检测、测阵校准、系统布放回收和测试联调。水下航行器分系统主要负责水下航行器导航定位任务,实时显示运动轨迹。船载/水下航行器分系统上相应的测距仪用于发出测距询问声信号并接收海底应答器的应答声信号,完成导航定位作业,还能向海底应答器阵发出测阵命令和水声遥控指令,实现与应答器水声数据传输和指令交互传送。船载测距仪和水下航行器测距仪在软硬件上是完全一样的,只是选取不同的工作模式。

(2)应答器阵分系统:海底应答器通过 GPS 定点布置在海底组成应答器阵,每个应答器监测水下合作声源目标的询问声信号,收到询问声信号后发出相应的应答声信号,目标根据应答器的应答声信号可以自导航,上级节点将目标询问声信号和海底应答器声信号传送到显控台,可以实现目标跟踪定位功能。

(3)浮标分系统(可选):主要负责完成对海底应答器的工况控制及测量母船对潜器定位所需信号的采集及参数估计。无线电监测浮标分系统作为系统控制和信息采集的中继平台,每个浮标完成目标声脉冲信号的接收处理及自身差分定位。上述信息通过无线电通信链加密传输到船载跟踪显分系统,再解算出目标的坐标。

(4)系统检测和目标模拟器分系统(可选):主要用于系统联调检测及故障检测,属于系统辅助保障设备。

(5)显控计算机分系统:提供与用户交互的界面,可以通过 USB 接口分别与船载/水下航行器测距仪进行数据交换,完成系统功能设置、导航、定位解算以及声线修正等后置处理,显示定位、导航轨迹。

水声定位系统主要功能为建设水下位置基准,给水下航行器提供导航定位功能。

系统技术指标基准精度 0.5m,位置精度 10m,作业范围 6000m。

长基线水声定位系统主要研究内容包括深海水下信标节点 4 个、声基阵 1 个、导航定位演示系统 1 套。

2. 硬件技术方案

1)信标节点

信标的硬件系统主要由数字单元、收发转换模块、接收调制模块、信号发射处理电路组成。

数字单元

数字单元主控 IC 为 TI 公司生产的 MSP430F5438A 低功耗 16 位单片机,其系统框图如图 6-18 所示。

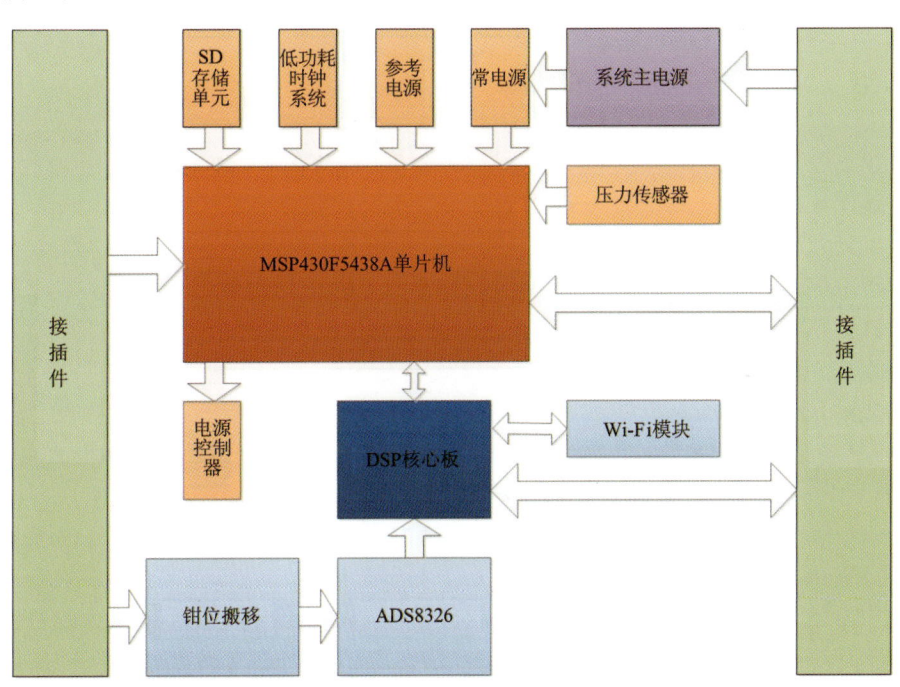

图 6-18 数字单元系统框图

单片机作为核心部件,分别与时钟系统、参考电源、DSP 核心板、存储单元、压力传感器、电源控制管理以及上位机相连接。

TI 公司的 MSP430 系列超低功耗微控制器种类繁多,各成员器件配备不同的外设集以满足各类应用的需要。该架构与多种低功耗模式配合使用,是延长便携式测量应用电池寿命的最优选择。该器件具有一个强大的 16 位 RISC CPU,使用 16 位寄存器以及常数发生器,以便获得最高编码效率。数控振荡器(DCO)可在 3.5μs(典型值)内从低功率模式唤醒至激活模式。

核心板采用 TMS320C6748 型号,是一款低功耗浮点 DSP 处理器,支持 DSP 的高数字信号处理性能和精简指令计算机(RISC)技术,采用了高性能的 456MHz TMS320C674x 32 位处理器。

核心板采用高密度 8 层板沉金无铅设计工艺,尺寸为 66mm×38.6mm,板载 3 路高转换率 DC-DC 核心电压转换电源芯片,实现了系统的低功耗指标,精密、原装进口的 B2B 连接器引出全部接口资源,以便开发者进行快捷的二次开发使用。

收发转换模块

ITRACK 系列长基线应答器采用收发合置方式进行工作,但由于发射和接收所处理的信号不同,所以需要对换能器与电路相连接部分进行预处理,将发射信号与接收信号进行分离(图 6-19)。

图 6-19 收发转换模块

接收调制模块

由收发转化模块将换能器接收的水声信号转为可进行处理的电信号送入接收机。理想的接收机可抑制所有不需要的噪声和其他信号,对需要的信号不增加任何噪声或干扰。不管信号的形式或格式如何,将其变换,以适合信号处理器检波电路所要求的特性,然后再送到处理单元的接口。

由于实际工作环境的限制,接收电路在设计时需要兼顾设计指标与能量损耗。经前期的大量考察,最终选定 TI 公司生产的 LMV651 作为电路的核心处理 IC。LMV65x 系列是采用 TI 先进的 VIP50 工艺实现的高性能、低功耗运算放大器 IC。该系列器件具有 12 MHz 的带宽,而仅消耗了 116μA 的电流。LMV65x 系列具有单位增益稳定性,为低电压、低功耗应用中的通用放大提供了极好的解决方案。

系统中常电源为一级前置放大器、二级前置放大器、切比雪夫二阶有源滤波器以及检波电路提供常用电源。而主电源系统在系统被唤醒工作以及当常电源电力无法提供设备正常工作时被唤醒使用(图 6-20)。

信号发射处理电路

ITRACK 系列长基线应答器,为保证发射功率并提高发射效率,采用 D 类功率放大器作为设计主体。因功率和尺寸限制,本设计采用音频 D 类功率放大芯片搭建功率放大器,并未采用设计上更为灵活的分立元件式结构(图 6-21)。该发射机设计最大功率约 140W(30V 供电,4Ω 等效负载),此时输出信号的总谐波失真+噪声(THD+N)≤10%。发射机设计有独立的电源开关,通过 DSP 管脚控制,有效减少发射机的空闲功耗,延长应答器的待机时间。电路设计有过流、欠压和温度保护功能,减少使用过程中意外损坏的概率,延长使用寿命。

第六章 北部湾智慧海洋牧场基础能力建设

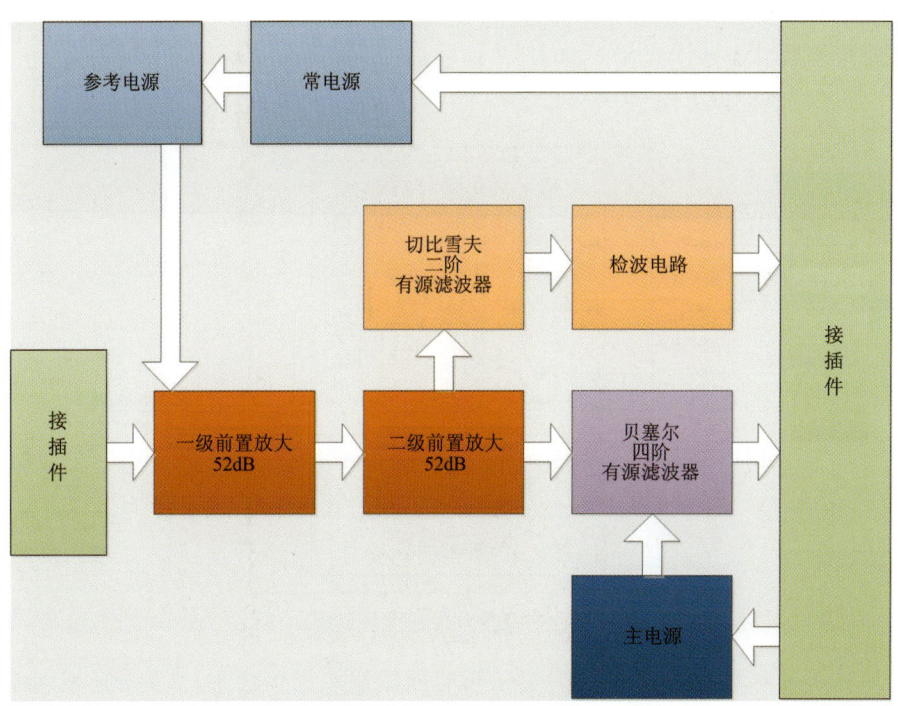

图 6-20 接收电路系统框图

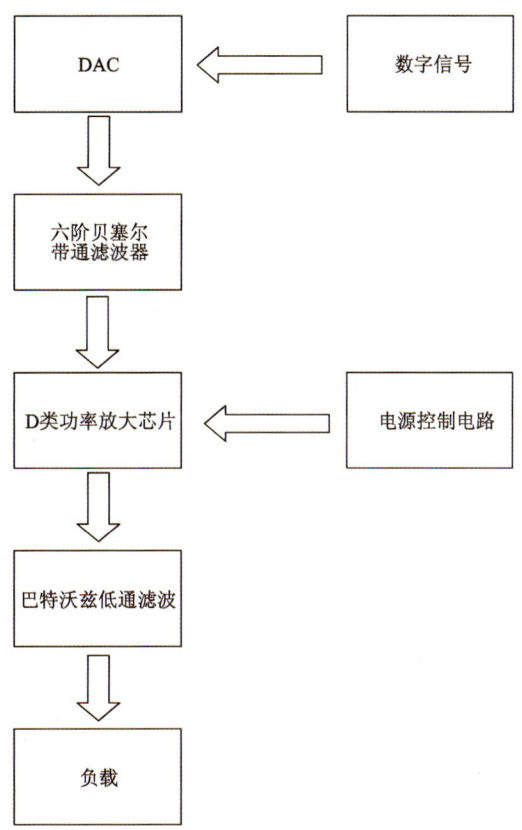

图 6-21 发射机硬件结构

2）应答节点

由于水下组合导航系统普遍空间小、功率受限，水下组合导航样机也采用低功耗嵌入式系统方案。目前，项目组采用"信号采集器＋导航处理机"的硬件技术方案（图 6-22）。

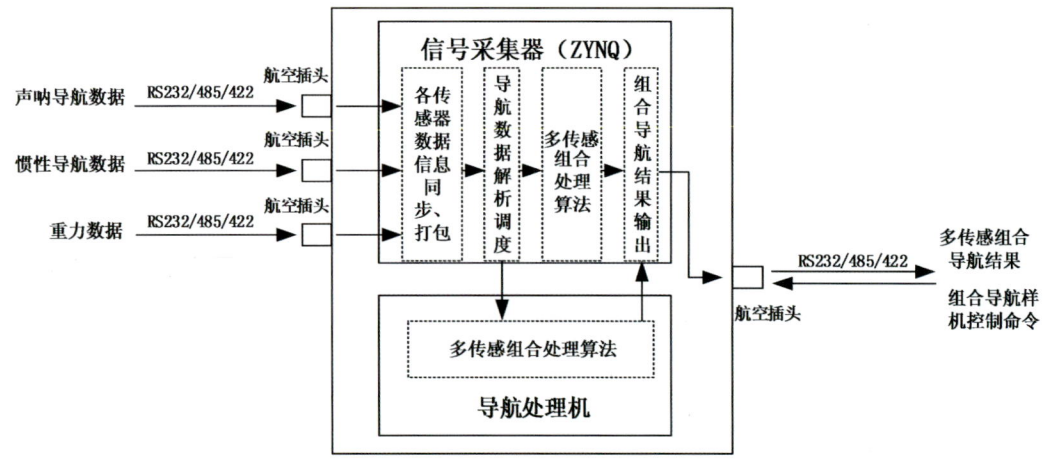

图 6-22　系统平台架构框图

上位机接收传感器数据信号，实时显示传感器数据和工作状态，并提供多传感组合导航处理机并行处理接口，更好地兼容和支持路径规划、自适应导航、高精度定位和优化融合处理等处理模块，最终实现对水下潜器的高精度导航和定位。

信号采集器硬件

信号采集器硬件采用数字背板加数据采集板的结构，信号采集器主要功能包括：惯性导航系统、声学应答器、重力仪等传感器参数配置及工作状态数据采集；惯性导航系统、声学应答器、重力仪等传感器数据实时同步采集；与上位机进行高速数据通信，上传传感器数据；与上位机通信，解析上位机配置命令，并执行相关操作。

数字背板实现系统电源分配、SRIO 高速数据传输、对外以太网和传感器数据传输等功能，同时保留 256 通道数字采样信号交互的能力。全数字信号传输极大地降低了系统电噪声对模拟小信号的干扰，可以有效提高系统性能。

数据采集板是信号采集器的控制核心，是声呐数据采集、发射，以及与上位机数据和命令交互的中枢。采集板采用 Xilinx 最新 SOC 设计，包含双核 ARM Cortex-A9 和 K7 FPGA 内核，有效地提高了系统灵活性与数据传输可靠性（图 6-23）。

图 6-23　数据采集板实物图

3. 软件技术方案

1）信标节点软件设计

应答器阵MSP430芯片软件相关模块描述如下。

（1）Log信息模块，主要功能是将MSP430运行过程中的调试信息及错误报告以文件形式存储到TF卡中，方便后续查找问题所在。

（2）设置模块包含两种设置方式，一种采用串口的方式与PC机连接，通过接收PC机发送的命令做相应的操作。另一种采用无线的方式与PC机通信，进行设置。

（3）换能器模块采用硬件中断的形式通过ADC获取压力传感器的值，转换成深度数据存储到内存，等待其他模块调用。

（4）充电模块是采用硬中断的形式提醒主程序内部需要充电操作。

（5）DSP通信模块主要功能是通过串口接收DSP发送过来的命令，发送相应数据给DSP。

（6）反馈模块主要功能是DSP完成了一次应答后，给MSP430反馈。

应答器阵DSP芯片软件相关模块与MSP430相似，有2个模块略有差异：①换能器模块采用ADC＋EDMA中断的形式接收数据，判断是否有询问/接收机发送的询问信号到来，如果接收到询问信号，就进行相应的应答工作；②与MSP430通信模块主要功能是通过串口发送相应命令给MSP430，然后接收相应的数据。

2）上位机软件设计

长基线水下定位导航系统的显控软件是用户与外部硬件设备进行信息交互的桥梁。显控软件的一个重要特点是能够向用户提供友好、易于操作的人机交互界面，对用户操作做出快速响应。长基线水下定位导航系统的显示控制软件是整个系统的显示控制中心，不但需要具有一个良好的操作界面，在方便用户下传指令的同时，还需要及时地反馈用户命令下传结果，并以图表等多种形式实时高效地将系统运行状态反馈给用户。

长基线水下定位导航系统是一个可以实时跟踪定位水下航行器运动轨迹的大型综合水下设备，系统不但配有主处理机、应答器和水下航行器，还有GPS、罗经等辅助硬件设备。因此显控平台不但需要实时监控各硬件设备的运行状态，而且需要提供与各种辅助硬件设备的数据接口，提供数据传输以及相关数据处理功能，完成水下航行器的位置解算。

模块化程序设计的基本思想是将软件按功能分解为一系列功能单一、接口简单、结构清晰的功能模块。具有良好功能模块划分的软件程序，可以降低程序的复杂度，使程序设计、代码调试和维护等工作简单化。因此设计软件时，应尽量保证软件各功能模块的独立性，减少模块之间的联系。根据长基线水下定位导航系统显控软件的功能需求将其划分为以下几个模块，如图6-24所示。

串行接口模块

串行接口模块是显控软件与外部设备的连接端口，负责串口参数配置，管理串口数据传输。通过串行接口模块，显控软件接收外部设备发送至显控的数据，并将接收数据上传至协议管理模块，同时将协议管理模块下传的数据通过串口发送至各外部设备。

协议管理模块

系统要实现各单元有条不紊地进行数据通信，必须遵循一定的规则，如数据格式问题。

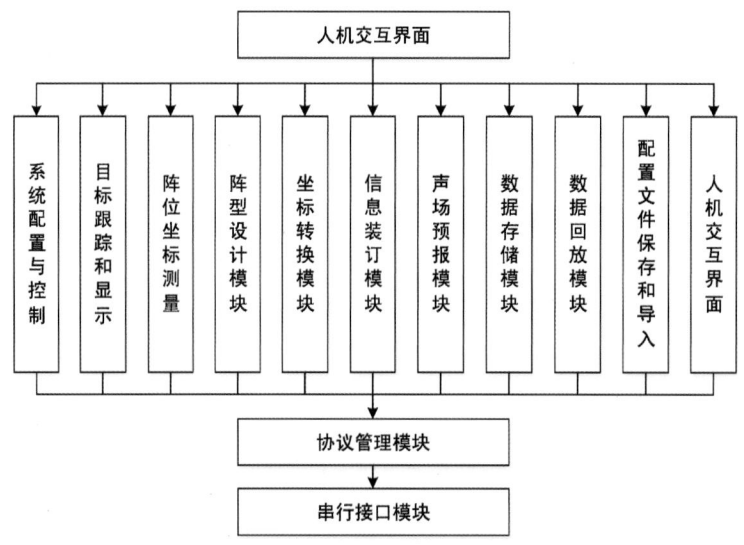

图 6-24 显控软件结构设计图

长基线水下定位导航系统中的各设备均有自己特定的通信协议。协议管理模块负责按照约定的协议将显控软件的输出数据进行包装,并下传至串行接口模块。同时协议管理模块也负责按照约定的协议将串行接口模块上传的数据以一定的通信协议进行数据解析,并将解析数据上传给显控软件的相应模块。

系统配置与控制模块

系统配置与控制模块负责配置系统各组成设备的工作参数,实时控制系统的运行状态,使系统满足不同任务的要求。系统配置与控制模块还可以配置显控软件的显示参数,使软件的显示满足用户个性需求。

目标跟踪和显示模块

目标跟踪和显示模块负责将解算的定位结果以及系统工作参数以图像、信息树等方式进行显示。同时可根据用户需求,对显示区进行放大、缩小等操作。

阵位坐标测量模块

阵位坐标测量模块包括两部分:相对测阵和绝对测阵。相对测阵部分负责接收相对测阵数据,计算海底应答器相对阵型并做图像化显示。绝对测阵部分允许用户对绝对测阵轨迹进行截取、删点等数据操作,并根据处理后的测阵数据计算应答器绝对地理位置。

阵型设计模块

阵型设计模块根据系统参数和仿真参数计算系统覆盖范围以及系统的高精度定位区域,将计算结果以图像形式显示在界面上。阵型设计模块负责指导海底应答器阵的布放工作。

坐标转换模块

坐标转换模块负责将定位解算数据在基阵坐标系和大地坐标系下做出转换。显示区域可以根据用户需求显示基阵坐标系下以及大地坐标系下目标的航行轨迹图。

信息装订模块

信息装订模块负责将阵位坐标测量结果以及声速修正值装订到水面信号处理单元。水面信号处理单元根据阵位坐标以及声速修正值解算水下航行器的大地位置坐标。

第六章 北部湾智慧海洋牧场基础能力建设

声场预报模块

声场预报模块负责根据声速剖面、节点位置和海面海底参数信息,计算传播损失以及信道响应等声场参数。仿真当前工作海域的声线弯曲情况,计算直达声线的覆盖范围,估计长基线系统的最佳工作范围。

数据存储模块

数据存储模块保存系统的定位结果以及从 GPS、罗经等辅助连接设备获取的数据信息。保存的数据文件可以在系统非实时工作时,进行进一步的分析和处理。

数据回放模块

数据回放模块负责实现对数据保存模块所保存的定位数据文件进行读取操作,并同时控制回放速度,重现定位过程。

配置文件保存和导入模块

配置文件保存和导入模块负责加载已有的配置文件并按照配置文件配置系统参数,负责保存系统当前配置参数,使系统下次启动时可以完成加载。

人机交互界面

人机交互界面向用户提供友好易用的操作界面,对用户的操作做出及时响应,并将系统的执行结果以图形、图表等形式反馈给用户。

4. 甲板单元

甲板单元的主要组成是一台低功耗、高性能工控机,具备丰富的 I/O 接口配置,如图 6-25 所示。工控机的主要作用是接入各个设备数据流(GNSS 定位设备、声基阵、姿态传感器、声速仪、罗经),运行上位机软件 HiMaxAPS,进行声学解算并显示应答节点的大地坐标。

图 6-25 工控机

工控机的接口面板如图 6-26 所示,各类接口用序号进行了编码,各接口的作用:①工控机开关,用于启动或关闭工控机;②工控机电源插口,用于接入 220V 电源;③网络接口;④USB 接口,用于连接鼠标键盘等;⑤显示器接口,与显示器连接;⑥声基阵与工控机的连接接口,用于给声基阵供电和数据传输。其中右边的三芯插口用于接入 220V 电源;中间的开关是声基阵电源开关,用于启动或关闭声基阵;左边用于与声基阵连接,可为声基阵供电和通信;⑦串口,用于接入 GNSS 定位设备、姿态传感器、声速仪、罗经。

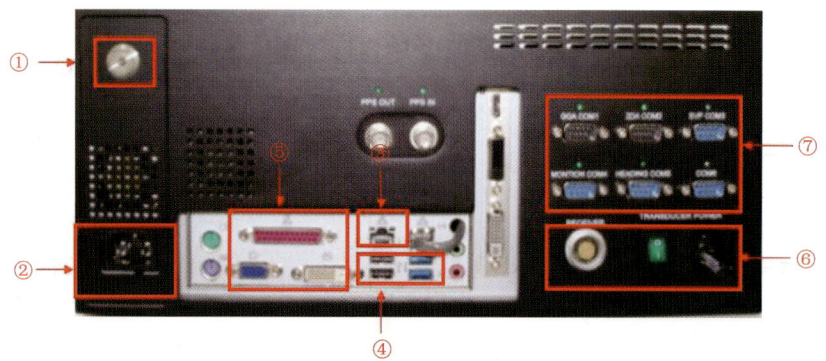

图 6-26　工控机接口面板

1) GNSS 定位连接与配置

GNSS 定位设备用于为超短基线定位系统提供时间基准、位置基准,与工控机通过两根 RS-232 串口线连接。其中一个串口配置输出位置数据(格式为 $GPGGA)和时间数据(格式为 $GPZDA);另一个串口配置输出时间数据(格式为 $GPZDA)和 PPS 秒脉冲同步信号。配置好两个串口输出后与工控机连接,如图 6-27 所示。

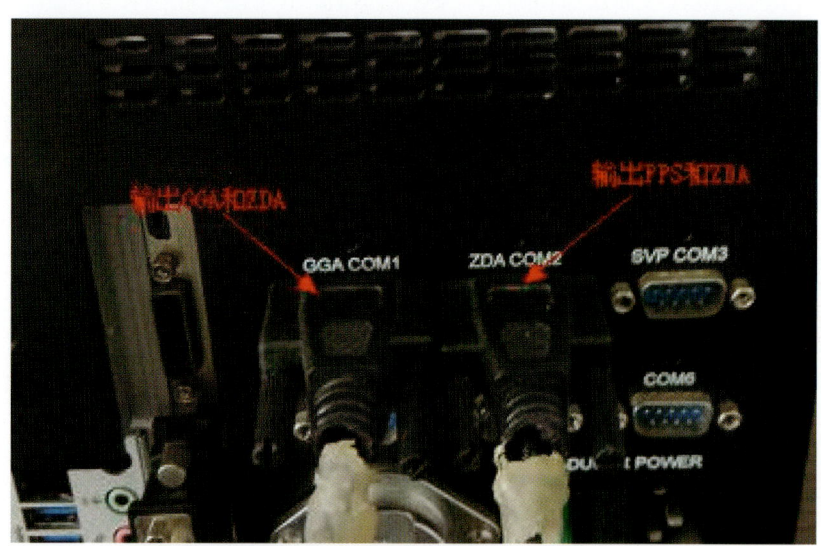

图 6-27　GNSS 定位设备接入工控机

上位机软件用位置数据确定母船位置,并为转换应答器声学坐标提供位置基准;时间数据为整套系统提供时间基准;PPS 秒脉冲同步信号用于整套系统中各个设备数据的同步。

安装好 GNSS 定位设备后,需精确测量 GNSS 定位设备天线相位中心在船体坐标系下的坐标,并填入上位机软件的安装参数模块。

2) 声速仪与甲板单元的连接与配置

声速仪用于为超短基线定位系统提供准确的声速信息,仅仅是在开始测量前进行一次测量,获取水中的声速或者声速剖面数据。如果是获取声速,可用表面声速仪,获取到的声速数据直接填入上位机软件,定位解算时会用测得的声速计算斜距;如果是获取声速剖面,则需要用声速剖面仪,获取到的声速剖面数据导入软件,在解算时会用声速剖面数据进行声曲线修正,提高定位精度。

3)声基阵与甲板单元的连接与配置

声基阵和工控机通过航空插头连接,并需要将工控机的本机 IP 设置为:192.168.3.150。工控机通过航空插头给声基阵下发命令,包括定位命令、唤醒命令,等等;声基阵再通过航空插头将采集到的声学数据上传至工控机,运行在工控机上的上位机软件收取这些数据并解算,航空插头如图 6-28 所示。

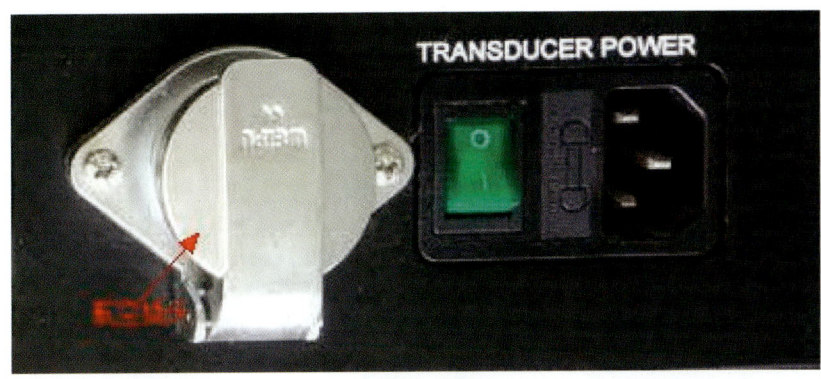

图 6-28　工控机航空插头

4)姿态传感器、罗经安装和连接

姿态传感器用于为超短基线定位系统提供姿态信息,用于对应答器的声学解算结果进行姿态修正,与工控机用一根 RS-232 串口线连接,串口配置输出姿态数据(俯仰和横滚);罗经用于为超短基线定位系统提供航向信息,为应答器坐标转换提供方位基准,与工控机用一根 RS-232 串口线连接,串口配置输出航向数据,连接如图 6-29 所示。

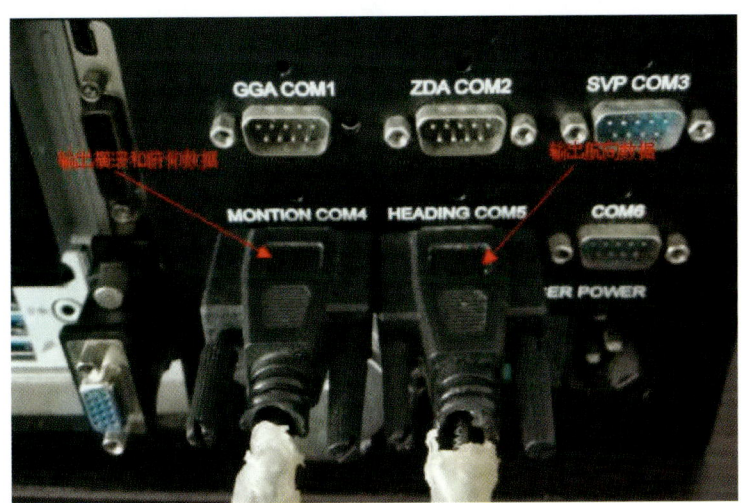

图 6-29　姿态和航向数据接入工控机

姿态传感器在安装时,要求俯仰方向与船体坐标系 X 轴平行,横滚方向与 Y 轴平行;罗经在安装时,其方向必须与船体坐标系的 X 轴平行。这样才能使姿态传感器和罗经测得的姿态和航向是船体的当前状态。

二、海底地形测量设备

多波束测深系统可以实现超宽覆盖范围的高精度海底深度测量,是一种具有高测量效率、高测量精度、高分辨率的海底地形测量设备,特别适合于大面积的扫海测量作业,在海洋测绘领域等具有广泛的应用。系统工作时,通过声发射换能器阵与接收换能器阵进行宽角度定向发射、接收,经过适当处理解算,在与航向垂直方向形成条幅式高密度水深数据,测出沿航线条带内的海底地形特征。

1. 项目概述

多波束测深系统由显控计算机、接口盒、声呐湿端以及软件系统组成,如图6-30、图6-31所示。

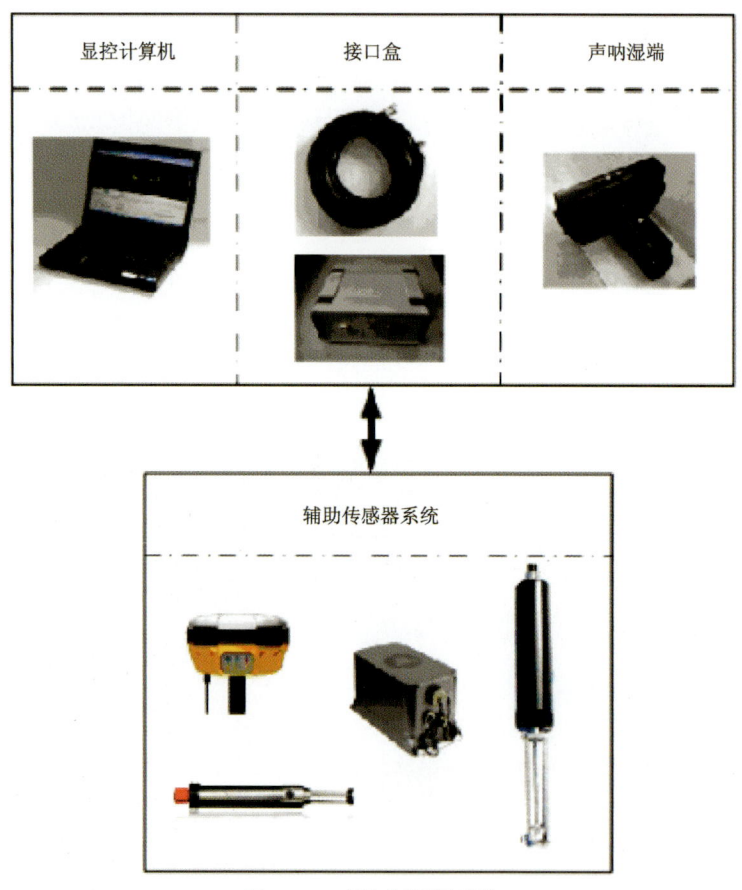

图6-30 多波束测深系统

声呐湿端包含发射模块和接收模块,其中发射模块由发射换能器和发射电子舱组成,发射电子系统安放在电子舱中;接收模块由接收换能器和接收电子舱组成,接收电子系统安放在电子舱中。

声呐湿端完成声信号的发射、接收、采集和预处理,预处理后的数据通过网络从声呐湿端传送给显控计算机。显控计算机对数据进行信号处理,并结合传感器系统提供的数据,获得

第六章 北部湾智慧海洋牧场基础能力建设

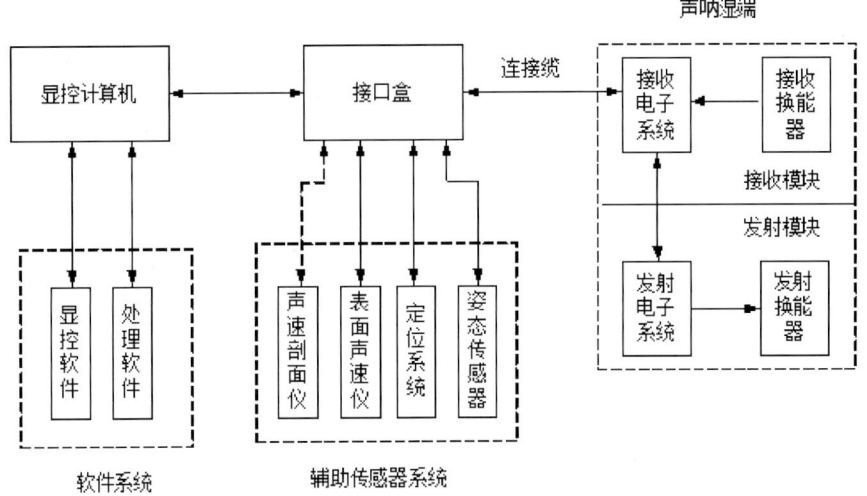

图 6-31 软件系统组成结构图

海底深度信息。软件系统完成显示控制和数据处理。

2. 外观设计方案

iBeam8120 多波束浅水测深仪换能器结构如图 6-32 所示。

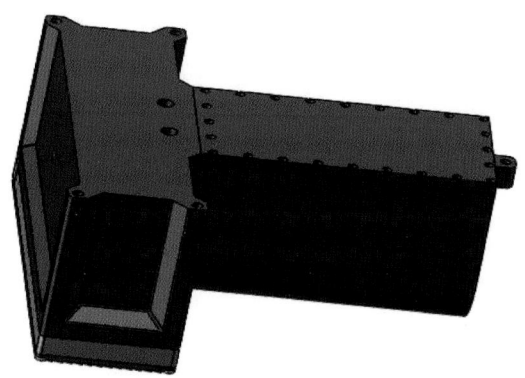

图 6-32 换能器结构示意图

3. 接收硬件单板设计

iBeam8120 接收仓硬件电路主要由以下几部分组成。

（1）接收底板：主要完成与换能器输入差分线缆的焊接以及换能器信号的传输。

（2）模拟接收背板：主要完成换能器差分信号经过背板输入到接收模块，并且传输 AD、DA 的时钟、数据、控制等数字信号及电源分配。

（3）模拟接收模块：主要完成模拟的信号的调理以及 AD 采集。

（4）数字背板：主要完成数字采集板、数字处理板的数据交互并且 AD、DA 的时钟、数据、控制信号的传输。

（5）电源板：主要提供接收仓整个系统的供电。

(6)数字采集板:完成模拟信号的采样。

(7)数字处理板:完成多波束信号的波束形成等算法(预留)。

1)接收背板设计

接收背板的设计框图如图 6-33 所示。每一块模拟接收背板实现 64 对换能器差分信号分配至 4 块模拟接收板的功能,并为 4 块模拟接收板提供电源。同时,数字背板与模拟接收背板完成模数转换后的数字信号和 DAC 控制信号的交互。

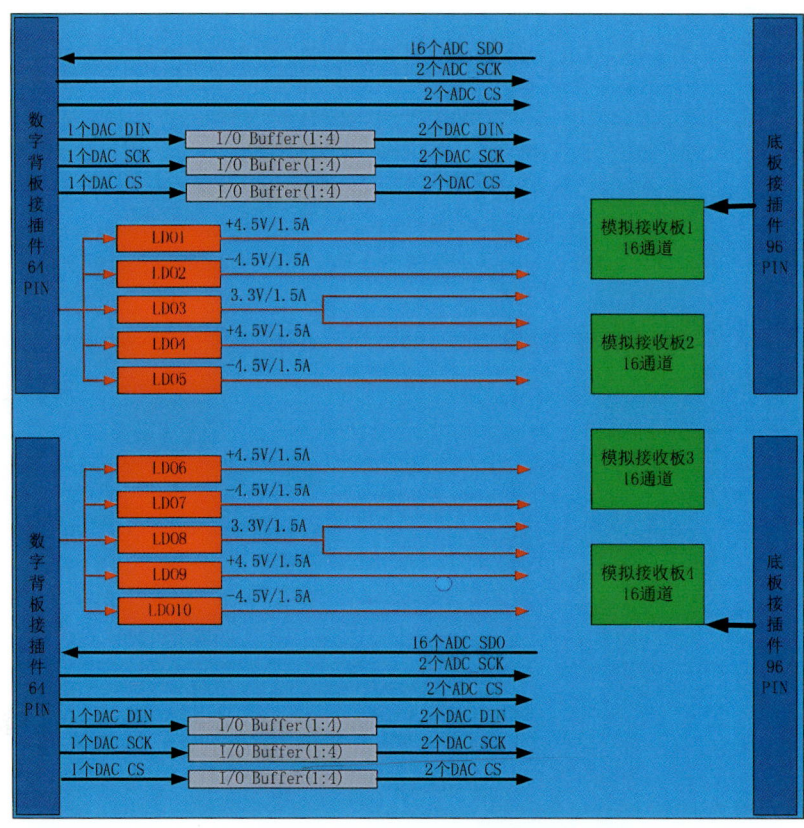

图 6-33　接收背板设计框图

2)接收模块设计

接收模块设计框图如图 6-34 所示。模拟接收模块主要对来自换能器的差分信号进行固定增益放大、可调增益放大、滤波、电压搬移等信号调理功能,调理后的信号经过 AD 采集,然后传送给处理器。

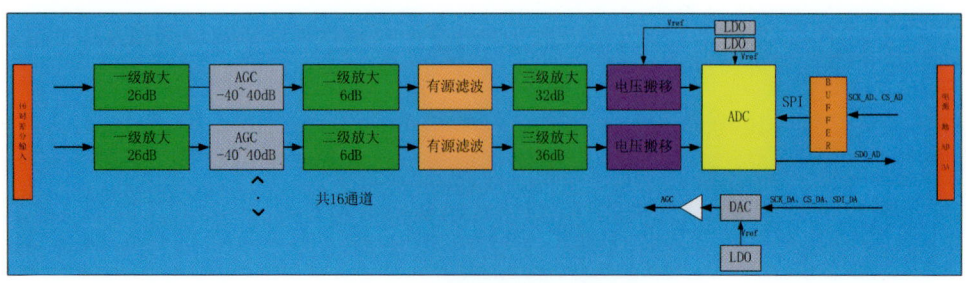

图 6-34　接收模块设计框图

一级放大电路

电路的噪声在很大程度上取决于第一级放大电路的放大倍数、运放的电压噪声密度、电流噪声密度、温升、带宽等一系列参数。

可控增益放大电路

可控增益放大电路控制电压由 DA 电路生成,经过驱动电路后输入给接收电路,改变电路的增益倍数。

有源滤波电路

有源滤波对于电路的幅度/相位一致性非常重要,本书设计在考虑一致性的基础上,选择设计巴特沃斯带通滤波器,中心频率 200kHz,带宽 20kHz、Q 值 10,阻带 200kHz,带外衰减 40dB。

电压搬移电路

该电路主要为了 AD 采集,对输出信号一个偏置,偏置电压由 LDO 输出,这样可以保证偏置的一致性。

3) 数字背板设计

数字背板设计框图如图 6-35 所示。数字背板实现系统电源分配、64 通道数字采样信号交互、SRIO 高速数据传输、以太网和传感器数据传输等功能。全数字信号的传输极大降低了系统电噪声对模拟小信号的干扰,可以有效提高系统性能。数字背板的功能如下:

(1) 数字采集板与数据处理板的数据交互。

(2) 电源模块通过数字背板为数字采集板、数字处理板供电。

(3) AD、DA 的时钟,控制、数据信号通过数字背板传输给接收背板、接收模块。

(4) 数字背板上提供电平转换接口 RS422,将电平转换后传输给 Zynq 采集。

(5) 数据传输接口:网络、LVDS 高速接口。

电平转换电路

电平转换电路主要功能是将传感器的 232 信号进行电平转换,然后经过数字背板传递给数字采集板。

4) 数据采集板设计

数据采集板设计框图如图 6-36 所示。数据采集板主要实现采集的模拟信号进行一系列的数据处理,并同步采集解析传感器信息。采集的数据经过处理后上传给上位机,同时,接收上位机的指令,完成与上位机的交互。

5) 电源板设计

电源板设计框图如图 6-37 所示。电源板给整个接收仓供电,包括接收仓的数字电路部分、模拟电路部分。

4. 发射单板硬件方案

发射单板主要由发射控制板、发射电源板、发射功放板、发射储能板和发射接口板组成,其结构示意图如图 6-38 所示。

发射控制板作为独立控制单板,通过连接器与发射电源板相连,其主要功能如下:实现与核心板通信;发射 12 路 PWM 信号;功放所需电压大小调节及控制;48V—48V 电源模块上电控制;电流电压检测及温度检测功能。

发射电源板主要功能如下：提供电路所需电源电压；提供充放电电路。

发射储能板主要功能是为发射功放板提供大功率的储能电压。

发射接口板主要功能是桥接发射控制板、发射储能板、发射功放板和发射换能器。

发射功放板主要功能是对 PWM 信号隔离、保护，并驱动大功率发射信号。

1) 发射控制板

发射控制板主要包括控制单元、存储单元、通信单元、时钟单元、电源单元、JTAG 单元、配置单元、PWM 生成单元、信号采集单元、电源电压控制单元。

控制单元

发射控制板采用 Xilinx 的 Spartan-6 系列的 FPGA 来实现对发射部分单板控制。Spartan-6 系列不仅拥有优秀的系统集成能力，同时还能实现适用于大批量应用的最低总成本，其性能指标如下：

(1) 极低的静态与动态功耗；零功耗休眠关闭模式；待机状态可以保持状态和配置，具有多引脚唤醒、控制增强功能；高性能 1.2V 内核电压。

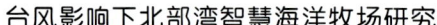

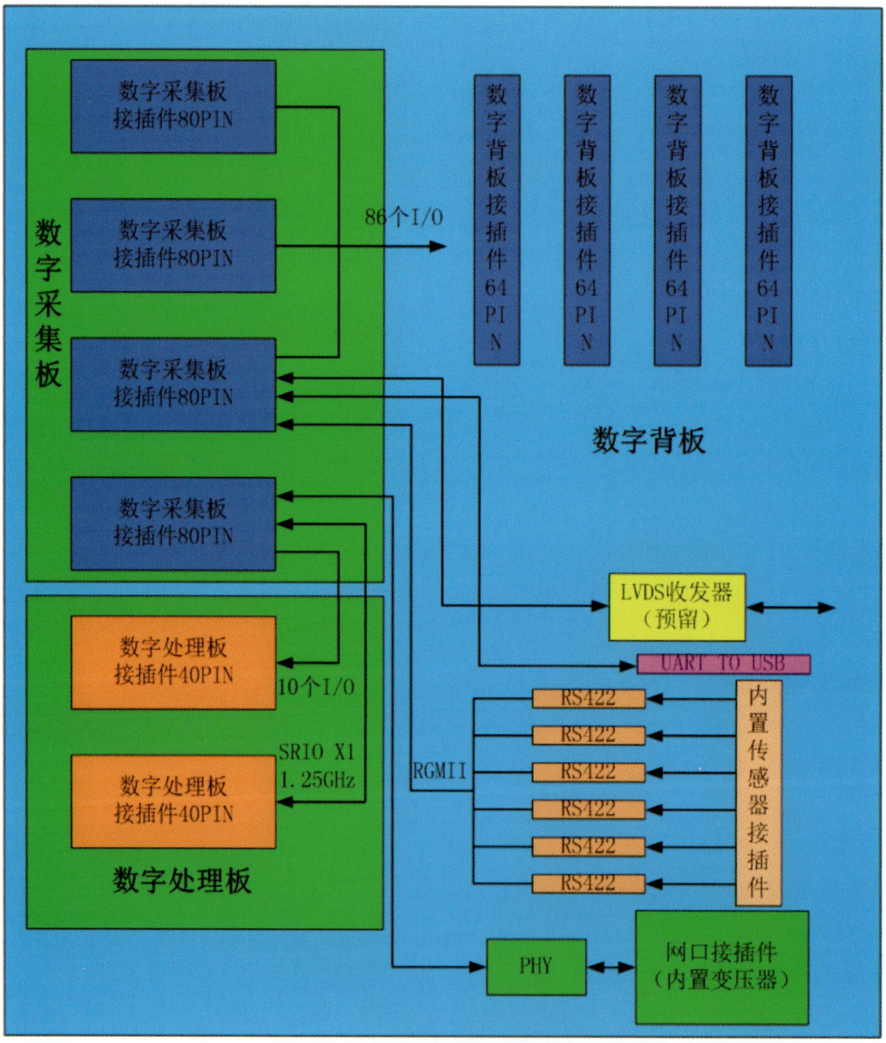

图 6-35 数字背板设计框图

第六章　北部湾智慧海洋牧场基础能力建设

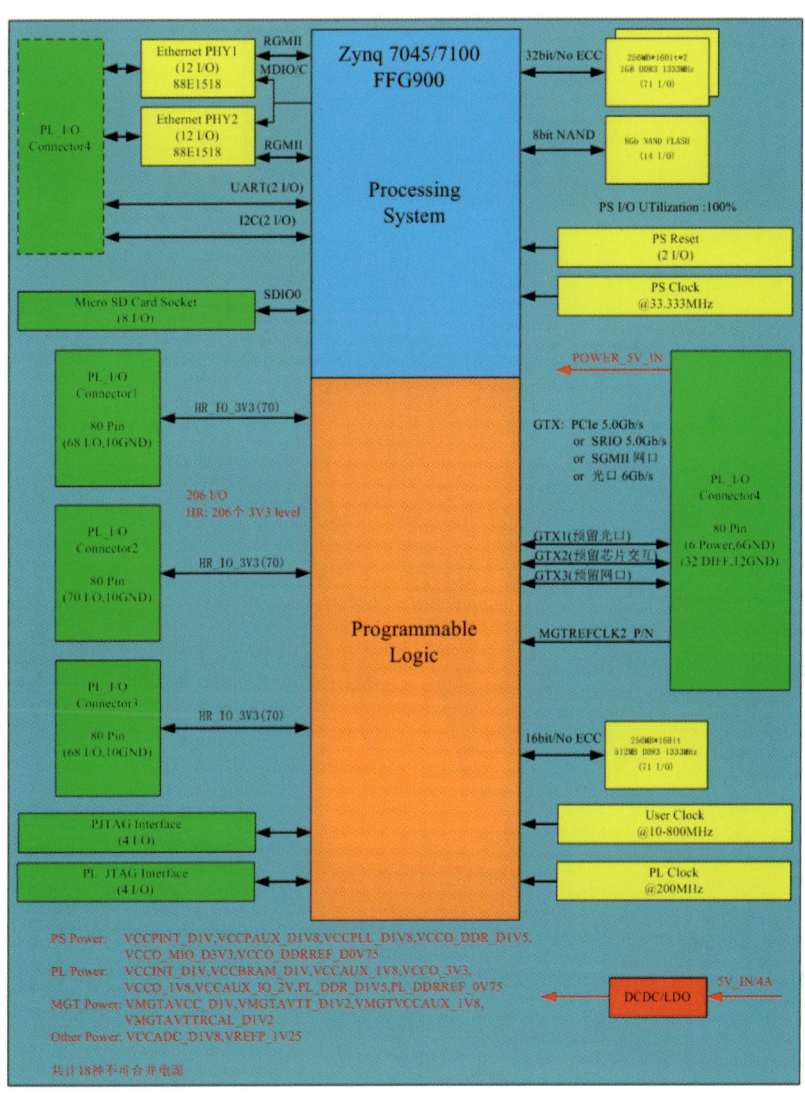

图 6-36　数据采集板设计框图

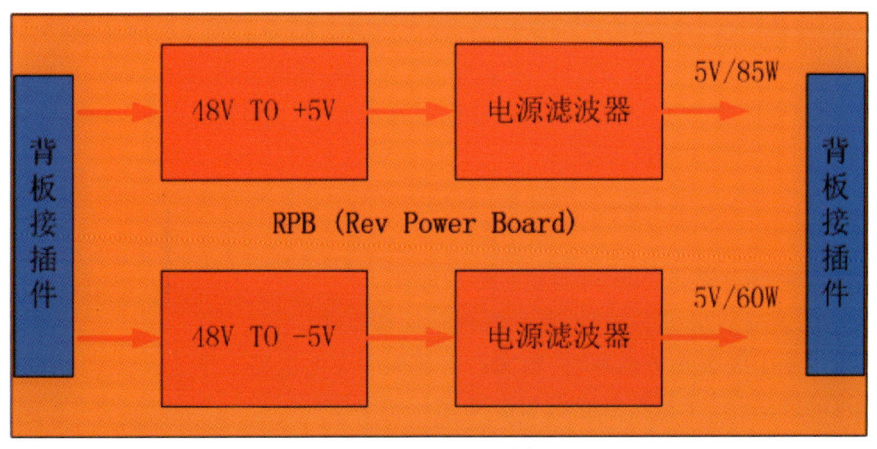

图 6-37　电源板设计框图

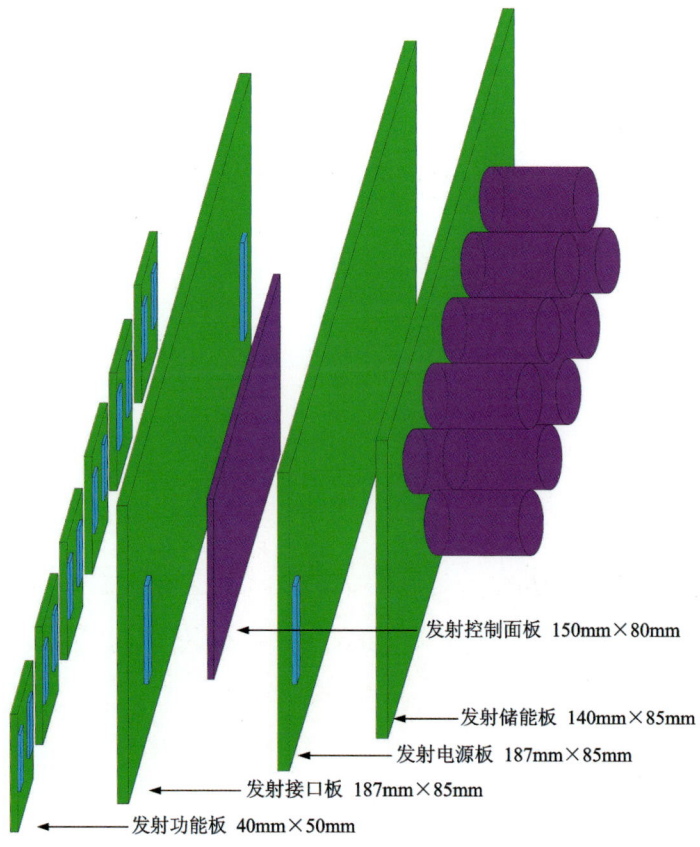

图 6-38　发射单板结构示意图

（2）多电压、多标准 SelectIO 接口 bank；每对差分 I/O 的数据传输速率均高达 1080Mb/s；可选输出驱动器，每个引脚的电流最高达 24mA；兼容 3.3V～1.2V I/O 标准和协议；低成本 HSTL 与 SSTL 存储器接口；符合热插拔规范；可调 I/O 转换速率，提高信号完整性。

（3）内置高速 GTP 串行收发器，最高速度达 3.2Gb/s。

（4）高效率 DSP48A1 Slice，高性能算术与信号处理；快速 18×18 乘法器和 48 位累加器。

（5）集成存储器控制器模块，DDR、DDR2、DDR3 和 LPDDR 支持；数据速率高达 800Mb/s（12.6Gb/s 的峰值带宽）；多端口总线结构，带独立 FIFO，减少了设计时序问题。

（6）具有各种粒度的 Block RAM，快速 Block RAM，具有字节写入功能；18Kb RAM 块，可以选择性地将其编程为 2 个独立的 9Kb Block RAM。

控制单元主要实现的功能如下：

（1）控制芯片与核心板上的 ZYNQ 通信，执行 ZYNQ 下发的命令，并将控制芯片采集到的信息传给 ZYNQ。

（2）通过缓冲器实现 ZYNQ 对控制芯片的配置。

（3）输出 12 路 PWM 差分信号，驱动发射换能器工作。

（4）输出 1 路 PWM 差分信号，控制发射电源板中充电电路工作。

（5）通过 ADC 芯片采集发射电源板上的电压和温度值。

（6）通过 DAC 芯片设置发射电源板输出电源电压。

存储单元

存储单元分别为 SDRAM 和 FLASH。SDRAM 主要性能如下：JEDEC 标准的 3.3V 电压；LVTTL 与复用地址兼容；输入采用系统时钟正边延；64ms 的刷新周期（8K 循环）。

FLASH 主要性能如下：64M 位串行 Flash 存储器；工作电压在 2.7～3.6V 之间，低至 4mA 主动和 1μA 的关断模式；支持标准的串行外设接口（SPI）。

通信单元

通信单元主要实现发射控制板与核心板的通信，核心板通过 422 总线来控制与读取发射控制板上的信息，并实现发射信号的同步。

时钟单元

发射控制板上 FPGA 需要单端 24MHz，由有源晶振直接生成提供。

JTAG 单元

JTAG 单元提供 FPGA 调试及下载软件接口。

配置单元

发射控制板的 FPGA 预留 2 种启动模式，两种启动的配置方式如下：

(1) FPGA 作为 ZYNQ 的从芯片，采用 Slave Serial 配置模式，其原理如图 6-39 所示。

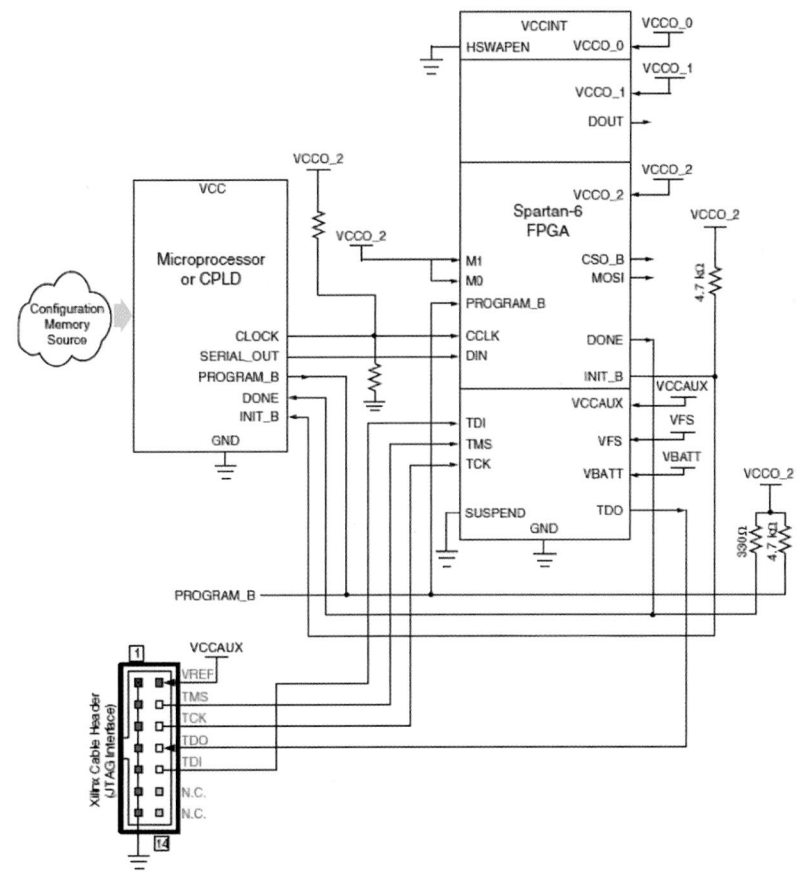

图 6-39 Slave Serial 配置模式

(2) 发射控制板的 FPGA 采用主串行配置模式，通过 SPI 接口外挂 FLASH，同时可以通过 ZYNQ 下载启动程序到 FLASH 中，实现远程更新程序。其配置模式原理图如图 6-40 所示。

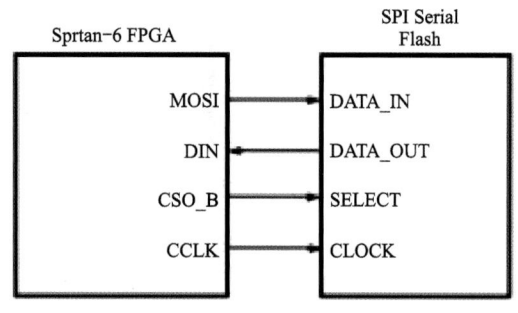

图 6-40 主串行配置模式

PWM 生成单元

PWM 生成单元主要用来产生 12 路 PWM 信号，为发射换能器提供信号源输出。此部分由 FPGA 产生 12 路差分 PWM 波，通过 16 位反向驱动器后连接至发射功放板。

信号采集单元

信号采集单元主要通过 ADC 芯片将发射电源板上的电源电压及温度信息采集，并存储至存储单元中。

电源电压控制单元

电源电压控制单元主要包括 48V-48V 电源模块的上电控制和充放电电路的电压控制。通过 FPGA 的 IO 口来控制 48V-48V 的上电，实现电源模块延时上电的功能，保护后端电路。FPGA 通过 1 路差分 PWM 信号来控制充电电路工作，通过 DAC 芯片来设置需要输出的电源电压。

2) 发射电源板

发射电源板主要提供各器件所需的电源电压，单板包括电源模块控制单元，充放电电路单元，电流电压检测单元和温度检测单元。

充放电电路单元

充放电电路单元主要对后端功放电路的电压进行可调输出，实现发射换能器的声源级可调功能。充电电路单元工作原理框图如图 6-41 所示。

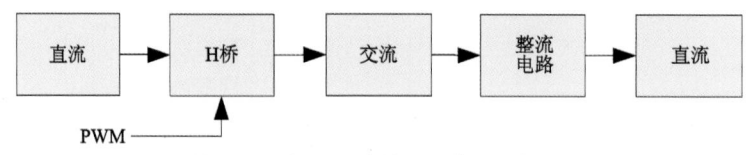

图 6-41 充电电路单元工作原理框图

(1) 发射控制板的 FPGA 产生的 PWM 信号，通过驱动 H 桥电路，将 48V 直流电压转换成交流压。

(2) 交流电压经过变压器和整流电路，转变成直流电压 VPA 输出。

(3) 直流电压 VPA 与 FPGA 产生的设置电压 VDA 通过比较器比较，若 VPA＜VDA，输出 SD 和 DISH 信号为低电平，放电电路停止工作，充电电路进行充电；若 VPA＞VDA，输出 SD 和 DISH 信号为高电平，FPGA 停止产生 PWM 信号，放电电路进行放电。

电流电压检测单元

电流检测单元能够检测充电电路的工作电流,由电流检测放大器和 14 位 ADC 转换芯片组成。

温度检测单元

温度检测单元能够实时检测单板上温度,由温度传感器来实现。

3)发射功放板

发射功放板主要作用是将 FPGA 产生的 PWM 信号,经过隔离、保护驱动和功率放大电路输出至发射接口单板上的变压器线圈,变压后发送给发射换能器,以驱动换能器工作。它的硬件框图如图 6-42 所示。

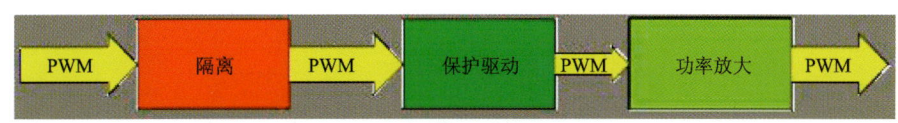

图 6-42　发射功放板硬件框图

信号保护单元

信号保护单元由隔离器、触发器、与门和驱动器组成,实现对差分 PWM 信号的最大脉宽限制,防止差分 PWM 信号出现同时高电平的现象,烧坏后端的功率放大管,同时提高信号的驱动能力,如图 6-43 所示。

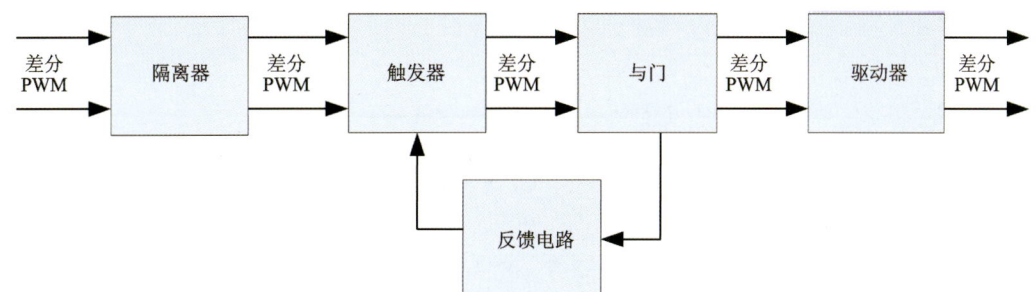

图 6-43　信号保护单元

功率放大单元

功率放大电路采用 MOS 管 D 类推挽放大电路,D 类放大器有效率高的优点,最高效率可达 90% 以上,尤其是在感性负载的情况下,效率可更高。硬件设计电路如图 6-44 所示。

4)发射储能板

发射储能板由若干个大功率电容并联而成,电路原理图如图 6-45 所示。

5)发射接口板

发射接口板主要起到桥接作用,连接发射控制板、发射储能板、发射功放板和发射换能器阵元,其原理如图 6-46 所示。发射接口板主要由 6 路功放模块加 6 个变压器组成。

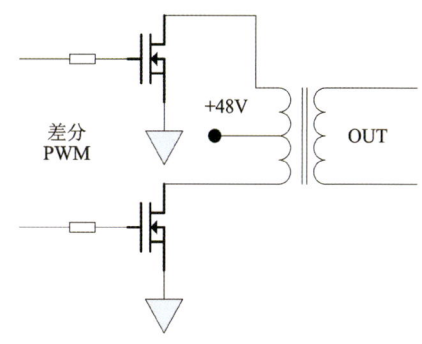

图 6-44　功率放大硬件电路

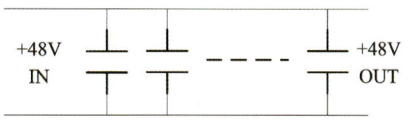

图 6-45　发射储能板原理图

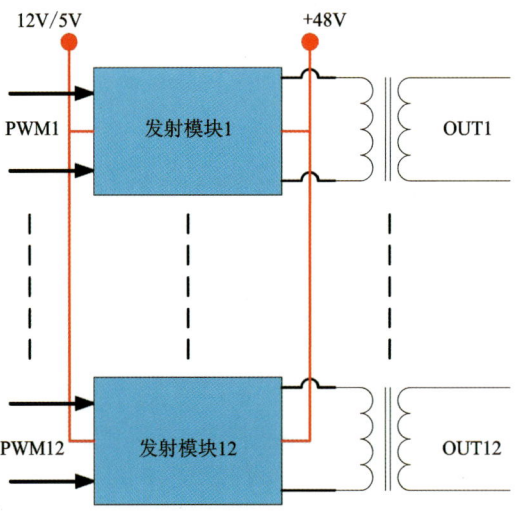

图 6-46　发射接口板原理图

6）电源供电树设计

发射单板电源供电树设计如图 6-47 所示。

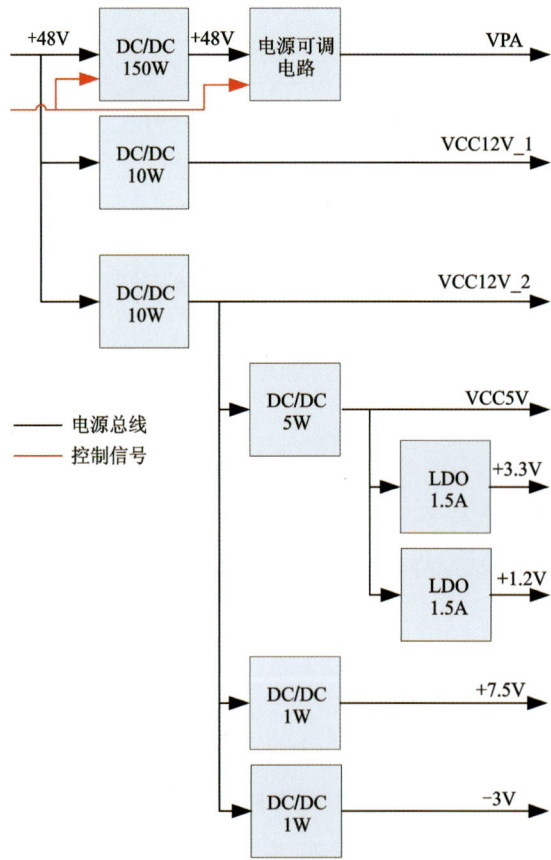

图 6-47　发射单板电源树

三、北斗溯源装备

1. 概述

北斗抗干扰多功能溯源终端(简称北斗溯源终端),是在不断加深对海洋渔业应用要求的理解,同时结合对北斗系统在气象、水文、集装箱运输等行业应用的不断探索前提下,提出的满足公司业务发展需要的新一代北斗终端产品。

实现基于北斗卫星导航系统的位置报告功能,同时兼容 RNSS 系统,提高了系统的可用性;在大幅度提高产品集成度的同时,强调标准化及可靠性设计,从而进一步降低成本、提高可靠性;在环境适应性上充分考虑不同行业的要求,拓宽产品的适用范围。

2. 规范性引用文件

凡是不注日期或版次的引用文件,其最新版本适用于本标准。例如,渔船用电子设备环境试验条件和方法系列标准和《渔业船舶船载北斗卫星导航系统终端技术要求》(SC/T 6070—2011)。

3. 名词解释和术语

下列术语和定义适用于本方案。

1)北斗卫星导航系统(BeiDou Navigation Satelite System)

中国正在实施的自主发展、独立运行的卫星导航系统(简称北斗系统),由空间段、地面段和用户段组成,具有定位、导航、授时和短报文通信功能。

2)北斗运营服务中心(BeiDou Operation and Service Center)

北斗运营服务中心是为用户提供基于位置的信息共享、短报文信息转发、数据传送、远程测控以及各类信息增值服务的机构。对于海洋渔业用户而言,北斗运营服务中心可向海洋渔业作业船舶提供船岸之间的短报文通信、航海通告、遇险求救、增值信息(如天气、海况、渔场、渔汛等信息)等服务;向渔业管理部门提供渔业管理、船位监控、紧急求援指挥等信息服务;向渔业经营者提供渔业交易信息服务以及物流运输信息服务。

3)服务频度(Service Frequency)

北斗渔船船载北斗溯源终端连续两次向北斗卫星导航系统申请服务的时间间隔,受其在北斗卫星导航系统所注册的用户等级的限制。

4. 技术要求

1)定位

(1)能利用 RNSS 进行定位。

(2)终端支持北斗位置上报。

(3)定位误差:≤15m。

2)自主供电

依托内置电池实现自主供电,持续工作时间>5 年(位置报告 10 分钟一次,信号良好无遮挡)。

3)报警

(1)拆卸报警:终端被违规拆卸时,能自动按照设定信息向岸上管理平台发送报警信息,拆卸报警仅报告一次。

(2)沉船报警:发生沉船事故时,渔船沉至 1.5m 至 4m 时,终端自动释放上浮。按照预设的周期和信息向岸上管理平台发送报警信息。

沉船报警发生后 2 小时内每隔 1 分钟发一次,2 小时后一直按每隔 10 分钟发一次,沉船报警持续时间大于 72 小时。

4)环境适应性

(1)高低温。符合 SC/T 7002.2 和 SC/T 7002.3 的有关规定。

(2)振动。符合 SC/T 7002.8 的有关规定。

(3)碰撞。符合 SC/T 7002.9 的有关规定。

(4)外壳防护。符合 SC/T 7002.10 的有关规定。

(5)湿热。符合 SC/T 7002.5 的有关规定。

(6)防盐雾。符合 SC/T 7002.6 的有关规定。

5)电池电量监测

终端能对电池电量进行实时监测,并定时回传至岸上管理平台。

6)设备表面质量

表面无明显凹痕、划伤、裂缝、变形、灌注物溢出等缺陷;金属零件不应有腐蚀和其他机械损伤。

5. 工作原理和整机组成

北斗溯源终端主要用于为作业渔业船舶等提供安全生产所需的位置监控、报警求助等服务。北斗溯源终端采用内置电池供电维持工作,定时报位。北斗溯源终端在北斗系统中的工作原理,如图 6-48 所示。

1)工作原理

北斗溯源终端通过 RNSS 进行定位,其定位信息和其他通信信息通过"北斗"卫星导航系统发送到北斗地面控制中心,北斗地面控制中心通过专用光缆把数据传送到运营服务中心,然后再由运营服务中心把数据传递给各监控中心,实现各监控中心对船载北斗溯源终端的位置等信息监视。

2)整机组成

北斗溯源终端由天线、主控板、内置电池组、外壳、固定支架等几部分组成,如图 6-49 所示。

6. 硬件总体技术方案

1)控制单元设计

控制单元主要由处理器和电源部分组成。控制单元负责各个单元之间的信息交互功能,电源管理、接收 RNSS 数据,以及解析北斗 RDSS 模块北斗接口格式电文并进行编码。

控制单元主要功能有:系统初始化;各种中断检测及处理;各个功能模块的打开及关闭;北斗 RDSS 单元的初始化、参数设置;北斗 RNSS 单元的初始化、参数设置;RNSS、北斗 RDSS

第六章 北部湾智慧海洋牧场基础能力建设

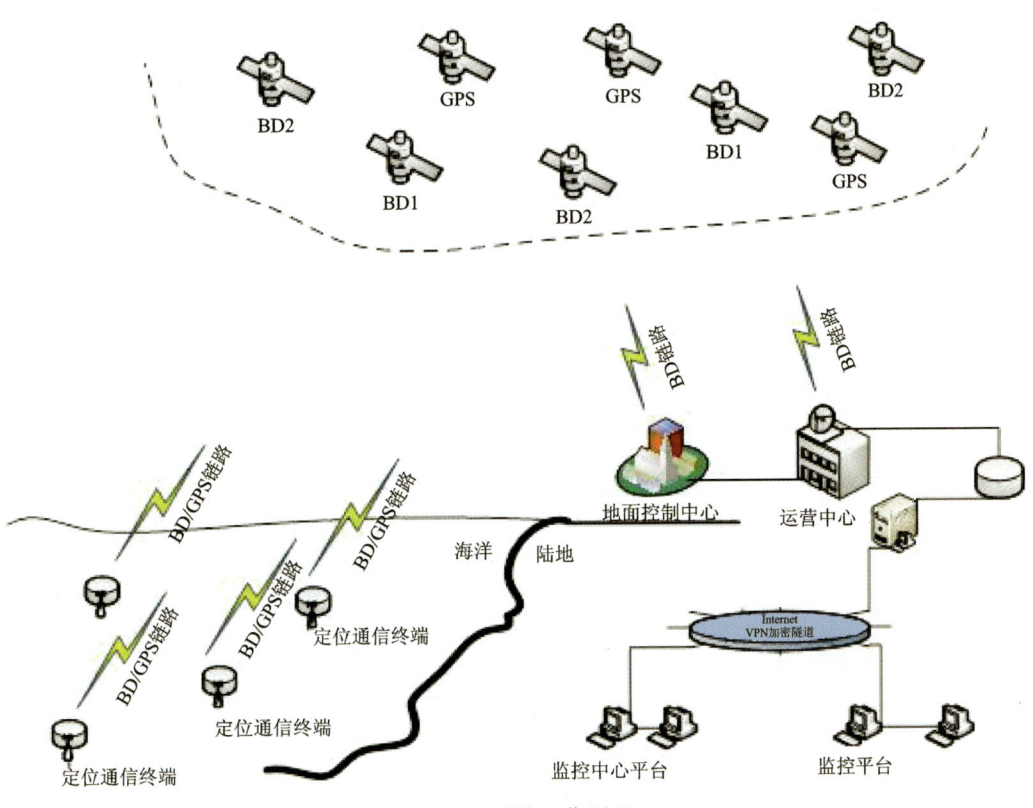

图 6-48 系统工作原理

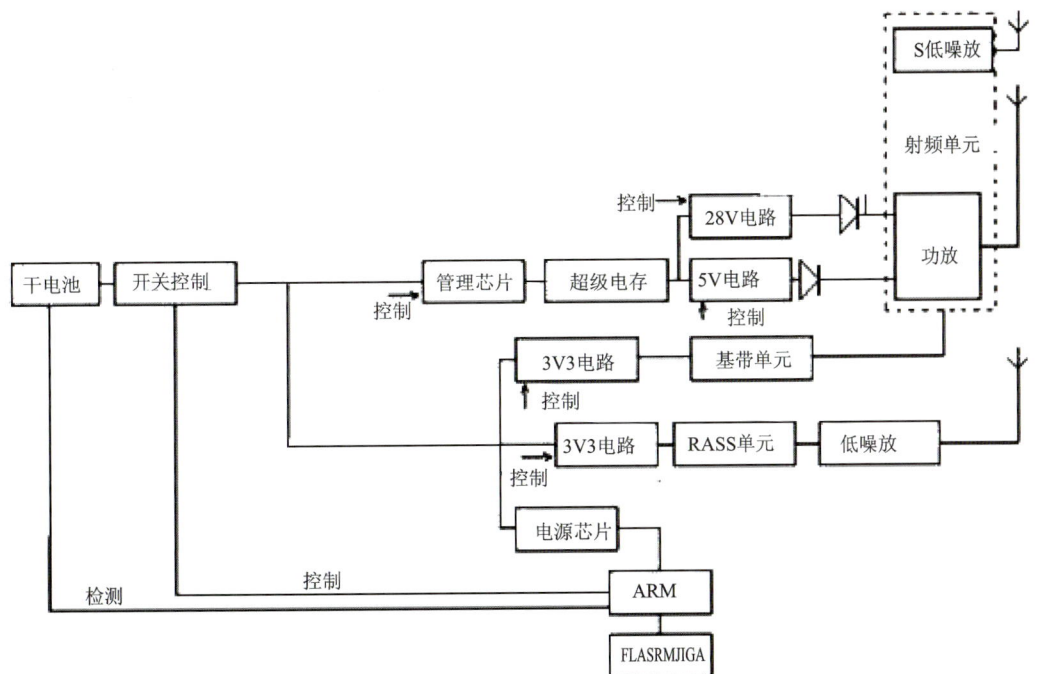

图 6-49 原理框图组成

导航数据处理以及信息交互功能;支持电池控制及维护。

处理器选择

本次设计选用 SILICON LABS 公司的 EFM32 系列的 ARM 处理器 EFM32GG380F1024。Silicon Labs EFM32™ 32 位微控制器(MCU)系列是世界上最为节能的微控制器,特别适用于低功耗和能源敏感型应用,包括能源、水表和燃气表、楼宇自动化、警报及安防和便携式医疗/健身器材。鉴于投入和成本原因无法经常更换电池,因而在无外部电源或操作员介入的情况下此类应用的运行时间应尽可能久。Silicon Labs 节能型 EFM32 32 位微控制器优于现有的低功耗 MCU 替代品。

(1)极低的活动模式功耗。节能型 EFM32 微控制器设计显著地降低了活动模式功耗。在 32 MHz 3 V 条件下,MCU 运行实际代码时电流消耗仅为 150 μA/MHz。

(2)减少处理时间。Silicon Labs 围绕 32 位 ARM® Cortex®-M 处理器核心构建了 EFM32 微控制器系列产品。Cortex-M 架构的开发用于响应和功耗敏感型应用,比 8 位和 16 位 CPU 处理更高效。因此,执行任务只需更少的时钟周期,极大地缩短工作期。

(3)快速唤醒时间。EFM32 MCU 最大程度减小深度睡眠模式与活动模式之间低效的唤醒期。由于工作和睡眠模式不停转换,不能简单地忽略这段时间。EFM32 微控制器已将深度睡眠的唤醒时间降低至 2 μs,确保 CPU 开始处理其任务前,耗能尽可能低。

(4)超低的待机电流。EFM32 结合超低功耗技术和高效的功耗管理,在执行基本操作的同时,降低待机模式下的能耗。深度睡眠模式包括 RAM 和 CPU 保持、上电复位、掉电检测安全功能和实时计数器,电流消耗仅为 900nA。关闭模式仅消耗 20nA。

(5)外设自主操作。除了最低的工作和睡眠模式能耗,EFM32 外围设备在不使用 CPU 时,也可在低能耗模式下运行。使用自主外围设备,可以减少功耗,同时仍可执行非常高级的任务。

(6)周边反射系统。无需使用 CPU,微控制器中的周边反射系统 EFM32 即可直接将一个外围设备与另一个外围设备连接。在 CPU 处于睡眠状态时,外围设备可通过此系统产生信号,其他外围设备可接受此信号并立即对此作出反应。

(7)节能外围设备。EFM32 微控制器与外围设备封装在一起,旨在降低能耗,与其他低功耗 8 位、16 位和 32 位解决方案相比,电池寿命提高了 4 倍。外围设备包括:LCD 控制器,驱动 4×40 段,电流消耗仅为 $0.55\mu A$;低能耗 UART,通信频率为 32kHz,电流消耗仅为 100nA;12 位 ADC,速率为 100 万样本/秒,电流消耗仅为 $350\mu A$;模拟比较器,电流消耗低至 150 nA;硬件加速器,用于 128/256 位 AES 加密和解密,只需 54/7 个周期。

(8)低能耗传感器接口。LESENSE 提供一个可配置和节能的方法,可控制最多 16 个外部模拟传感器,无需 Cortex CPU 参与。该通用低能耗传感器工作于 900 nA 的深度睡眠模式,能够对几乎任何类型的模拟传感器控制方式(包括电容式、电感式和电阻式)进行自主监控。例如,可以将 LESENSE 设置为智能监控传感器值,仅当传感器值超过可编程阈值时才通过 PRS 采取行动唤醒 CPU——无需重复、耗能的 CPU 唤醒操作。

主要技术指标如下:主频达 48MHz;睡眠功耗为 50uA /MHz@3V;RAM 128KB;Flash 1024KB;串口数量 4 个;I2C 接口 2 个;SPI 接口 2 个;GPIO 达到 81 个;工作温度范围 $-40\sim85℃$;供电范围 $1.85\sim3.8V$;封装形式 LQFP100。

第六章　北部湾智慧海洋牧场基础能力建设

电源部分设计

北斗溯源终端由锂亚电池组供电,电池组为一次性电池,不可充电使用(图6-50)。设计采用多节电池组合,满足电池续航5年需求。

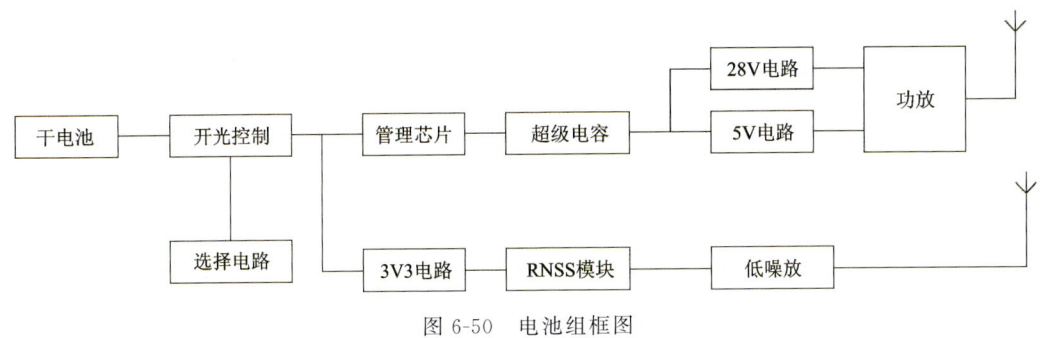

图6-50　电池组框图

因RDSS发射瞬间功耗极大,采用内电锂亚电池供电时,无法瞬间提供发射所需功率,所以需要选择使用超级电容进行储能。

锂离子电池和锂亚硫酰氯电池广泛应用于寿命长的设备中,但这些电池都是低输出,只适用于低输出的设备;碱性电池和小型锂离子电池具有比较高的输出,但在高输出的状态下使用寿命会缩短;所以本次设计需选用超级电容技术,当电池长时间工作时,超级电容具有辅助作用,保证高输出功能。各种电池输出比较见图6-51。

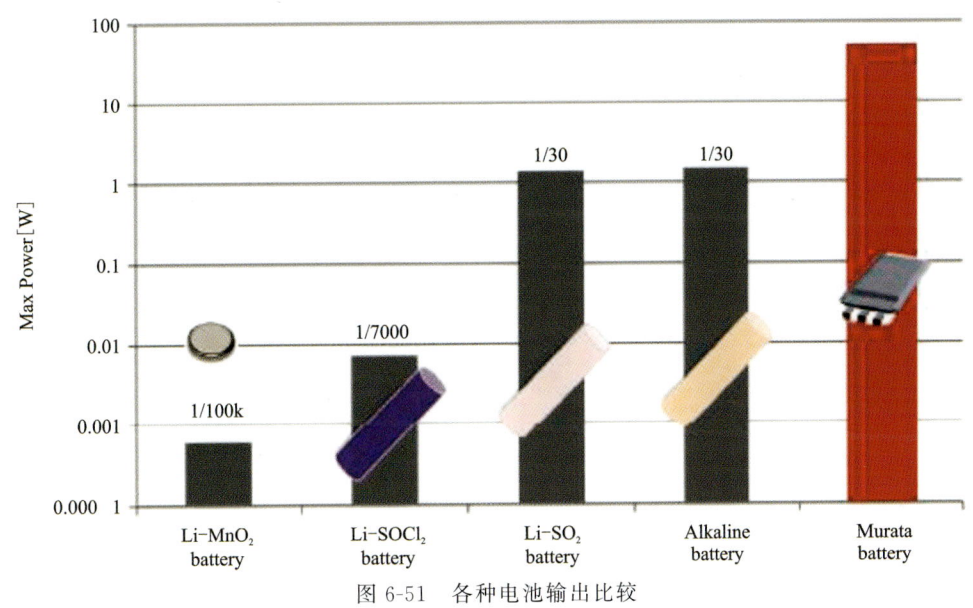

图6-51　各种电池输出比较

超级电容一般由正极电极、负极电极、电解液和防止短路的分离器构成(图6-52);电极由集电体上涂抹活性炭粉末构成。

超级电容采用2个0.47F并联的方式,根据其储能计算公式,当超级电容充满时,其储能为11.66J,RDSS功放发射打开时间按照70mS计算,发射后超级电容剩余能量为9.1J,此设计方式能够完全满足RDSS功放发射需求。

超级电容管理芯片采用凌特公司的LTC3225,LTC3225采用低噪声充电泵架构(图6-53),

用 2.8V 至 5.5V 的输入电源将两节串联的超级电容充电至固定输出电压；充电电路可利用电阻编程至 150mA；而且该器件具有自动容量平衡能力，无需平衡电阻就可以保持两节电容器上的电压相等；这可以使每个超级电容避免因电池容量失配或泄漏所引起的过压损坏，并最大限度地减少了电容器上的耗用电流。

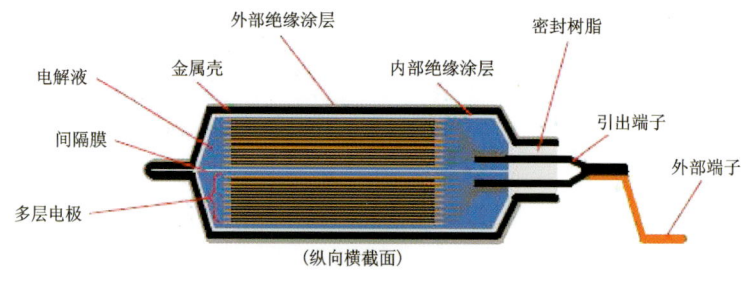

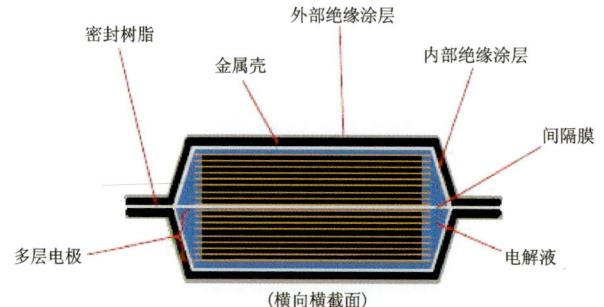

图 6-52　超级电容构造

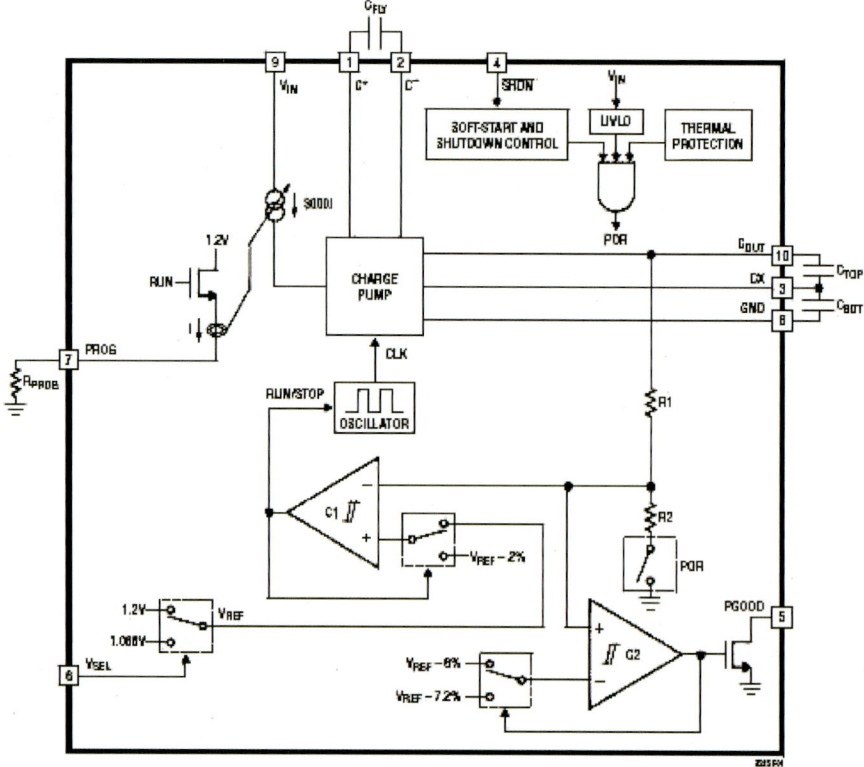

图 6-53　架构框图

2）射频单元

射频部分组成框图如图 6-54 所示。

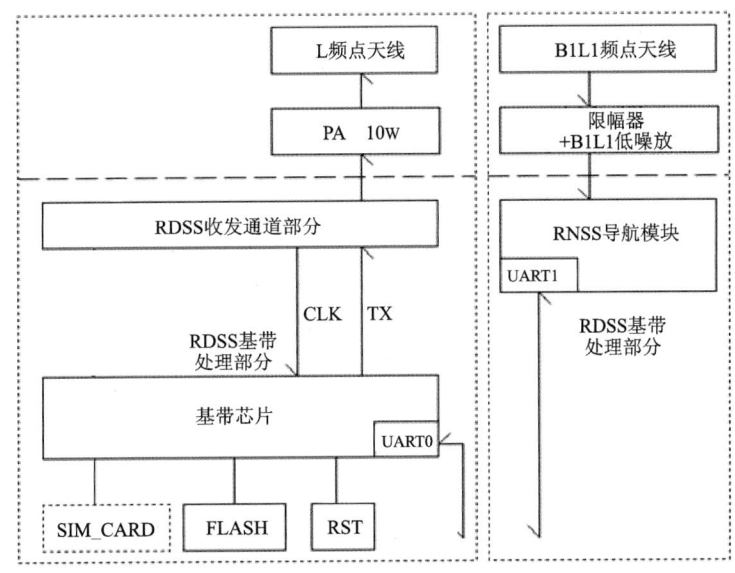

图 6-54 射频部分组成框图

射频部分电路分为 RDSS 部分和 RNSS 部分电路，RDSS、RNSS 部分电路均由天线端和基带处理（基带处理部分包含通道部分）部分组成。

各组成部分主要功能

RDSS 部分天线端主要功能：对收发通道芯片送来的已调入站信号，进行功率放大并通过天线发射出去。

RNSS 部分天线端主要功能：接收 BD B1、RNSS L1 波段信号后经低噪放滤波放大，送给 RNSS 导航模块。

RDSS 基带处理部分主要功能：完成信号调制；将基带芯片输出的 BPSK 信号进行上变频处理送给天线。

RNSS 导航模块主要功能：接收天线端送来的 BD B1 信号和 RNSS L1 信号，进行下变频处理后送基带进行捕获、跟踪、解扩、载波恢复、解调、译码，得到 RNSS 卫星的星历、历书及伪距，实现并输出 RNSS 的定位信息解算，输出位置、航速等结果。

射频部分技术要求

RDSS 部分：发射信号 EIRP 值 6～19dBW（方位角 0°～360°，仰角 30°～90°）。

RNSS 部分：接收灵敏度≤－130dBm；水平误差≤15m；高程误差≤15m；测速误差≤0.2m/s（95％）；冷启动≤60s；信号重捕时间≤5s（95％，卫星信号中断 30 秒）。

关键技术指标分配

天线的极化方式分别为右旋圆极化（B1L1）、左旋圆极化（L）；天线波束方位 0°～360°、仰角 30°～90°；端口阻抗 50Ω。

如表 6-54 所示，对 L 频点发射链路的功率和各部件增益给出设计值，以确保最终滤波器输出功率达到＋40dBm（最大）。

表 6-54　L 频点发射功率指标分配

序号	名称	主要设计参数及指标分配
1	L 频点上变频通道输出功率	$P_{\max}=-3\mathrm{dBm}$
2	L 频点功率放大器	$G_{\mathrm{p}}=45\mathrm{dB},\mathrm{P}\text{-}1=40\mathrm{dBm}$
3	L 频点末级滤波器	插损＝0.7dB

射频部分设计

根据空间大小,天线采用单独陶瓷片天线设计,各频点天线的设计仿真方向图如图 6-55、图 6-56 所示,指标满足要求。

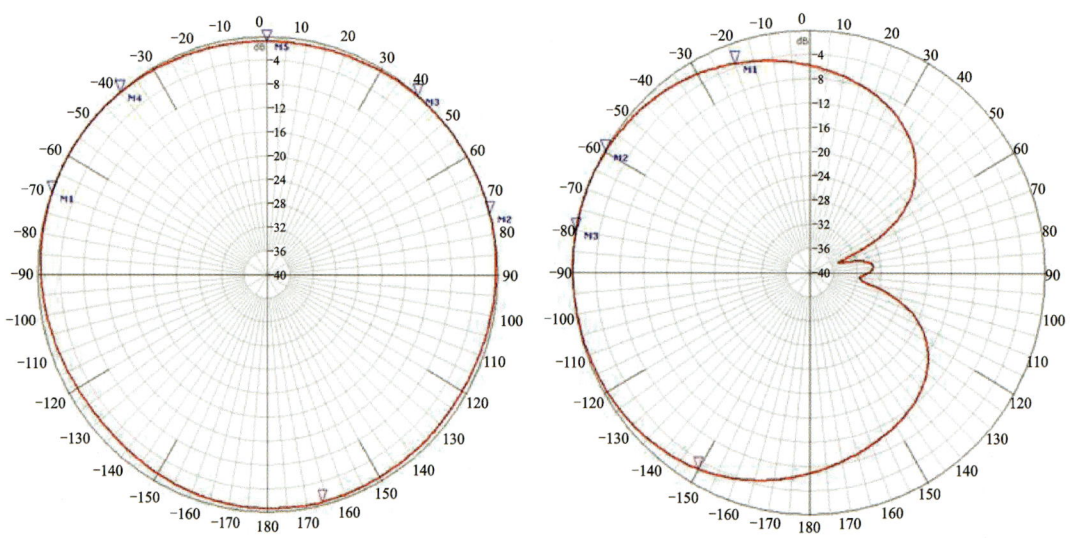

图 6-55　1616MHz 天线方向图

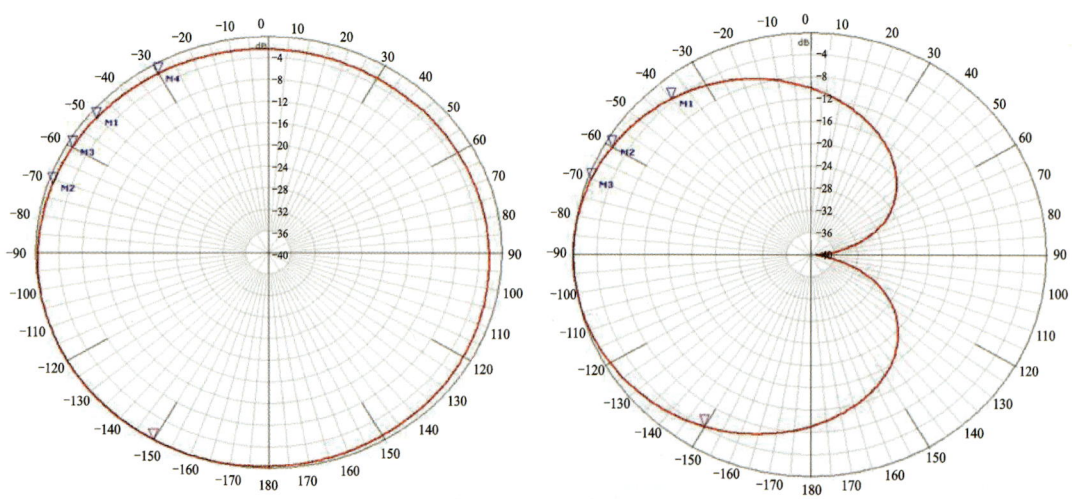

图 6-56　1561MHz 天线方向图

第六章 北部湾智慧海洋牧场基础能力建设

B1 低噪放设计的关键为第一级放大管,指标要求噪声系数≤1.8dB,前级滤波器损耗 0.8dB,所以对低噪放的要求较高,这里第一级放大管选择放大管噪声系数小于 0.7dB 的设备。链路仿真计算如图 6-57 所示,仿真计算结果,噪声系数为 1.72dB,增益为 33.2dB,满足设计要求。

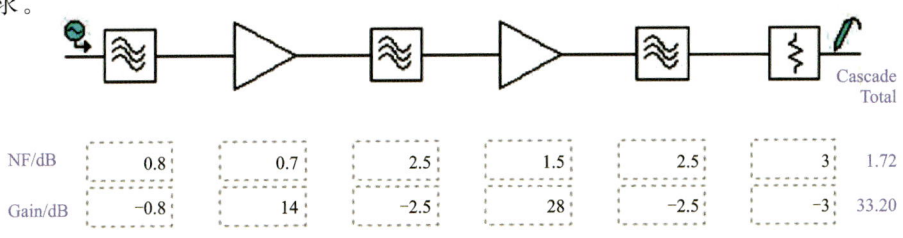

图 6-57 B1 低噪放仿真计算框图

功放设计关键位末级功放管的选型,本方案选用国外较为成熟的 10W 功放芯片,+28V 供电,典型输出 P-1 为 40dBm,功率附加效率大于 40%,满足设计要求。链路仿真计算如图 6-58 所示,仿真计算结果,功放增益为 45dB 符合设计要求。

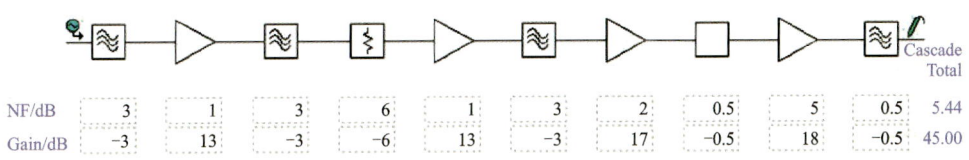

图 6-58 功放仿真计算框图

RDSS 射频收发通道主要由国内生产商生产的成熟 RDSS 收发芯片搭建而成(图 6-59)。它集成了完整的收发通道,包括低噪放、混频器、带通滤波器、2bit ADC、上变频器、频率综合器等电路,采用直接上、下变频结构,接收镜频抑制大于 30dB,无需外置声表滤波器。收发通道隔离好,在发射机工作时不影响接收机的灵敏度。在默认状态下,芯片上电即可工作,且发射输出功率已调到最佳状态,不再需要通过 SPI 接口控制芯片的工作状态。

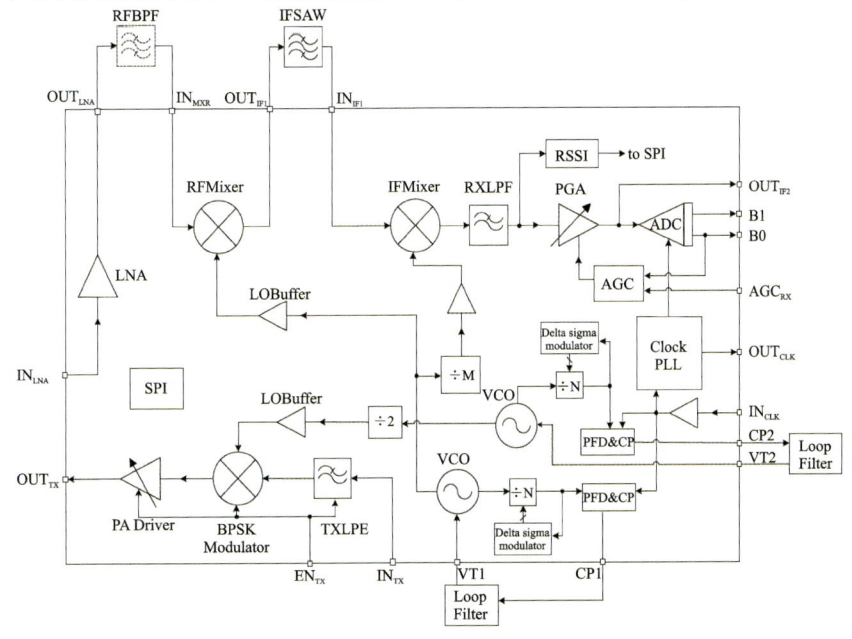

图 6-59 通道框图

目前我们选用其模拟输出口,工作模式采用 AGC 模式,AGC 灵敏度－90dBm,中频输出幅度 1V(Vp-p),输出幅值在 AD 线性采样范围内。接收通道噪声系数小于 5dB。L 波段直接 BPSK 调制发射通道和 SIGMA-DELTA 小数分频锁相环。发射通道最大输出功率＋5dBm,载波抑制 35dBc,调制相位误差小于 3°。支持 50M/48.96MHz 时钟信号输出。满足指标要求。

RDSS 基带芯片采用 ARM＋CPLD 的成熟基带芯片,其性能可靠,功耗低。RNSS 导航模块采用国内厂家生产的成熟产品,功能完善、性能可靠,满足设计要求,主要性能如图 6-60 所示。

通道	基于 64 通道 Humbird™ 芯片	定位精度 (RMS)	2.5m CEP (双系统水平)	
频率	北斗 B1		2.0m CEP (SBAS 水平)*	
	GPS L1	速度精度²(RMS)	GPS/GNSS: 0.1m/s 1sigma	
定位模式	单系统独立定位		北斗 : 0.2m/s 1sigma	
	多系统联合定位	1PPS	20ns@1σ	
首次定位时间 (TTFF)	冷启动 : 32s	灵敏度	北斗	GPS
	热启动 : 1s	跟踪	−160dBm	−160dBm
	重捕获 : <1s	捕获	−145dBm	−147dBm

图 6-60　RNSS 基带性能指标

3)电池选择

本次设计选用锂亚电池组。锂亚电池从结构上分为碳包式和卷绕式,正极材料是碳,负极材料是金属锂,电解液是亚硫酰氯,用玻璃纤维隔膜将正负极隔开。碳包式结构主要为低放电率场合设计,比如智能电能表等,卷绕式结构为了满足中到高放电率场合设计,主要用于军用电子设备。适用于智能电能表的碳包式锂亚结构简图如图 6-61 所示。

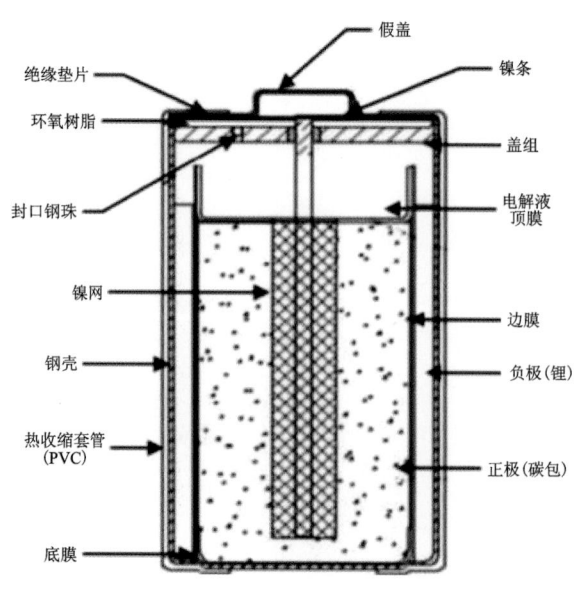

图 6-61　碳包式电池构成

第六章　北部湾智慧海洋牧场基础能力建设

主要技术指标设计如下：电池电压 3.6V；连续放电电流 1.8A；电池容量 13Ah；自放电率 1%；工作温度 $-45 \sim 80$℃；尺寸 $\leqslant 34.2mm \times 61.5mm$；重量 $\leqslant 115g$。碳包式电池电特性如图 6-62～图 6-64 所示。

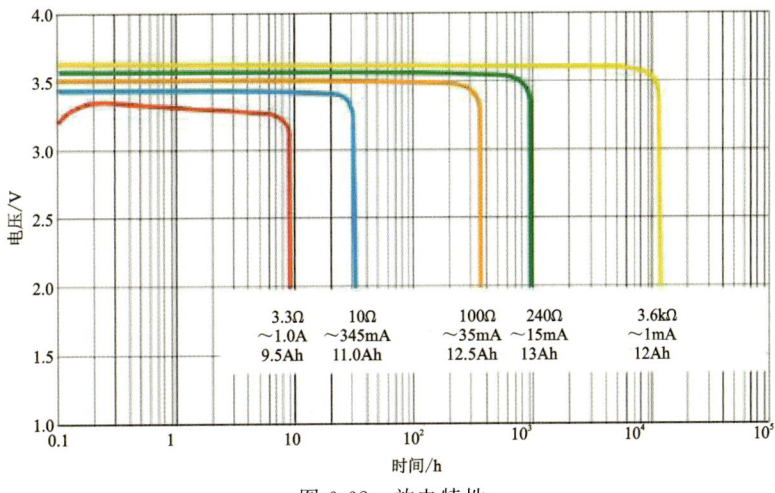

图 6-62　放电特性

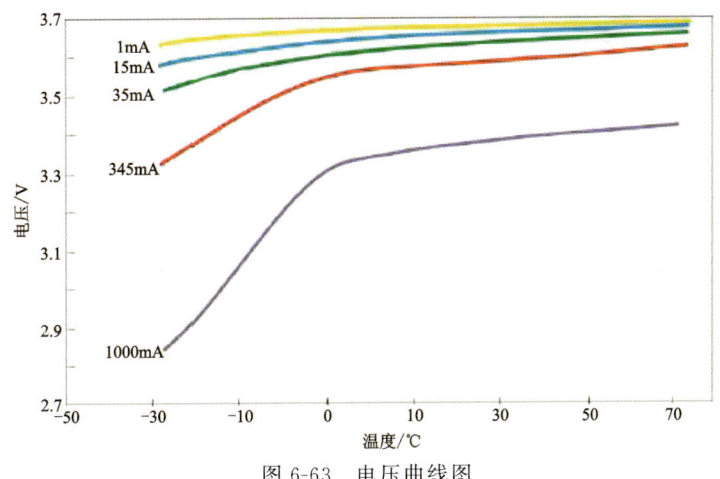

图 6-63　电压曲线图

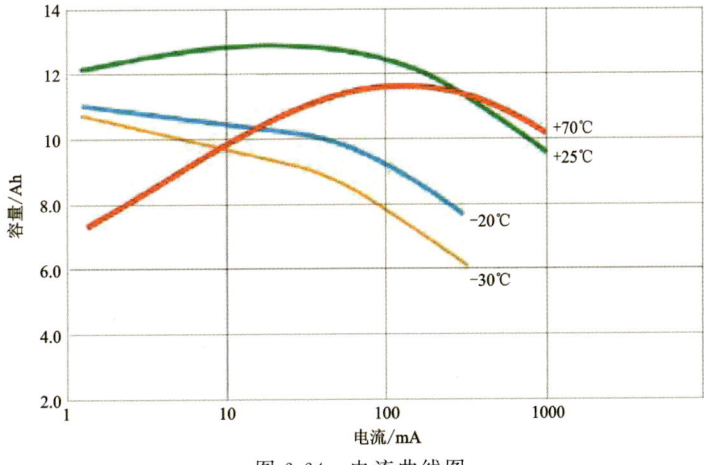

图 6-64　电流曲线图

4）整机功耗分配

北斗溯源终端采用内置电池组供电方式,必须严格控制各个模块的功耗,提高效率。降低整机功耗的措施是全面采用低电压供电的低功耗元器件,尽量采用集成度高的器件。此外,信号处理全部数字化,整个接收北斗溯源终端由少量的几块超大规模集成电路组成。通过上述措施,整机功耗可大幅度降低。

设备工作于内电时,设备需依托内置电池实现自主供电工作模式,要求持续工作时间大于5年。根据组成整机各模块的具体设计,经过分析,各个功能模块功耗分配如表6-55所示。

表6-55 内电功耗预估

序号	模块名称	功率	平均功率	工作时长	备注
1	设备静态功耗	1.1MW	1.1MW		设备工作于低功耗模式
2	RNSS模块功耗	0.18W	1.2MW	4s	
3	RDSS模块功耗	36W	4.3MW	70ms	10分钟发射一次

持续工作时间(电池容量/设备平均功耗)为6.57年;考虑到锂亚电池的特性及电源效率,整个系统按照85%的效率计算,设备的持续工作时间(6.57年×85%)为5.58年,满足技术要求规定的持续工作时间。

5）结构单元

结构单元的形态设计要求终端为一体式的结构,除了必要的固定装夹零部件外,无裸线、无插接口;终端工业设计、材料、质量、尺寸合理,不影响正常作业。

另外,设备表面不应有明显凹痕、划伤、裂缝、变形、灌注物溢出等缺陷;金属零件不应有腐蚀和其他机械损伤。

外壳材料

定位通信终端外壳为塑胶注塑而成,塑胶材料选用ASA+PC。

ASA是由苯乙烯、丙烯腈和亚克力橡胶聚合而成,不仅维持了ABS主要特性,并结合亚克力耐候之优点,可以有效防止制品因光、氧、热、紫外线等环境因素造成的老化、变黄、机械强度丧失等影响。

PC是一种无臭、无毒、高度透明的无色或微黄色热塑性工程塑料,耐油、耐酸,具有优良的物理机械性能,尤其是耐冲击性优异,拉伸强度、弯曲强度、压缩强度高;蠕变性小,尺寸稳定;良好的耐热性和耐低温性,在较宽的温度范围内具有稳定的力学性能,尺寸稳定性,电性能和阻燃性,可在 $-60 \sim 120$℃ 环境下长期使用。

整体材料具有高强度、坚韧性、耐冲击、阻燃性、热稳定性、化学稳定性、耐候性、长久使用性、色彩稳定性等特点,并且价格适中,成型方便。制品温度范围为$-40 \sim 90$℃,足以满足环境要求。

整机结构

浮离式终端包含主控单元、天线单元、射频单元、内置电池组、主机外壳、浮离机构、支撑杆等,其结构如图6-65所示。

(1)天线单元和射频单元组成射频模块,通过铜柱固定在主控板上,整体结构简单,组装方便。

(2)天线单元通过同轴射频线缆和MCX连接器与主控板相连,既避免了信号传输时的电磁干扰,同时也简化了结构组装工艺。

(3)主控板采用4枚ST3.5的自攻螺丝固定在PCB支架上,PCB支架采用9枚ST3.5的自攻螺丝固定在主机底壳上,保证内部组件固定的牢靠性,避免因冲击、振动等外力造成内部组件连接的松动、脱落。

(4)电池组放置于主机底壳内部,主机底壳内部设有电池定位槽,同时PCB支架底面设有电池固定的卡位。安装时,先将电池放置于底壳对应的定位槽内,再固定PCB支架,这样通过底壳及PCB支架将电池安装于底壳内部,保证电池固定牢固不晃动。

(5)浮离机构用于连接终端主机和支撑杆,同时保证终端沉入水下之后主机部分与固定的支撑杆自动脱离。

(6)支撑杆用于终端整体固定。

(7)主机外壳尺寸设计可满足脱离后漂浮于水面上工作的要求。

浮离式终端安装效果见图6-66,终端支撑杆通过卡箍与安装支架固定,支撑杆设计有卡箍槽位,保证终端固定牢靠性。

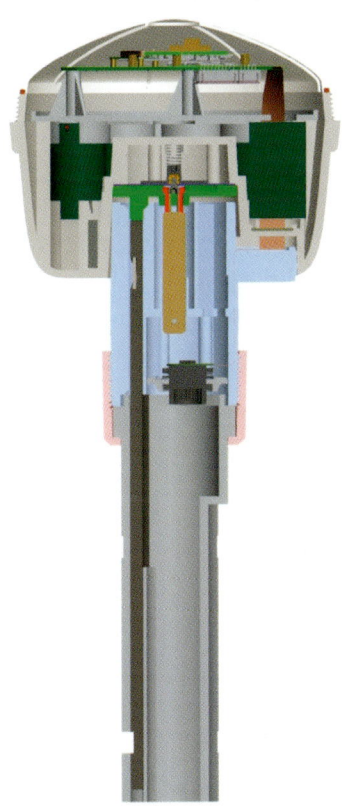

图6-65　浮离式终端整机结构图

图6-66　浮离式终端安装效果图

主机外壳密封结构

主机外壳组装时,将硅橡胶密封垫嵌入上壳对应的密封槽内,螺纹拧紧后腔体上的小凸台正好嵌入到密封圈中压紧密封圈,在下接触面处灌装 933 密封胶,可以有效保证整机的防尘防水等级,满足 IP67 防水等级要求(图 6-67)。

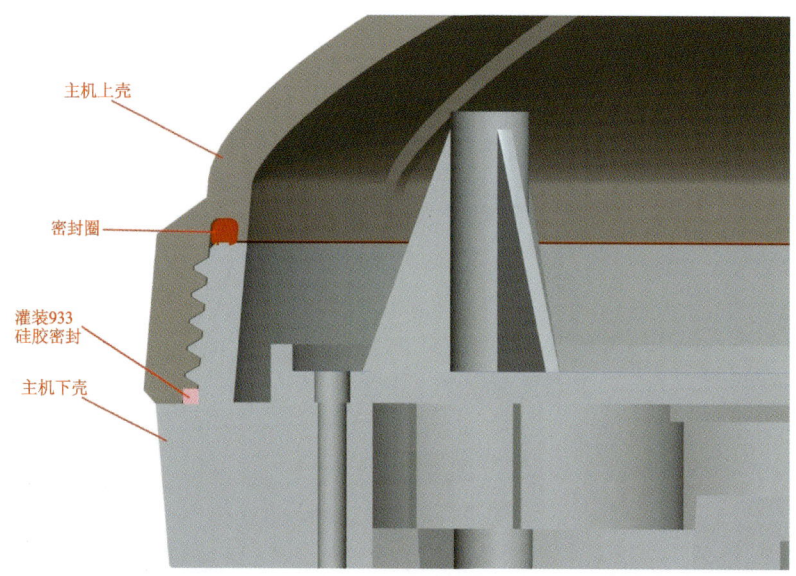

图 6-67　主机外壳密封效果图

电缆接口密封结构

终端主机数据传输通过柔性电路板(Flexible Printed Circuit,FPC)转接到外部航空连接器上。组装时 FPC 穿过主机底壳预留的孔位,装上 FPC 压块压紧,压块由底壳上的卡勾固定在对应的定位槽内。压块上方对应区域留有硅胶灌封槽,FPC 安装完成后,在槽内灌封硅胶进行密封处理。此方案结构简单实用,安装方便,避免了其他方案中出现的接触不良、触针老化等现象(图 6-68)。

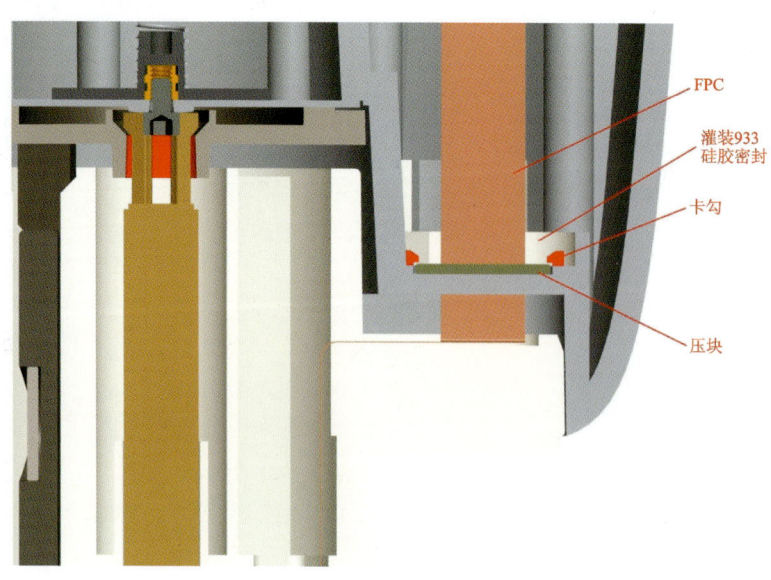

图 6-68　电缆接口密封结构图

浮离机构结构

浮离机构固定在主机底部预留的凹槽内，由脱离法兰盘和脱离柱连接（图6-69）。脱离法兰盘与主机底壳固定，脱离柱与浮离杆固定，脱离法兰盘与脱离柱弹性卡接。当终端沉水以后，在一定的压力下脱离柱脱出法兰盘，终端主机部分浮出水面。

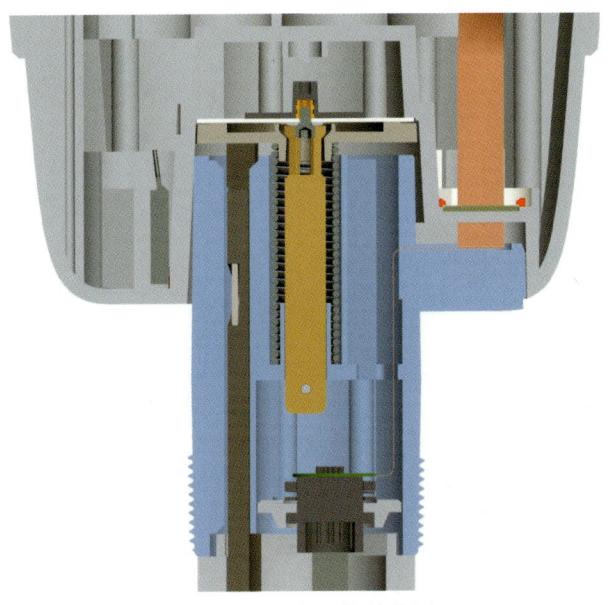

图6-69　浮离机构结构图

支撑杆连接结构

支撑杆通过连接螺母和浮离机构连接固定（图6-70）。

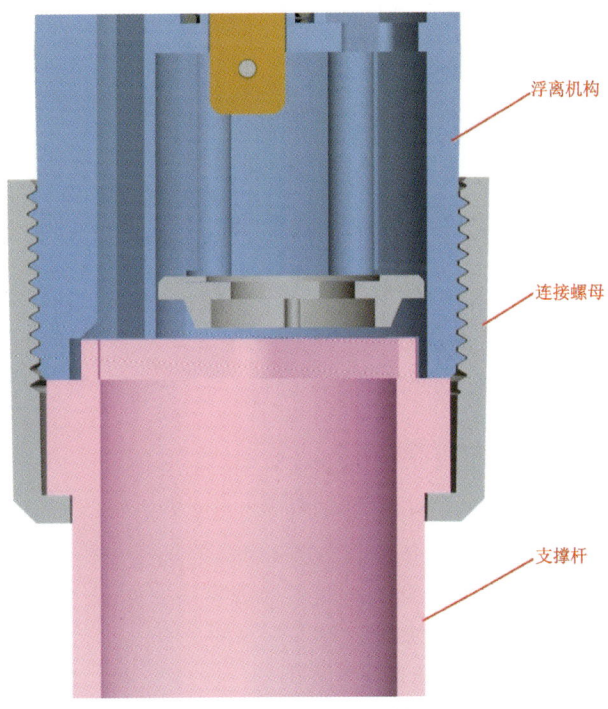

图6-70　支撑杆连接结构图

连接器

连接器采用 TY31-12ZJ 型国军标航空插座(图 6-71),主体为聚甲醛(POM)材料,强度高、耐腐蚀、防盐雾;接触件为铜合金镀金,确保电气连接性能;硅橡胶密封,防尘防水等级达到 IP67 级以上。航空插座采用紧顶螺丝堵转,防转效果良好。

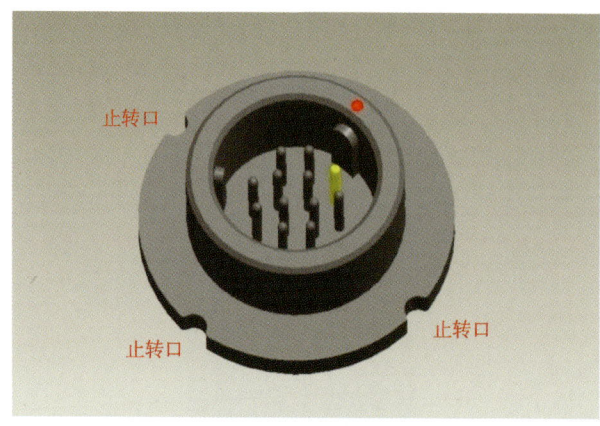

图 6-71 航空插座结构图

射频连接器

射频单元与控制处理单元之间的射频连接器采用 MCX 插头、插座,通用性高、结构紧凑,插接方便可靠(图 6-72)。

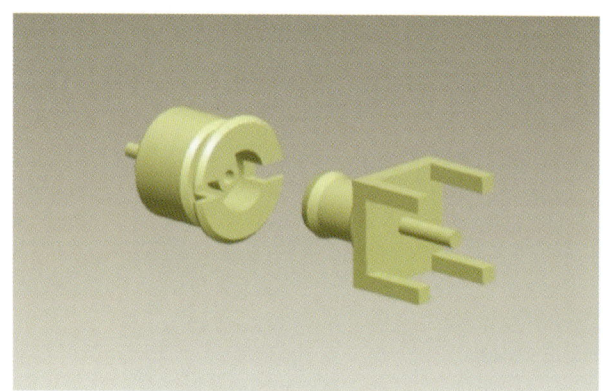

图 6-72 射频连接器图

结构尺寸

浮离式终端外形尺寸:ϕ200mm×505mm,公差±0.5mm(图 6-73)。

7. 北斗溯源终端的信号处理流程

RNSS L1/B1 天线接收到的 BDS B1 和 RNSS L1 信号传送给 RNSS 导航模块,解析出位置信息,通过串口传递给信息处理模块进行处理;信息处理模块将采集到的信息按协议打包编码发给基带处理模块,再通过北斗 RDSS 射频处理模块变频到 L 频点,经过北斗 RDSS 功放模块至发射天线发送给北斗卫星,完成位置等信息的上报。

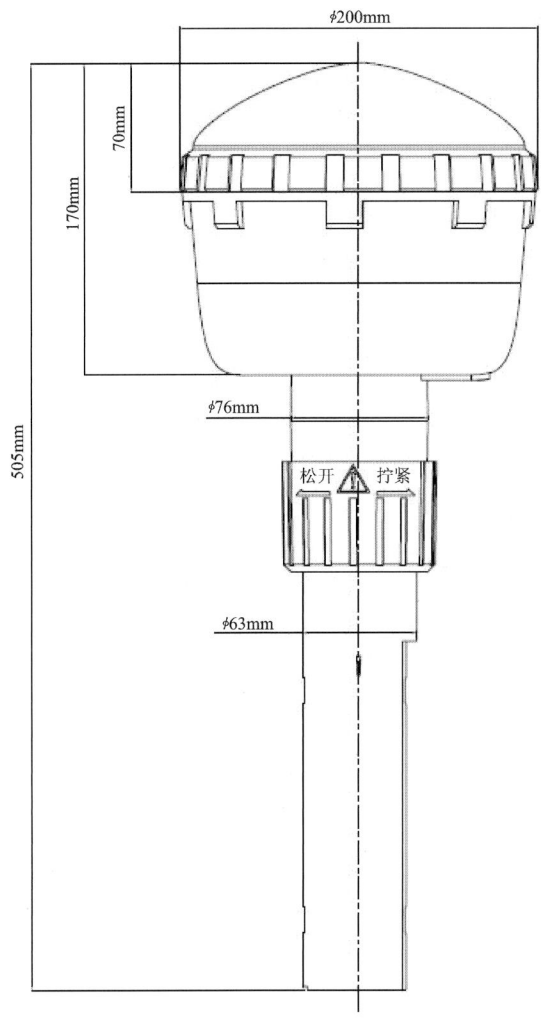

图 6-73 整机尺寸图

8. 软件设计

海洋渔船固定式北斗溯源终端软件为嵌入式软件,实现自动位置上报、拆卸检测、沉船检测自动进入 SOS 模式等功能。主要功能模块有:设备启动管理;RDSS 短报文发送处理流程;RNSS 数据接收流程;RNSS 数据分析处理流程;外部信号检测流程;电池维护流程。

1)设备启动工作流程

海洋渔船固定式北斗溯源终端的启动工作流程如图 6-74 所示,设备在出厂时为未启动状态,此时设备休眠,为了防止电池长时间不用钝化则周期性自动唤醒进行一次电池维护再进入休眠。当设备开机时则电池被唤醒并进入正常工作程序。

2)RDSS 短报文发送处理流程

海洋渔船固定式北斗溯源终端为内电工作方式,工作定时进行位置报告;检测到拆卸、沉船信息进行拆卸报告、沉船报警,拆卸报告、沉船报警发送时定位终端才会从休眠状态唤醒进行 RDSS 短报文发送程序的处理。RDSS 短报文发送处理流程如图 6-75 所示。

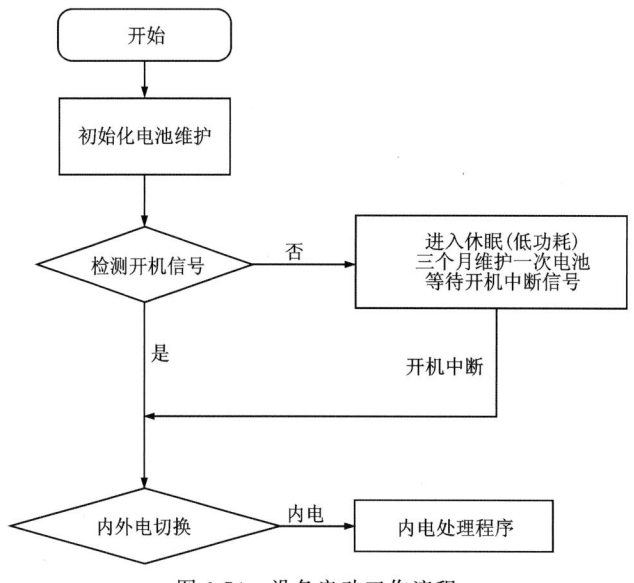

图 6-74 设备启动工作流程

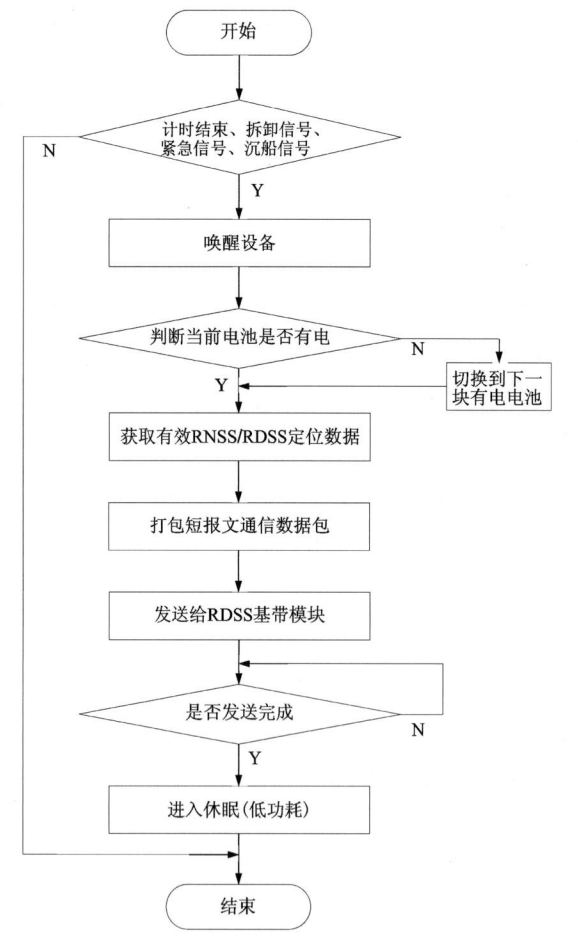

图 6-75 RDSS 短报文发送（内电）处理流程

第六章　北部湾智慧海洋牧场基础能力建设

3）RNSS 数据接收流程

本流程主要处理 RNSS 模块定位数据的接收和组包，当接收到完整 RNSS 定位信息后把完整帧数据存入到 RNSS 定位数据缓存区。RNSS 数据接收流程如图 6-76 所示。

4）RNSS 数据分析处理流程

海洋渔船固定式北斗溯源终端的 RNSS 数据分析处理流程如图 6-77 所示。该分析处理流程是从定位通信终端从信号处理模块获得 RNSS 数据开始，到开始各项数据处理结束的全过程，主要用于说明在定位通信终端收到 RNSS 定位数据后，分析该数据及处理的过程。处理过程中的执行功能包括获得时间、位置、速度等数据信息。

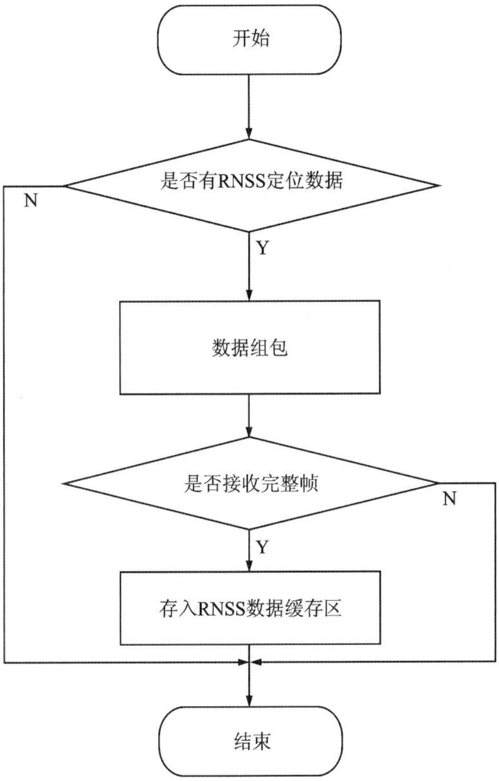

图 6-76　RNSS 数据接收流程 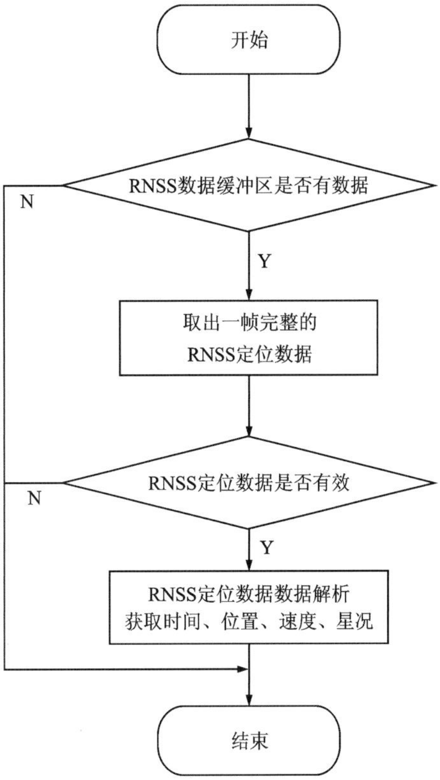　　　　图 6-77　RNSS 数据分析处理流程

5）外部信号检测流程

外部信号检测主要包含拆卸信号、沉船信号。当有外部信号来临时则根据信号类型进行相应的处理。外部信号检测流程如图 6-78 所示。

6）电池维护流程

海洋渔船固定式北斗溯源终端的内置电池在长时间不用的情况下会发生钝化，电池的使用寿命会减小；所以根据电池的钝化过程和放电曲线每 3 个月对电池进行一次放电维护。在维护过程中可以同时检测电量，并标记不可用的电池。电池维护流程如图 6-79 所示。

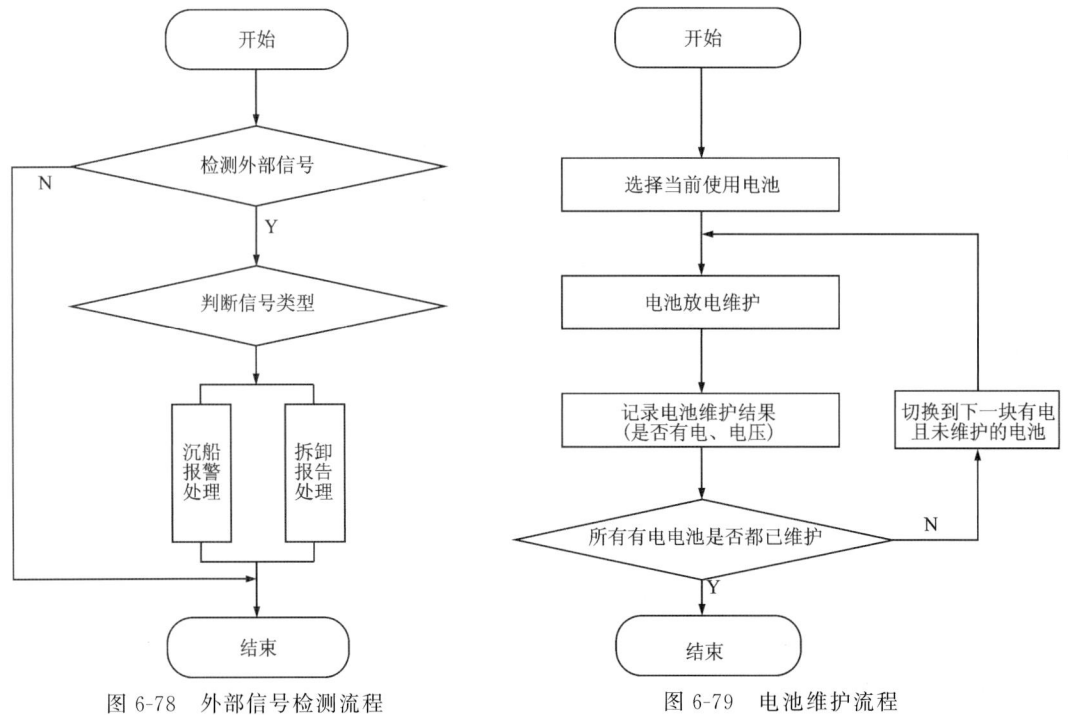

图 6-78　外部信号检测流程　　　　图 6-79　电池维护流程

9. 关键技术设计

1）浮离报警功能设计

为满足北斗溯源终端沉入水中时，能自动与安装支架脱离，漂浮在水面上的要求，在北斗溯源终端的外壳结构设计时增加了脱离机构。平时北斗溯源终端主机部分与底座部分密封连接，通过压力释放器固定杆受力结构实现北斗溯源终端主机部分与底座的结合。通过固定支架与渔业船舶的桅杆进行安装，当北斗溯源终端沉入水中 1.5～4m 时，释放器达到水压启动门限，内部弹簧受力收缩，释放器上的固定杆脱落，接杆失去固定，受接杆中的脱离弹簧作用，自动与北斗溯源终端主机脱离，达到主机自由漂浮在水面上的目的。因接杆内置的小磁块与北斗溯源终端主机分离，导致主机内的传感器状态发生改变，由主机内的处理器检测到该信号，控制软件进入沉船报警工作模式。

2）拆卸报警功能设计

为实现北斗溯源终端受人为拆卸时，能自动向控制中心发送拆卸报警的功能，通过北斗溯源终端主机与金属拆卸报警杆配合，利用内置传感器对金属拆卸报警杆检测，控制主机内处理器的拆卸报警 I/O 口改变状态，当北斗溯源终端主机与金属拆卸报警杆连接在一起时，拆卸报警 I/O 口被拉低，处于正常工作状态，当金属拆卸报警杆被人为与主机拆开时，拆卸报警 I/O 口被拉高，处理器检测到状态由正常的低电平变为高电平时，控制软件启动拆卸报警，向控制中心发送报警信息。

3）锂亚电池维护

锂亚电池在存放过程中，负极金属锂与含有 $LiAlCl_4$ 电解质的电解液接触即会发生反应，在其表面生成致密的 LiCl 保护膜，随着环境温度的升高和电池贮存时间的延长，保护膜的形成严重影响了锂离子在电池内部的迁移速率,即形成所谓的钝化现象(图 6-80)。

当电池放电的电流极其微小时,锂离子在钝化膜中的迁移速率基本能够满足要求,但是当电流较大时,锂离子在钝化膜中的迁移速率就已经无法满足要求了,钝化膜两端产生很大的电压降,电池就表现出负载电压低下的问题,即电池出现了滞后现象。

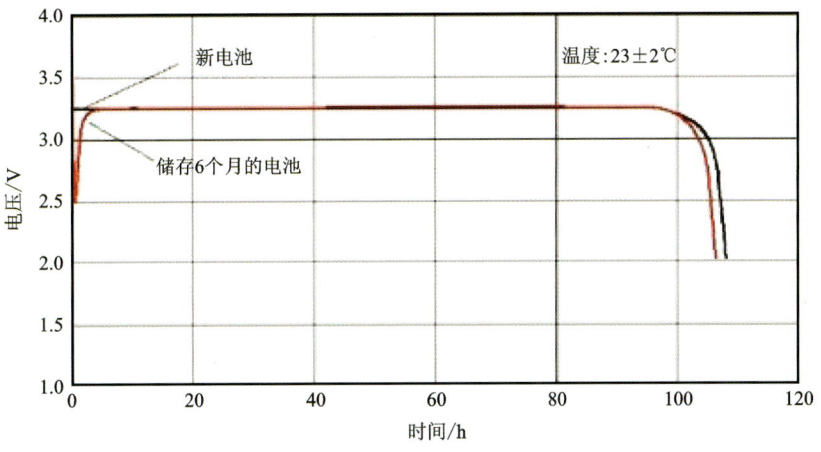

图 6-80　电池钝化现象

随着电流的持续,钝化膜逐渐被击穿,两端的压降逐渐减小,电池的负载电压就慢慢恢复正常,消耗钝化膜的过程我们称之为消除滞后或者激活。钝化消除方法有以下两种:

(1)电容储能法。这是将电池与超级电容并联使用的一种方法,超级电容是一种可反复多次使用的微小储能装置,其能够储能的容量较小,但是放电功率却很大。这种做法的原理是在静置阶段电池对超级电容缓慢充电,待需要大电流脉冲时直接由超级电容供电。因为滞后基本不影响电池的微小电流放电,所以即使电池出现滞后了也不妨碍其对超级电容的充电,而超级电容不存在滞后的问题,且放电功率较大,由它完成大电流的脉冲工作也不存在问题。

(2)定时激活法。所谓定时激活法是指在电池静置期间定时将电池进行一次较大电池的脉冲放电,将刚刚生成的钝化膜击穿,以达到减轻滞后的目的。在设备工作模式中增加放电激活的程序,让设备自动对电池进行定期激活。电容储能法需要额外增加一个超级电容,增加了成本,本次设计采用定时激活法,设备中增加放电电路,无需额外增加成本,定时放电以达到维护电池性能的目的。

10. 六性设计

1)可靠性设计

为保证定位通信浮离式终端的研制设计质量,改善和提高可靠性,在浮离式终端进行研制和设计的整个过程中,必须进行产品的可靠性和维修性设计。要保证达到的可靠性、平均故障维修时间指标是:可靠性(MTBF)值≥5500h;平均故障维修时间(MTTR)值≤30min。

可靠性工作是为了满足产品可靠性指标要求而进行的有关设计、试验、分析等一系列的技术活动。可靠性工作的重点是预防、发现和纠正设计、工艺及元材料选用等方面的缺陷。可靠性工作包括制定可靠性工作计划、完成可靠性设计、分析与计算,制定可靠性试验计划等。

可靠性设计、分析与计算等工作,包括以下内容:

(1)建立可靠性模型,进行可靠性分配,进行可靠性预计。
(2)进行故障模式、影响及危害度分析。
(3)潜在电路分析,电子元器件和电路的完善分析。
(4)制定元器件大纲,确定可靠性关键件和重要件。
(5)确定功能测试、包装、贮存、装运、运输及维修性对可靠性的影响。

元器件的可靠性

在研制过程中,元器件和零部组件应优先选用高性能的系列化产品。选用的元器件供应厂商应具备质量保证能力,并且须对原材料和电子元器件供应商进行供货资格的认定。进口元器件全部选用工业级以上的产品,所采用的工业级器件经严格的老化筛选后应达到使用环境条件的要求。

为确保产品的质量,对原材料和元器件的选用应符合有关优先和压缩标准,并尽可能选用在老产品上已使用过,并证明性能优良稳定可靠的元器件;对元器件采购选用具备质量保证能力的供应厂商;进口元器件全部选用工业级以上的产品,并降额使用;其接插件全部采用针、孔式插头座,确保设备连接的质量和可靠性。对应用的原材料和电子元器件是否符合有关优先和压缩标准及电子元器件的降额因子的选用情况进行审定,对原材料和电子元器件供应厂商进行供货资格认定。

软件设计的可靠性

在软件设计时应以严格的软件文档编制和详细的软件测试计划作为软件设计可靠性的主要工作,并应符合国际上的流行做法,提出综合测试策略,可有效地发现软件缺陷,并为纠正软件缺陷提供指导,是提高软件可靠性的有效措施。

软件可靠性与硬件可靠性相比,就"故障"本质而言是不同的。硬件"故障"最终取决于物质的属性,而软件"故障"就广义而言是人为的。有的故障是编制中由于"疏忽"造成的,能避免的错误而未避免;而有些"故障"是难以预见的。但经过一段足够长时间的运行,可以全部消除这些故障。

对软件研制生产的整个生命周期的各个阶段,实施软件质量管理和软件研制过程质量控制,通过组织对软件需求分析的评审、软件设计和编码阶段的评审及软件测试阶段的评审,检验用户各项需求的实现程度和品质及设计工作贯彻的程度、各阶段产生回溯的落实情况等,最终保证软件的可靠性、安全性和可维护性,从而保证软件的质量。

2)维修性设计

按照技术要求的有关规定,制定维修性保障大纲,按要求进行维修性试验检验。根据系统战术技术指标要求和设备组成,按照技术要求等维修性设计规范进行系统的维修性设计以及设备维修性指标分配和预计,提出维修性设计原则和提高维修性的措施,以确保实现研制设备的高可维修性要求。通过分析、设计、试验与纠正措施,实现维修性增长。完成软件系统的安装配置文档、例行维护文档和应急恢复文档,并对这些文档进行详尽测试以确认文档中提出的相关操作切实可行且用户可独立执行这些操作。

维修性分析

维修指标 MTTR≤30min,即排除故障所需实际修复时间的平均值≤30min。终端在提高维修性的设计措施,方案设计时,优化选用标准的设备工具、元器件和零部件;最大限度地采用通用件,并尽量减少其品种;设备的零部件及其附件、工具选用满足可靠性要求的民用品。北斗溯源终端使故障率较高,相对容易损坏的关键性零部件具有良好的互换性和必要的通用性,适应抢修的需要。

自检能力分析

设备在初始工作时显示硬件设备自检信息,能及时反映硬件设备的运行状态;在自检通过后,可分别针对各个硬件进行测试,若测试无法通过,终端则无法正常开机,并提示问题根源。经过验证认为能够及时、准确地确定其状态(可工作、不可工作或性能下降)。

可达性分析

全部功能模块都直接固定在机壳上,呈平面分布状态,维修时能看见内部的操作。需要拆装时,其周围有足够的空间,不影响其他不需要维修的部分,具有良好的可达性。

互换性分析

北斗溯源终端的所有模块、零部件都可以互换使用。这种通用的设计可以保证数据的连续性和完整性,同时保证系统能够稳定、连续地运行。

防差错分析

防差错措施可尽量避免产品维修时容易使人疲劳的姿势。

维修性试验

在研发测试阶段进行了多种故障的假设模拟和维修试验,平均维修时间为0.36h,满足以下要求(表6-56)。

表6-56 维修性试验情况统计表

单元	天线单元	射频单元	电源模块	主控单元	电池
平均维修时间/h	0.3	0.35	0.15	0.25	0.1

维修性保障措施

维修性保障措施如下:

(1)设立专门的人员,组成模块维修性保证小组,负责维修性工作。

(2)为提高可维修性,整个模块的组成高度功能模块化,以保证快速方便的维修;配备必要的维修工具和备件以便于维修。

(3)设备内部布局、走线设计,充分考虑到设备维修的可操作性和方便性。

(4)所有零部件都应可以互换使用。

(5)维修时应能看见内部的操作,需要拆装时,其周围应有足够的空间,不影响其他不需要维修的部分,具有良好的可达性。

(6)对模块设计方案,从维修性的角度进行论证,在研制的各阶段进行维修性检查试验,对不符合维修性的部分,在不影响可靠性的前提下及时纠正。

(7)提供维修、维护手册,对可能发生的故障现象及原因作详细说明,以降低维修的级别、技能和时间。

3)测试性设计

测试性工作是设备研制工作的重要内容之一。设备应编制相应的分系统和设备研制测试性工作计划。允许对规定的内容作必要的补充或修改,但剪裁的原则是有利于提高工程研制的可测试性,不应随意降低要求。在开展工程设计和研制工作时应充分考虑产品的可测试性,并以此作为开展维测试性设计以及工程研制、试验和验收的依据之一。

测试性工作目标是确保设备达到规定的测试性要求,以提高设备的战备完好性和任务成功性、减少对维修人力和其他资源的要求,降低寿命周期费用,并为管理提供必要的信息。射频前端模块在硬件设计、软件设计中,充分考虑了其在工作和维修过程中的测试性需求,包括对内部状态的读取、控制,即所谓的可观测性和可控制性。测试性设计主要有以下几个方面:维修部位要求具有良好的易测试性,便于拆装和维修,提高标准化程度、互换性程度、通用化程度。

(1)硬件测试性设计。单板留有必要的测试端口,测试射频前端模块组成的各主要电路的工作状态、采用软件界面显示、日志文件保存等方式为用户提供可观测性。

(2)软件测试性设计。软件设计方面采用面向对象和模块化设计,各模块之间接口清晰,可独立测试。各主要软件,模块采用自主方式周期地报告北斗溯源终端工作状态;运行中发现的异常参数、异常数据等。设备试验试用中发现问题可以通过运行日志查询,经过分析统计,可实时直观、准确地查看本北斗溯源终端的工作状态和工作准确性。

4)安全性设计

设备在安全性方面进行了设计,主要对硬件安全、软件安全、保密安全进行了考虑。

(1)对于硬件安全,系统的主要内部集成芯片选用国内的成熟厂家,对权限管理,使用等级等进行了严格的保护。

(2)对于软件安全,位置信息采用分级权限管理,保障系统安全性。

(3)相关部位须进行倒圆、倒角或打钝锐边处理,避免出现锐角、凸出部和锐边。

(4)按有关要求进行电磁兼容性设计,以免由于电磁干扰而引起仪器或设备的失效。

(5)对于雷击和强电磁辐射环境,设备应按相关要求进行设计,以保证设备和人身安全。

(6)在电路设计中进行潜通路分析和试验,以防止在特定状态下出现的潜通路使线路过载或引起非正常供电。

(7)外壳模能承受拟人体放电而不损坏。

(8)必要时对产品安全性分析,并给出安全分析报告。

5)保障性设计

按照技术要求规定,参照产品技术要求,开展设备保障性设计、分析和检查。

北斗溯源终端设备所使用的元器件、原材料均按照公司的体系要求进行管理,严格按过程控制和管理;元器件的生产厂均为我公司合格供方名录内的供应商,相关厂家的质量认定手续齐全,其审批符合质量体系规定要求。

对外协厂家,公司提出了明确的产品技术条件,编制了外协产品的验收规程。检验部门严格按照编制的外协件入司复验文件,对外协进行入司复验工作。对外协件复验及交付后的试验、测试中出现的问题,公司及时与厂家沟通解决,协助厂家制定纠正措施并监督落实。

设备所属零部组件、成品符合系列化、模块化、通用化的设计要求,产品按功能划分模块,安装维护符合通用化要求。设备接口均严格按照技术要求及相关国军标、国标的要求进行设计,达到了互换性要求。零件选择通用的结构、尺寸及通用的材料、品种、规格,元器件优先选用目录内的元器件,优选、压缩标准件、通用件、标准模块的品种和规格。

产品包装箱具有良好的防护措施,保证产品在运输环境中的防震要求,以及储存的防潮防腐需求。包装好的设备均能以公路,铁路和航空等方式运输;产品在运输中处于良好的减震状态。存放产品的库房需防雨防尘,环境温度为 0~40℃,湿度不大于 80%,无凝结,室内无酸碱及腐蚀气体,并无强烈机械振动,冲击和强磁场作用;贮存场地通风良好,不含酸性、碱性等有害气体。分系统设计中已经考虑对环境适应性的相关处理,可以保障设备适应正常的储存和运输环境。

6) 环境适应性设计

在产品结构设计时,对局部尺寸要有冗余量的设计,减弱因外部温度变化而导致的某些局部尺寸产生过盈配合或配合不严的现象。特别的,对有特殊要求的尺寸,更要有冗余量的设计,对结构进行力学分析以更好地适应振动环境。在设计电路时,采用密封的保护措施,防止由于外界温度和湿度的变化引起的水凝现象对电路产生影响。具体处理措施包括以下几个方面。

高低温

(1) 在元器件选型时,要选择能够在温度、湿度大范围变化的条件下正常工作的元器件,从元器件层次保证设备能够在指标规定的温度、湿度范围下工作。

(2) 选择低功耗器件,减少发热。

(3) 发热期间靠近板边,有利于散热。

(4) 对于电源芯片,尽量选择效率高的器件,减少发热;必要时加装散热片。

(5) 借鉴公司类似产品的已有经验。

高低温设计符合 SC/T 7002.2 和 SC/T 7002.3 的有关规定。

振动

(1) 设备形状为圆形,圆弧圆顺过渡处理,底部为固定杆,设计时将零件壳体内壁加厚,在棱角和转角处作加厚、多加强筋处理,使之强度更牢固结实。振动时能获得更多面的固定支撑,到达防振动效果。

(2) 上下壳体连接处用硅胶密封圈密封,电路板 4 枚 ST3.5 的自攻螺丝均布紧固定,满足电路板固定要求。上下壳体连接处以及航空连接器尾端内腔用 933 硅橡胶密封保护,起到防振动及缓冲的作用。

(3) 选择重量轻、封装小的器件。

(4) 尽量选择贴片器件。

(5) 对于重量大、高度偏高的器件,采用 933 胶进行加固处理。

(6) 采用带耐落或者弹簧垫片的固定螺丝。

(7) 借鉴公司类似产品的已有经验。

振动设计应符合 SC/T 7002.8 的有关规定。

碰撞

(1) 选用符合标准的壳体材质。

(2) 结构件连接处采用 933 硅橡胶密封缓冲。

(3) 选择重量轻、封装小的器件。

(4) 尽量选择贴片器件。

(5) 对于重量大、高度偏高的器件,采用 933 胶进行加固处理。

(6) 采用带耐落或者弹簧垫片的固定螺丝。

(7) 借鉴公司类似产品的已有经验。

碰撞设计应符合 SC/T 7002.9 的有关规定。

外壳防护

(1)选用符合标准的壳体材质。

(2)壳体表面涂覆防护材料。

(3)表面圆滑,没有明显凹痕、划伤、裂缝、变形、灌注物溢出等。

(4)借鉴公司类似产品的已有经验。

外壳防护设计应符合 SC/T 7002.10 的有关规定。

湿热

(1)选用符合标准的三防漆。

(2)电路板表面喷涂三防漆。

(3)设备设计保证密封性,防止水汽进入。

(4)借鉴公司类似产品的已有经验。

湿热设计应符合 SC/T 7002.5 的有关规定。

防盐雾

(1)壳体材质选用 ASA+PC,此材料具有很强的高温稳定性,很好的韧性和强度,有优良的机械性能、电绝缘性能、耐辐照性能、耐高低温及耐磨性能,并可透过微波。表面喷涂丙烯酸聚氨酯漆,可防护盐雾要求。

(2)内部金属结构件选用耐腐蚀性能较好的 6061-T6 系列的铝合金材料,加工完成后采用阳极导电氧化工艺处理,表面喷塑汽车烤漆,可防护盐雾要求。

(3)航插连接器选用耐腐蚀性能优良的铜合金镀金,铜合金镀金就是很好的防盐雾功能,增加表面电镀层处理防护,防盐雾时间更长久。

(4)电路板表面喷涂三防漆。

(5)借鉴公司类似产品的已有经验。

四、便携式水质监测设备

1. 海洋牧场牡蛎生境水质监测需求

广西钦州茅尾海是我国最大的香港牡蛎半人工采苗和苗种供应基地,其牡蛎产量占全国牡蛎产量的 40%。然而,广西牡蛎养殖方式较粗放,主要采用传统的散户养殖方式,规模化、组织化程度偏低,养殖条件和设备相对简陋,抵御灾害天气的能力不强;经营方式上则以个体私营、小型公司和养殖专业合作社主导的浮筏吊养为主,养殖管理水平较低。再加上海域水域环境受到来自陆地各种类型污染物不同程度的污染,牡蛎死亡现象时有发生。目前茅尾海海洋牧场尚处于建设初步阶段,要建成基于海洋生态学原理和现代海洋工程技术、充分利用自然生产力的现代化海洋牧场,建立健全现代海洋监测体系是加快茅尾海牡蛎海洋牧场建设步伐的重要力量。

当下牡蛎养殖的特点是依据养殖人员的经验来决定养殖周期,缺乏养殖海域具体环境的相关数据作为支撑,出现了一部分不科学、不合理的管理操作,造成牡蛎总体收获量参差不齐,甚至大批量绝收死亡,对养殖户造成巨大损失。可见,用集成多种水质参数传感器的多参数水质仪收集海洋牧场中的环境数据,并依托监测平台进行及时、专业、有效地分析和处理将

第六章 北部湾智慧海洋牧场基础能力建设

是一个很好的切入点。

茅尾海海洋牧场的牡蛎养殖品种为香港巨牡蛎。香港巨牡蛎对盐度的要求很高,根据盐度的不同,整个茅尾海被分为育苗区、保苗区与育肥区。除了盐度外,温度、pH、溶解氧、叶绿素的变化对香港巨牡蛎的生长均有显著影响。因此盐度、温度、pH、溶解氧、叶绿素等水质参数是牡蛎生境水质监测的关键指标。另外,茅尾海海域面积广阔,呈长形倒置葫芦状,海岸线蜿蜒多变,近岸有多个入海河口,因此海域的水质指标差异性明显。虽然相关部门设置多参数水质海上浮标,但对养殖户并不公开。根据养殖户众多,育苗区、保苗区与育肥区等适宜牡蛎不同生长时期的水域面积广阔的特点,如果任一养殖户可以随时去往任意目的地,并将具有位置信息的盐度、温度、pH、溶解氧、叶绿素等水质数据实时传输到网络平台并与其他养殖户和管理单位共享,这将大大提高茅尾海海洋牧场的信息化程度和牡蛎养殖效率。

根据海洋水质参数监测仪的市场调查发现,进口多参数水质仪较国产多参数水质仪的数据精度更高、传感器更稳定和寿命更长,但进口多参数水质仪价格大多在二十几万元到三十几万元一台,是国产多参数水质仪的五六倍。而且,在进口和国产的多参数水质仪中,没有能同时实现可携带、可定位、可实时同步数据等关键功能的产品。

针对目前茅尾海海洋牧场建设过程中的传统、落后、低效、信息化程度低等问题,本书研发了同时实现可携带、可定位、可实时同步数据的基于北斗的便携无线通信多参数水质监测系统。

2. 多参数水质监测系统搭建的总体方案

基于北斗的便携无线通信多参数水质监测系统是以多参数在线水质检测传感器为核心,结合计算机(包括软件)技术、机电控制技术、流体取样技术等高度集成的一套完整的自动分析系统。根据水质检测的要求,快速地对水样进行自动采样并检测水温、分析溶解氧(DO)、盐度、pH、化学需氧量(COD)、浊度、氧化还原电位(ORP)7个水质指标参数(图6-81)。

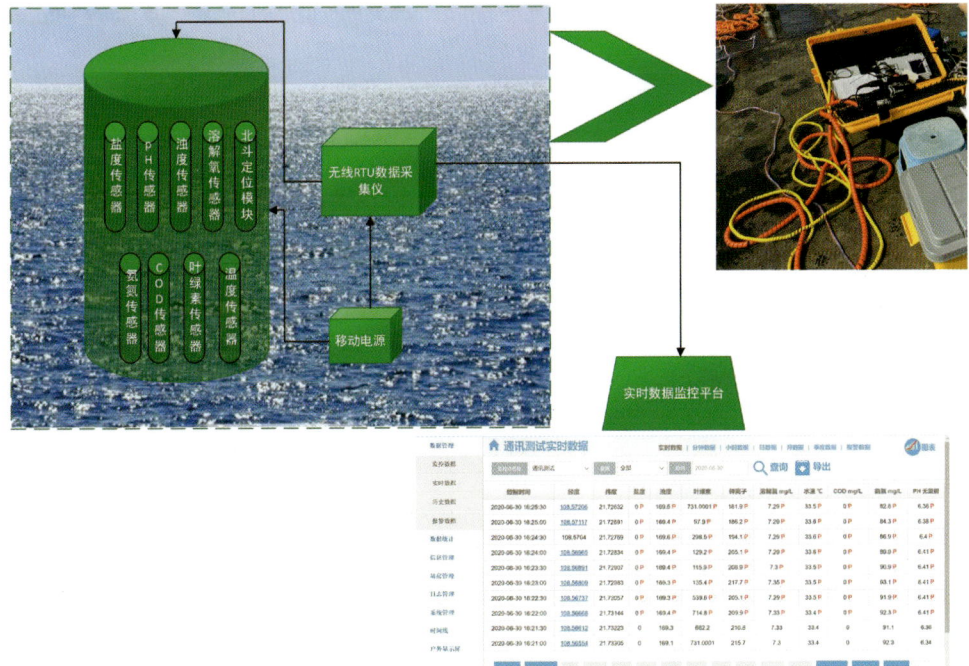

图6-81 便携式即时水质监测系统工作原理示意图

设备由 pH 传感器、溶解氧传感器、浊度传感器、COD 传感器、盐度传感器、叶绿素 A 传感器、氨氮传感器、北斗/GNSS 多模高精度定位模块和无线 RTU 数据采集仪组成,配备可充电锂电池供电系统。使用该设备时,将传感器部分沉入海面以下 2m 深处,在传感器采样时间 1min 结束后,即可收起传感器,前往下一个采样点采集数据。同时采样点的水质数据可即时在网络平台查看。该检测装置可满足网格化水质监控体系对时空及环境指标数据即时一体化存储传输的要求。

在线水质监测设备高成本是制约网格化数据体系精密度提高的主要因素。核心区内蚝排密度较大,有专人对核心区内蚝排进行日常运营管理。为日常管理人员配备便携式数据采集仪可保证日常数据多点采集的可操作性,既能降低出海数据采集的动力成本,又能在降低设备成本的同时达到提高网格化数据体系精密度的要求。本书设计研发了一套集数据实时采集、在线传输、精确定位三大功能于一体的便携式水质监测设备。目前国内没有符合要求且成本较低的相关设备。研发便携式即时数据采集日常水质监测装置,是保证海洋牧场网格化水质监控体系数据来源的重要基础设备,并有助于弥补国内水质监测设备的空白。海洋牧场环境监测的数据时空演变是海产生境监管和预测的数据基础。

五、多功能定位及水质监测设备

1. 北部湾水质研发需求

沿海生态环境为养殖业提供了重要的育苗场和繁殖环境,也直接受到各种人为因素的影响,如过度捕捞、富营养化、污染物、物种入侵等(Halpern et al., 2008; Hoegh-Guldberg and Bruno, 2010; Brown et al., 2011),水质参数不断动态变化。广西沿海区域性的海水监测系统逐步增加,但针对沿海地区养殖产业的水质数据仍然十分缺乏,相关的监测技术及维护方案仍处在起步阶段。通过 GPRS/4G 通信传输数据,无线传感网络(Wireless Sensor Network System, WSNs)为水质监测提供了实时在线监测的解决方案。随着我国脱贫攻坚战的顺利收官,乡村振兴战略的进一步推动,农村 4G 乃至 5G 信号塔不断部署,使得相关的物联网设备能稳定传输数据,以更高的时空分辨率收集水质变化信息,所以在广西沿海地区部署测试监测网络具有广阔的科研前景。

2. 国内外研究进展

WSNs 是由部署在研究区域内大量的传感器节点相互通信构成的网络系统,是物联网底层网络的重要技术形式之一(Qiang et al., 2011)。由于 WSNs 具有自组织、易部署、高容错性和强隐蔽性等技术优势,因此广泛应用于战场目标定位(Viani et al., 2011)、生理数据收集(Egbogah et al., 2011)、智能交通系统(Losilla et al., 2012)和海洋数据监测(Albaladejo et al., 2010)等领域。

海岸带生态环境对人类活动(工业、旅游业和城市发展)十分敏感,信息和通信技术为实时监测此类生态系统的细微变化提供了可靠的解决方案。为满足这种实际监测需求,通过建立区域性网络监测系统来获取重点养殖区的海洋数据的研究,在我国一贯重视环境保护的国家政策下显得尤为重要。WSNs 一般设计由传感器节点(通常是无线传感器)组成,传感器节点将物理、化学和生物学(温度、pH、溶解氧、盐度、浊度、磷酸盐、叶绿素等)实时数据传输到宿节点,逐级返回服务器,组成专用无线局域网(WPAN)(Akyildiz et al.,2002;Albaladejo et al.,2010)。在 WSNs 中,传感器节点通常由处理器、无线电模块、电源和一个或多个安装在节点本身上或与其相连的传感器组成。处理器控制节点的所有功能,例如访问传感器、控制通信、执行算法、能源管理等。

面向海水养殖区应用的 WSNs 设计,实施和部署需要克服与陆地环境不同的挑战(Albaladejo et al.,2010),以下是一些海水养殖区环境中必须解决的难点:

(1)海洋环境是一种侵略性环境,需要更高级别的设备保护。

(2)必须考虑潮汐、波浪、船只等引起的监测节点的位移。

(3)通信信号衰减高,因为通常必须覆盖很长的距离,而由于海洋是一个不断变化的环境,因此需要不断更新通信部件以提高通信质量。

(4)仪器的价格比陆上 WSNs 的价格高得多。

(5)实际部署和使用中浮标的必要性以及系泊设备,预防可能的破坏行为等。

虽然已经有不少设备在海洋中测试,海水的侵蚀和海洋生物的聚集效益限制着监测设备的部署周期,运行维护方案的设计一直是海洋监测中遇到的难题,而海洋生态环境数据的重要性促使学者们不断尝试构建更加合理实用的监测系统(Ruberg et al.,2007;Jiang et al.,2009;Pérez et al.,2017)。这些解决方案的共同点是,它们很大程度上是临时设计和实施的(浮标、电子设备和软件),而海洋传感器和其他一些组件通常是向第三方厂商购置,一般价格高昂,在更改和扩增监测范围的时候会受较大的局限性,因此不断研究构建更加稳定可靠的监测网,可以极大地推动对海水养殖区生态环境的研究。

3. 研发成果

多功能定位及水质监测设备是以多参数在线水质检测传感器为核心,结合计算机(包括软件)技术、机电控制技术、流体取样技术等高度集成的一套完整的自动分析系统。根据水质检测的要求,快速地对水样进行自动采样并检测水温、分析溶解氧(DO)、盐度、pH、化学需氧量(COD)、浊度、氧化还原电位(ORP)7 个水质指标参数,同时监测水位高度和降雨量 2 个辅助参数。利用物联网协议和 4G 网络传输等技术快速、实时、准确地获取河涌(渠)道的水质状态信息(图 6-82)。超低功耗设计为工作状态小于 150mA、休眠小于 $20\mu A$,定时采集并支持远程唤醒。支持市电接入、太阳能+锂电池供电,在无市电情况下支持全天的在线监测工作。报送方式采用自报、自报-确认、应答 3 种兼容的混合式工作模式,同时兼备对设备电源电压、工作环境温度及系统状态信息的实时监测。

系统主要由服务器端、嵌入式端和执行设备端 3 层架构组成。其中服务器端包括接收模块、转发服务模块、展示模块、存储模块、设备端管理模块和日志。嵌入式端主要包含主控板和核心板。主控板由执行控制、数据采集、通信交互控制模块组成;核心板由服务器通信、配置和升级文件及扩展功能模块组成。执行设备为具体的底层采样分析检测设备,主要包括取水泵、电控水阀、水流检测开关及相关传感器。水质监测系统架构,水质监测系统具体工作是以主控板为核心进行流程控制。主控板根据水质监测的业务需求控制执行设备,完成水位检测,同时判断是否符合最低取样标准,然后进行抽水采样、沉淀、检测,最后排水。水质检测传感器检测的数据结果在主控板上缓存,主控板定时启动核心板将本地缓存的水质数据通过核心板上传到服务端。用户(管控中心)可在服务器端查看设备运行状态及相关检测数据,并根

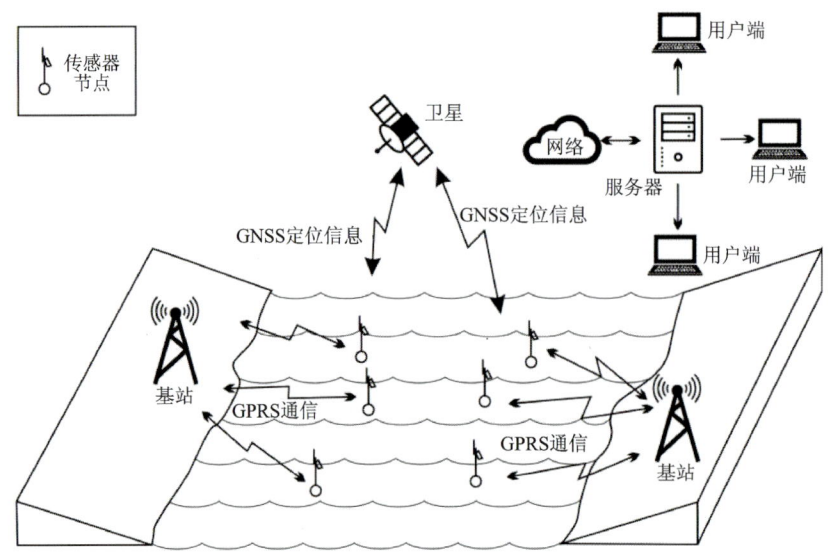

图 6-82 网络布设示意图

据工作或业务需要对设备进行参数配置或软件更新操作。

通过物联网协议及时把数据同步传输到管控中心,支持管控中心下发指令、临时抽检作业、远程配置管理、远程阈值预警等功能;给水质模型分析软件提供大量基础数据,从而依水质变化趋势实现有效预警,也可以根据实时水质参数之间的关联组合表现的综合性质,为决策人员提供大量客观翔实的有效数据和判断依据。另外,该系统设备相对市面上的产品体积小、集成度高,能直接在户外使用,安装简洁,无需复杂的土建站房工程,费用成本有较大的优势以及市场前景。在倡导"绿水青山就是金山银山"的今天,随着国家对环境保护的空前重视及管理工作的不断细化及深入,在线水质监测系统随着信息化技术的逐步深入推广及使用,必将在整个水环境保护、水污染控制以及维护水环境健康方面起到至关重要的作用(图 6-83)。

图 6-83 项目野外设备及数据展示平台

第七章　应用平台研发

第一节　地理时空数据网格化智慧服务平台

一、技术原理

本平台的技术原理主要是时空大数据的预处理、基于时空网络化海洋大数据智慧服务平台的研发与应用示范。主要包括:①示范区通信机制设计;②时空大数据预处理;③广西海洋牧场时空网络化大数据智慧服务平台研发。

1. 示范区通信机制设计

智慧服务平台不但要求实现海洋地理时空数据网格化数据的自动采集、远程传输、处理入库,满足应用示范的要求,在此基础上还需要实现远程修改遥测站运行参数和通信参数。通信机制总体设计为:一是建立了以中心为核心的一体化信息系统;二是提供了各分中心自动控制本辖区海上/海下采集的操作平台,通过通信监控前置机,自动采集所有遥测站的数据并按照设定的工作方式发送到中心;三是可以对所有运行遥测站进行运行参数设置,控制采集站的运行;四是通过移动技术信道(示范区全域 4G 已覆盖)远程自动同时提取所有遥测站的历史固态数据。

基于移动 4G 技术的远程数据采集技术,实现对远程传感器实施实时监控、采集传感器的数据,该数据采集方法的原理如图 7-1 所示。

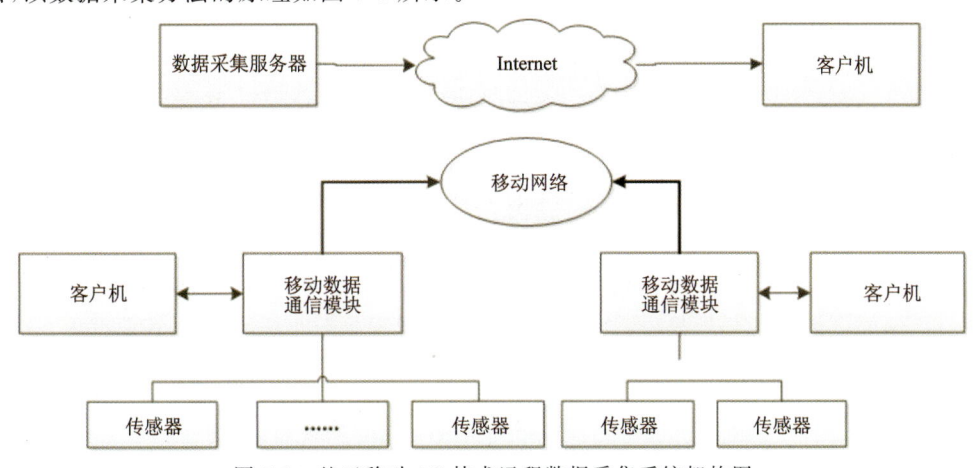

图 7-1　基于移动 4G 技术远程数据采集系统架构图

智慧服务平台的通信模块由可以配置的通信值守和监控、远程管理和固态取数、数据库维护和文件传输、信息查询服务4个模块组成。通过数字专线或移动4G技术兼容模块,实时接收遥测站的采集数据,对信息进行解码并进行合理性检查,分门别类将各种数据入库,根据遥测站采集设备工作状况及数据,分析遥测站的工作状况,对系统运行状况进行监视。实现远程读取和设置终端参数、远程提取固态存储数据,远程向遥测站下发指令,命令遥测站批量上传固态存储数据或修改遥测站参数,将遥测站传来的固态存储数据处理成相应的数据格式,形成文本文件,终端信息管理将本地存储的实时地下水情数据整理为固态存储数据文件形式。完成本地数据库的维护和数据文本文件的远程传输,提供整点、加报数据按时自动传送到共享服务中心,进行本地数据库的维护。提供本地查询和统计管理功能,包括实时数据、整点数据、遥测站工作状况、通信畅通率,提供遥测站属性、参数管理功能,站点增减功能,提供人工填补数据功能,可以直接在广域网内查询遥测数据,监测系统的运行状态。其基本结构如图7-2所示。

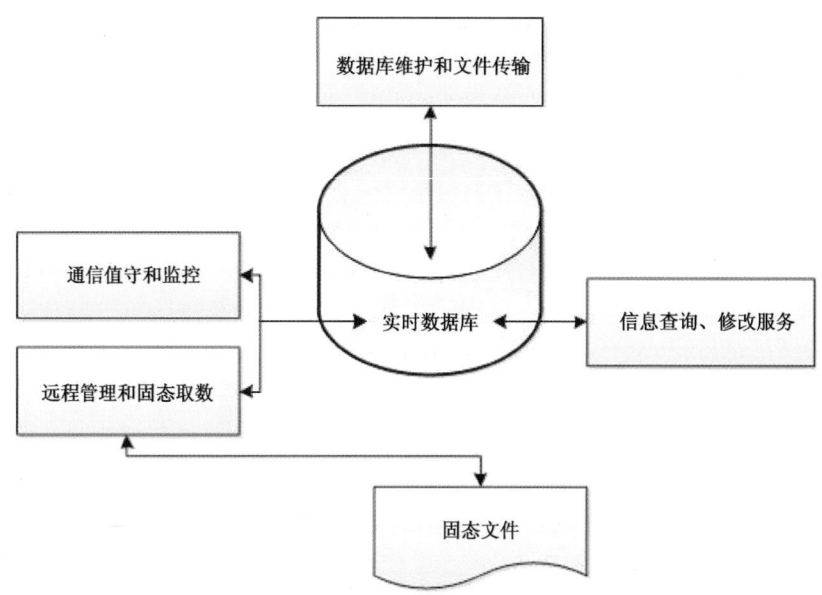

图7-2 智慧服务平台数据通信结构图

2. 时空大数据预处理

1)数据预处理标准规范

时空大数据的数据融合在很大程度上依赖于数据的标准化过程。也就是说,如果没有一个健全的数据标准化过程,多源异构数据很难实现数据资源的集成。在进行数据的标准化和整合过程中更需要标准来约束。因此在项目建设的过程中非常重视标准的建设,以现有的大数据行业标准作为基础,进行分析对比,选择合适的海洋牧场行业,参考国际通用标准,加以补充完善,编制了海洋牧场数据融合系列标准。结构化数据可存入HBase等数据库,视频、音频、日志等可以HDFS文件存储。

2)确定数据源

从数据内容层面来看,广西海洋牧场数据有3类来源:①历史调查数据资料,包括基础地理信息、环境监测信息、社会经济信息以及管理工作信息等。②"908 专项"近海海洋综合调查与评价资料,包括近岸海域基础调查、海岸带与海岛调查、海域使用现状调查、沿海地区社会经济基本情况、南黄海辐射沙脊群调查等 5 个专题调查数据,综合评价资料成果包括江苏近岸重点海域环境质量评价、辐射状沙脊群环境变化与开发利用评价、近岸重点海域渔业资源保护与开发利用评价、潜在海水增养殖区评价与选划、海滨湿地保护与土地利用潜力评价、潜在滨海旅游区评价与选划、海洋经济可持续发展综合评价等 7 个专题评价数据。③数字海洋综合业务系统运行数据和本项目所提供的时空网格化数据、海上/海下高精度导航定位数据、布设示范区域海洋大地测量基准(信标)与应答感知设备数据、海底地形测量设备,海上/海下位置服务原型系统数据,同时还包含自建海洋特色系统的运行数据和国家系统整合的海洋环境基础数据库、海岛专题库、海洋经济专题数据库、海洋科技专题库、海洋执法监察专题库、海域使用专题库数据。上述 3 类来源基本覆盖了海洋资料的历史和最新数据成果,在空间上包含了多站位、多剖面、水深分层的三维立体调查数据,在时间上包含静态的站位、航次观测和动态的时间序列观测类型,在内容上包含海洋环境、海洋资源评价等不同专题,因此海洋牧场数据是一种多时空尺度、多专题的复杂数据集,具备数据的多源性、多态性和多样性特征。

从数据类型层面来看,通过对海洋牧场多源数据归类可看出数据有 3 种类型:①矢量数据,包括点(站位等)、线(调查剖面线等)、面(海洋要素空间分布剖面等)、体(空间分层数据等)等数据,分别以图层的方式存储。②栅格数据,包括数字栅格数据、数字正射影像、数字高程模型、遥感影像数据等。③文件数据,包括政策法规、档案等。经综合,数据类型总体分为空间数据和属性数据两大类型。针对地形、影像、矢量、海图、地图图集、三维模型和三维全景等海洋地理信息数据,面向应用主题,进行抽取和空间化改造、空间坐标转换、符号化定制以及图层之间的合并或拆分等处理,设计数据组织管理策略和存储结构,建设海洋地理信息应用时空数据库,建立按类、按要素管理的时空索引机制,实现地理信息快速查询检索。地形数据:按照区域组织地形数据产品,包括各种精度(1∶100 万、1∶50 万、1∶25 万、1∶5 万、1∶1 万等)的海底地形数据、海岛海岸带地形数据、战略通道数据等。时空影像:按照年份、区域组织时空影像数据集,包括多种分辨率(1000m、250m、15m、5m、2.5m、1m、0.5m 等)的卫星遥感数据、航空遥感数据等。矢量数据:按照要素组织系列比例尺的矢量数据,包括海岸线、河流、湖泊、水库、等深线、干出滩、危险线、干出线、礁石、沉船、障碍物、盐田、行政界线、居民地、海域界线等要素。地图图集数据:按照专题和时间组织成各种地图数据集,主要包括各种专题性海洋图集数据,如水文图集数据、气象图集数据、海洋资源图集数据、海洋地质图集数据、海洋地球物理图集数据等。海图数据:主要分为航用海图数据和非航用海图数据。航用海图数据主要包括 1∶300 万或更小的海区总图数据、1∶10 万～1∶299 万的航行图数据和 1∶10 万或更大的港湾图数据。非航用海图数据主要包括大圆图数据、航路图数据、气象图数据、冰图数据、潮流图数据、等磁差曲线图数据和空白图数据等。三维模型数据:主要包括近海区域倾斜摄影测量数据和建筑物、跨海大桥、海岸工程等构筑物模型数据。三维全景数据:主要为重点海岛、海岸带地区的 360°全景数据。

3)时空大数据的数据融合

海洋牧场的数据关系复杂、综合性强、内容丰富,涉及到陆海生物、海洋物理、海洋化学、海洋气象、海洋经济、海岸带等多种研究领域,不同的领域数据采集的设备不同,信息处理的平台不同,数据存储的格式也不同,致使数据很难实现交换和共享。

信息的集成化管理就是在相对独立的管理平台上,对信息资源进行跨越网络、系统、数据库和应用各个层次的全方位管理、分析和整合,提高信息资源的利用率,最大限度地深层次开发利用现有信息资源。它的主要目的是通过统一的信息资源平台,建设信息资源的一个存储应用中心,防止信息孤岛的形成,并在此基础上建立一个多渠道的信息共享空间,在规范化和安全化实现信息自由流动的同时,加强与外部有效信息的交流和沟通。

数据融合是获取源数据后,通过数据预处理、数据清洗、数据质量控制过程后写入目标存储库的过程,图7-3为多源异构数据融合框架。

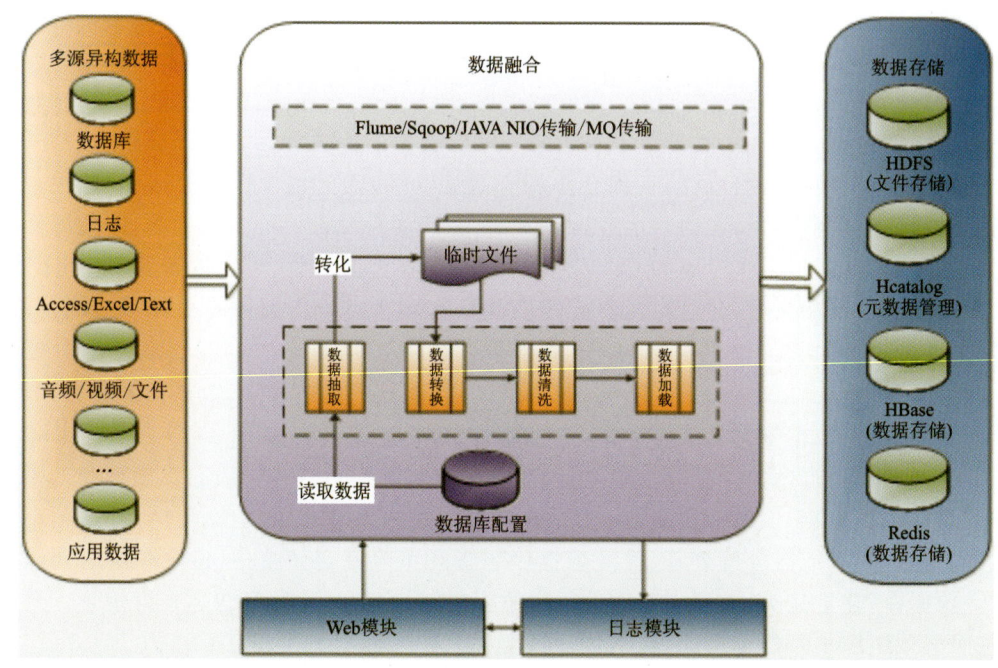

图7-3 多源异构数据融合框架

数据预处理

在汇聚多个维度、多个来源、多种结构的数据之后,需要对数据进行预处理。预处理过程中除了更正、修复系统中的一些错误数据之外,更多的是对数据进行归并整理,并储存到新的存储介质中。通过对原始数据资料的整理,使之满足系统对数据的使用需要,为数据库建设提供符合标准要求的数据源,具体包括对需要建库的各类数据资源进行相应的规整、数据资源分类、规范化存储目录的建立、文件名称规范化整理、文件格式规范化整理、数据要素的图形规范化整理、数据要素的属性规范化结构整理等。

数据抽取

数据抽取是从数据源中抽取数据的过程。数据抽取最常用的是ETL(Extract-Transform-Load)技术(图7-4),具体数据抽取工具种类繁多,可根据实际业务数据的特点进行选择。从数据库中抽取数据一般有以下两种方式。

全量抽取:全量抽取类似于数据镜像或数据复制,它将数据源中的表或视图的数据原封不动地从数据库中抽取出来。该方法主要在系统数据初始化时使用。

增量抽取(更新):增量抽取是指在上次抽取完成后,对数据库中新增或修改数据的抽取。

第七章　应用平台研发

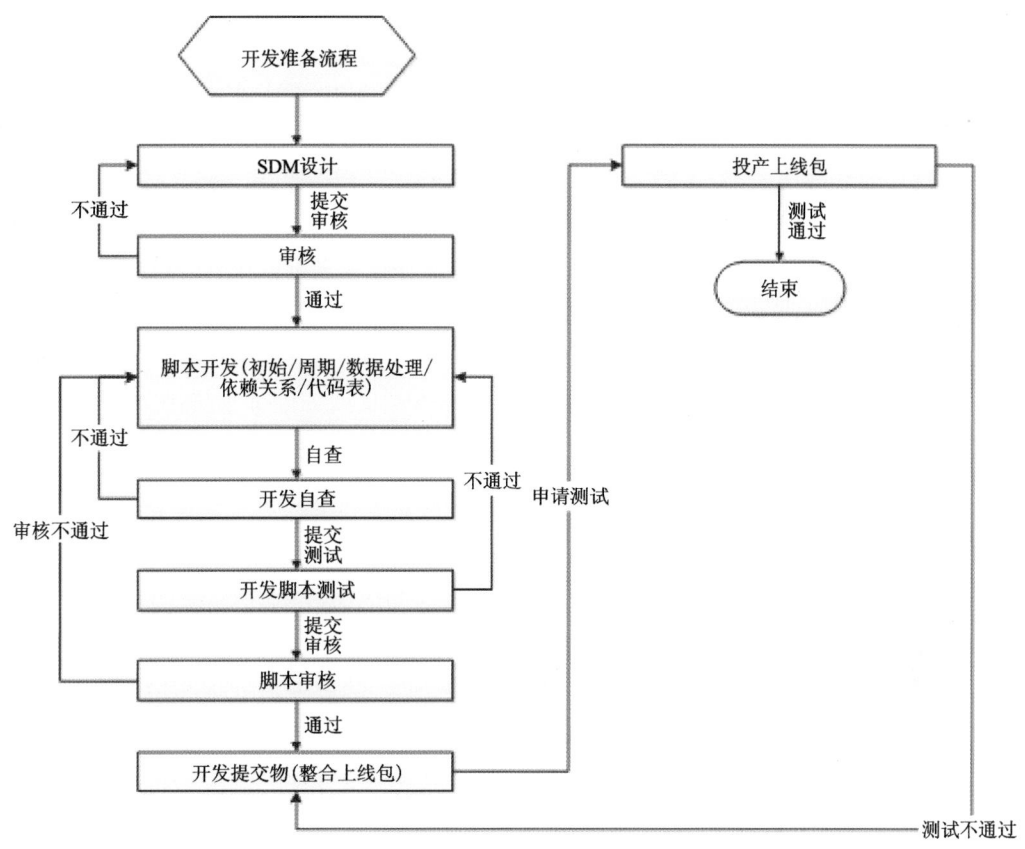

图 7-4　ETL 开发流程图

数据转换

数据转换要实现对数据的格式、信息代码、值的冲突进行转换。数据格式转换将需要转换的成果文件通过相关转换规则转换为满足平台应用的、标准结构的格式数据。包括：数据格式类型转换、坐标转换、代码转换、单位转换等。数据质量检查以数据的规范性、完整性、正确性为检查原则，对数据的定义和组织、数据精度、图形空间关系、属性逻辑关系、图属一致性、图幅接边等方面进行全面检查。为控制数据质量，有些过程需要不断进行迭代，进行转换后检查，检查如果有问题，则进行处理，如果不能处理的，则将问题提交专题调查单位进行修改；然后再转换、检查、处理，直到数据符合业务需要，满足入库的要求为止。

数据过滤

数据过滤要初步实现对业务数据中不符合应用规则或者无效的数据进行过滤操作，使得数据标准统一。

数据加载

数据加载过程进行的主要操作是插入操作和修改操作。将干净数据及脏数据分别插入到不同的数据表中。对于数据加载工作，一般会搭建数据库环境，如果数据量大（千万级以上），可以使用文本文件存储结合脚本程序处理进行操作。

数据清洗

数据清洗规则包括：非空检核、主键重复、非法代码清洗、非法值清洗、数据格式检核、记录数检核。

非空检核:要求字段为非空的情况下,需要对该字段数据进行检核。

主键重复:多个业务系统中同类数据经过清洗后,在统一保存时,为保证主键唯一性,需进行检核工作。

非法代码、非法值清洗:非法代码问题包括非法代码、代码与数据标准不一致等,非法值问题包括取值错误、格式错误、多余字符、乱码等,需根据具体情况进行校核及修正。

数据格式检核:通过检查表中属性值的格式是否正确来衡量其准确性,如时间格式、币种格式、多余字符、乱码。

记录数检核:指各个系统相关数据之间的数据总数检核或者数据表中每日数据量的波动检核。

脏数据处理:数据质量中普遍存在的空缺值、离群值和不一致数据的情况,这些脏数据可以采用人工检测、统计学方法、聚类、分类、基于距离、关联规则等方法来实现数据清洗。

4)智能化数据融合与管理

本书所研究的海洋大数据的智能化数据集成与管理等大数据相关技术,有别于传统的管理信息系统开发技术,它的功能不再局限于简单的查询和统计,而是追求更为完美的人机结合,最为先进的智能管理信息系统是人工智能和现代管理科学与信息系统相结合的产物,在传统管理信息系统的基础上,引用 AI、专家系统、知识工程、知识图谱等现代科学方法和技术进行智能化设计和实施,是一种具有发展前景的新型管理信息系统的技术手段。向管理领域的渗透和应用,促进了管理信息系统、决策支持系统向智能化方向的发展。

智能化数据融合主要体现在以下四个方面:

一是按照事先约定的规则、规范、标准,通过自动化处理中间件,根据需要智能化学习并自动化、动态加载数据到 Hadoop 生态系统中存储。

二是神经网络和专家系统将对高速大容量遥感与地理信息系统数据处理系统建设提供强有力的支持。它试图解决现代计算机无法根本解决的一些技术问题,例如对各种图像信息的快速准确识别。造成这些问题的原因是现代计算机在冯·诺伊曼体系下,按符号逻辑规则顺序串行运算,它不具备人脑的智慧性、时空整合、思维联想等功能。尽管在现代计算机中人工智能获得了应用,但仍无法准确模拟人脑的思维活动。若采用神经网络,利用其全并行处理、自适应学习、联想功能等特点,解决计算机视觉、模式识别等大数据量、信息特别复杂的问题,表现出明显优于传统计算机方法的优势,则可解决遥感图像识别和遥感及地理信息系统数据的综合分析等问题。

三是专家系统已在遥感图像识别实验中得到应用,但远远没有达到实用阶段。当前一些遥感应用科学工作者开发了一批专家系统软件,但还很不成熟。应当指出,计算机研究人员已开发了一批专家系统开发工具,从理论完整性和实用性以及人力的投入上都远远超过了应用工作者开发的专家系统。因此,对于遥感和地理信息系统应用科学家来说,正确的途径不是自己独立开发专家系统,而是从众多的已开发的专家系统开发工具中选取适合于海洋科学应用的模式,赋予海洋科学内容,特别是在认真科学地总结专家知识的基础上建立知识库是海洋科学工作者研究和应用专家系统的正确方向。

四是决策支持系统,以管理科学、运筹学、行为科学和控制论为基础,以计算机技术、仿真技术、人工智能技术、经济数学方法、信息技术和可视化方法等为手段,以模型为驱动,通过提供各种各样数据、信息、模型的分析操作,面向半结构化和非结构化的决策问题,为决策者提供一个将知识性、主动性、创造性和信息处理能力相结合、定性与定量相结合的决策环境,辅助支持中高级决策者进行决策活动。

二、设计方案

1. 总体思路

经过海洋牧场的异构数据的抽取与整合,将一些"脏"数据按照海洋数据的结构特点进行"清洗"。通过使用 ETL 工具数据进行清洗,ETL 将一些离散、凌乱、标准不统一的数据进行整合,为平台系统的决策提供分析依据。智慧服务平台的技术框架如图 7-5 所示。

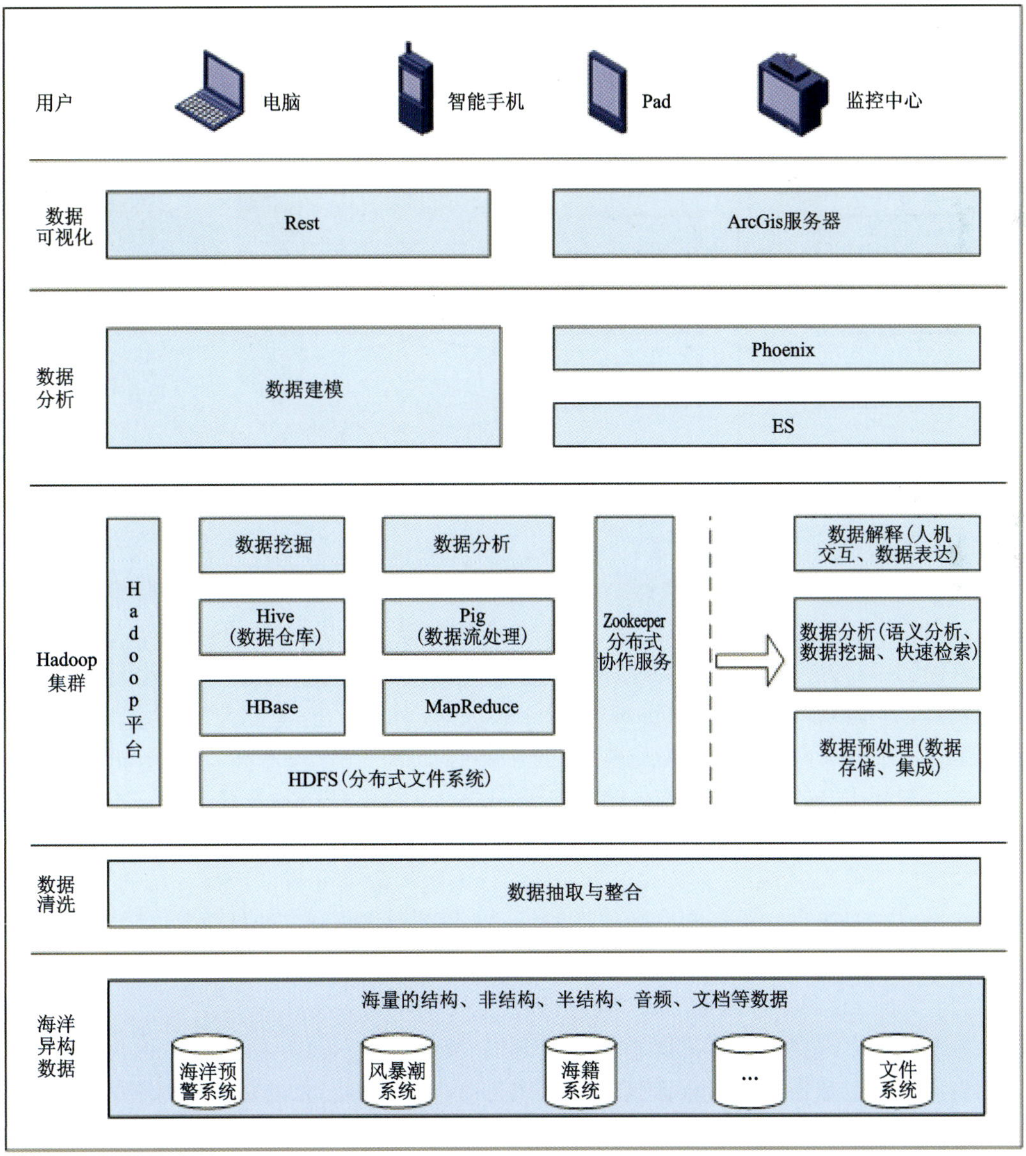

图 7-5 智慧服务平台技术架构图

Hadoop 分布式计算开源框架提供了 HDFS 分布式文件系统和 MapReduce 分布式计算模型,并可提供跨计算机集群的分布式存储和计算环境。HBase 分布式开源数据库、Pig 大规模数据分析工具、Hive 数据仓库工具等大数据处理工具均可在 Hadoop 集群下完美运行。在充分研究海洋异构数据结构特点和 Hadoop 集群的技术难度与优势下,本书将 Hadoop 框架应用于海洋异构数据的集成、存储、数据分析等方面。

对于数据的存储,本书使用 HBase 分布式存储数据库,将已经被清洗过的数据存入 HBase 中。HBase 构建在 HDFS 上,适合于结构化和非结构化数据存储,通过不断添加服务器来增加计算速度和存储能力。HBase 的物理存储结构如图 7-6 所示。

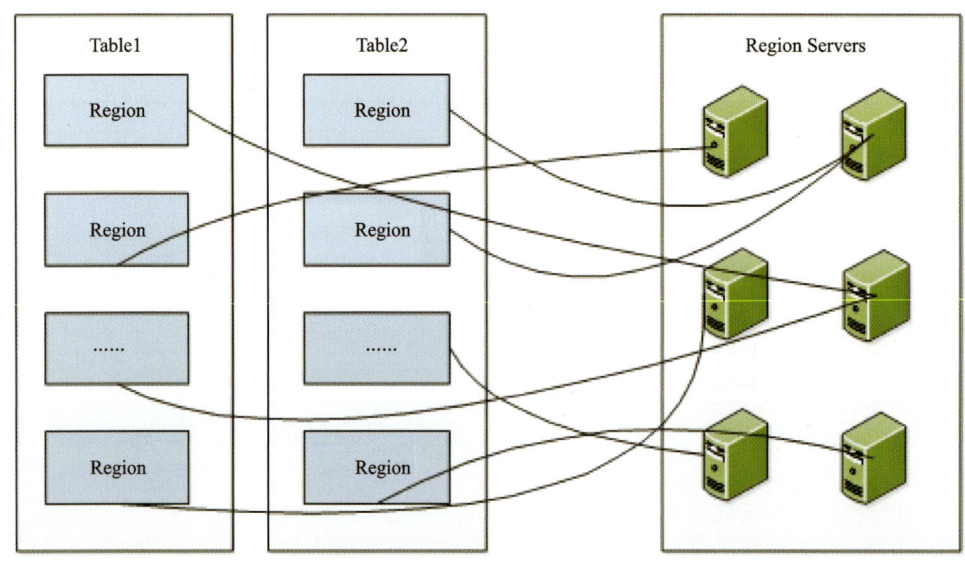

图 7-6　HBase 物理存储结构

HBase 将数据表按列分割成多个 Region,每张数据表默认有一个 Region,当数据增多达到一个阈值时,Region 会被分割成两个新的 Region,这样以此类推,随着数据的增多每张表的 Region 也越来越多。Region 是 HBase 中分布式存储的最小单元,不同的 Region 被分别存放在不同的 Region Server 上。HBase 通过组件进行管理数据,例如,Client 组件是 HBase 的访问接口,通过维护 cache 来加快对 HBase 的访问;Master 组件是为 Region Server 分配 Region,负责 Region Server 的负载均衡。

数据管理除 HBase 组件外,还会使用基于 Hadoop 的数据仓库工具 Hive。Hive 将结构化数据映射成一张数据表,通过 SQL 语句快速实现 MapReduce 统计。

在实际应用中,必须做到充分应用数据网格化来进行数据分析。数据分析通过建立不同的数据模型实现对海洋异构数据的功能需求,例如,海洋数据检索、人机交互、语义分析、数据挖掘等功能需求。使用 Phoenix 对 HBase 访问,Phoenix 是 HBase 提供的 SQL 操作框架。同时,结合 ElasticSearch(ES)搜索服务器达到快速访问 HBase 的目的。

在海洋牧场时空数据网络化智慧服务平台里,最终的展示是利用数据可视化技术,将数据建模生成的数据结合 ArcGIS 服务器,对其进行可视化展示。为更好地调用网络资源,在这一模块使用"表述性状态转移"(Representational State Transfer,REST),REST 从资源的角度观察整个网络,可以对资源进行获取、创建、修改和删除操作。

2. 数据集成解决方案

数据集成的体系结构有联邦数据库系统、中间件模式、数据仓库模式 3 种。联邦数据库系统分为紧密耦合联邦数据库系统和松散耦合联邦数据库系统。紧密耦合联邦数据库系统构建全局算法复杂,可扩展性较差。松散耦合联邦数据库系统对数据的集成度不高。数据仓库模式是一种典型的数据复制方法,所以会产生较大的数据冗余。中间件模式通过统一的全局数据模型来访问异构的数据库、遗留系统、Web 资源等,注重全局查询的处理和优化,能够集成非数据库形式的数据源,具可扩展性强等优点。根据联邦数据库系统、数据仓库模式和中间件模式的集成特性以及海洋数据的结构特点,本书采用中间件模式为数据集成模式。

采用中间件模式进行数据集成,这种模式把不同数据源的数据映射到中间件层。采用中间件层对数据加工整合,其借助中间件,比较灵活,对数据源没有要求,数据可以采用多种方式提供接口,方便开发。但是,这种方式进行大量数据处理时会出现效率低下的情况,本书采用中间件进行数据集成并使用 MapReduce 的并行编程模型对数据集进行处理分析,可以有效的解决中间件的这一弊端。中间件数据集成结构如图 7-7 所示。

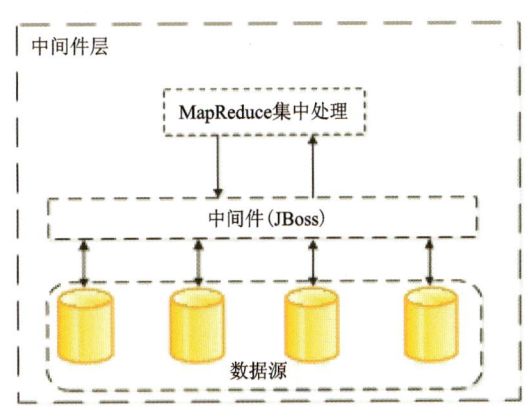

图 7-7 中间件数据集成结构

系统开发,在 Hadoop 集群环境下,分为 3 个层如图 7-8 所示。第一层,应用层负责与用户进行查询数据的交互,也可称为是集成系统的展示平台。把来自中介者层的数据与 ArcGIS 服务器结合开发,对数据进行可视化展示。第二层,中介者层通过请求处理器分析用户的查询条件,并把查询条件传送给中间件层,结果处理器分析来自中间件层映射给中介者层的数据,并把最终结果返回给应用层。第三层,中间件层使用 MapReduce 编程模型,改写 Map 和 Reduce 函数,并借用文件适配器、应用适配器向各个数据源收集数据,并把所有符合查询条件的数据返回给中介者层。

海洋数据具有种类科目繁多、异构、多数据源等特点,针对海洋数据的挖掘首先要做的是将多源的数据进行集成。海洋数据的多源主要体现在,海洋数据分布在多个独立的信息化系统数据库中,同时部分数据是以 Word、Excel、扫描件等文本的形式存储。对于海洋数据的集成采用中间件处理模型。

中间件选取 JBoss,JBoss 是基于 J2EE 开源的应用服务器,对硬件要求小,安装部署简便,可有效支持 ETL、数据挖掘、数据仓库等大数据处理技术。JBoss 数据集成如图 7-9 所示。

具体集成方案如下。

一是数据库数据。数据库数据是海洋数据主要的存储方式,针对数据库根据各种数据库种类建立相对应的 Database 数访问协议,例如:Oracle 数据库 JDBC 驱动是"oracle.jdbc.driver.OracleDriver";SQLserver 数据库 JDBC 驱动是"sqlserver.jdbc.SQLServerDriver"。JBoss Hibernate 可以方便地与各种数据库建立通信,并能够快速的与数据库相对应数据表的实体类。实体类建立完成,那么访问数据并提取数据库中的数据是轻而易举的。

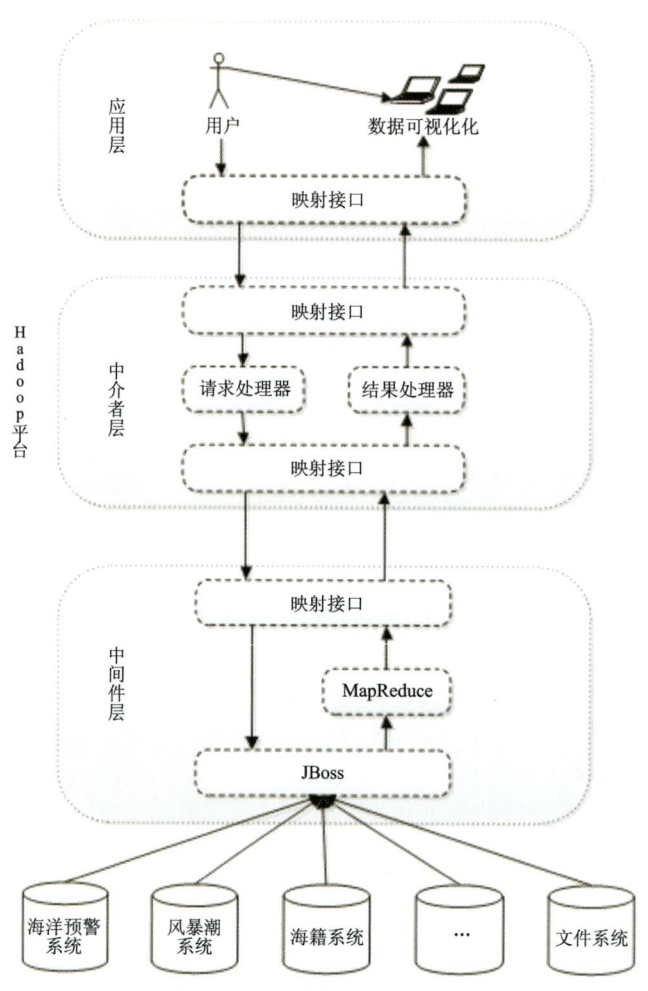

图 7-8 海洋数据系统集成框架

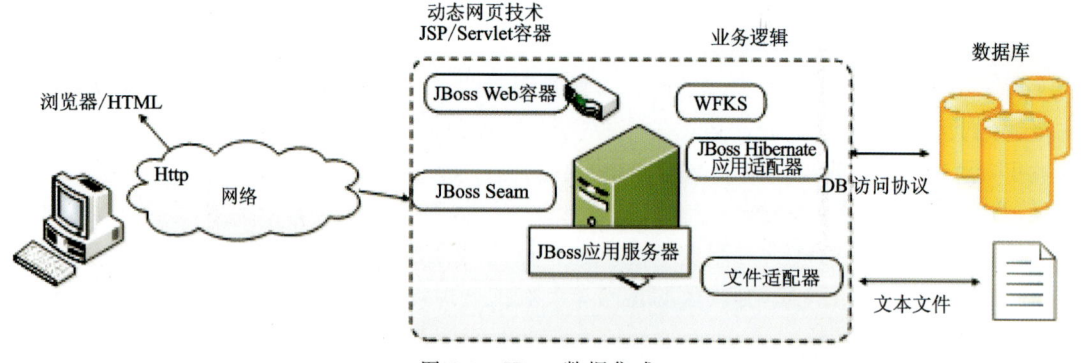

图 7-9 JBoss 数据集成

二是文本文件。文本文件主要包括 Word、Excel、扫描件等，是海洋数据集成最为繁琐复杂的模块，需开发人员针对每种文件进行编程，处理文本中语义问题，根据海洋数据的结构上传到对应的数据库中，然后再通过 Hibernate 进行统一处理。针对一些特殊的文件，例如扫描件，需要人工填写信息并上传。

第七章 应用平台研发

采用 JBoss 中间能够对海洋异构数据统一集成,并取得良好效果,对数据的集中处理,采用 MapReduce 编程模型。在海洋数据初步达到集成目的后,需要对其进行分析。海洋数据是多源异构的且数据量庞大,采用 MapReduce 并行编程模型快速高效得到数据集分析结果,以便能够满足用户需求。

海洋数据处理体现在海洋数据的可视化展示、用户查询统计、海洋灾害预测、海洋环境预测分析等方面。根据每种具体的功能需求,进行改写 Map 和 Reduce 函数。以海洋环境预测为例的 MapReduce 处理流程,如图 7-10 所示。

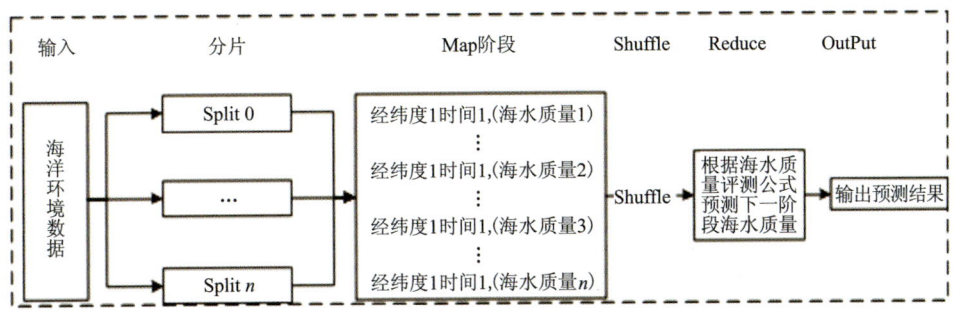

图 7-10　海洋环境预测 MapReduce 处理流程

海洋环境数据按照学科、要素分类有 10 余种,结构复杂种类繁多。但是海洋环境数据具有地域性的特点,采用经纬度网格的方法对海洋环境数据进行分类,并按照时间排序,为海洋环境预测做准备。针对海洋环境数据量大的特点,采用 MapReduce 并行编程模型进行排序和分析比单机运算更加高效快捷。

改写 Map 和 Reduce 函数,Map 函数主要功能是对海洋环境数据按照经纬度进行分类并根据时间排序,然后 Shuffle 将结果集以＜key,value＞键值对形式分配给 Reduce 函数,Reduce 函数是用来分析海洋环境数并根据环境质量评价公式进行预测。

具体做法是:智慧服务平台主要由课题一、课题二以及其他系统集成。由于数据量大,异构系统中数据类型繁多,所以提出"大中台小前台""1 大拖 2 小"的设计思路,课题一、课题二和其他系统中的数据全部输送到数据中台统一管理,或建立虚拟服务的自变量链接(图 7-11)。

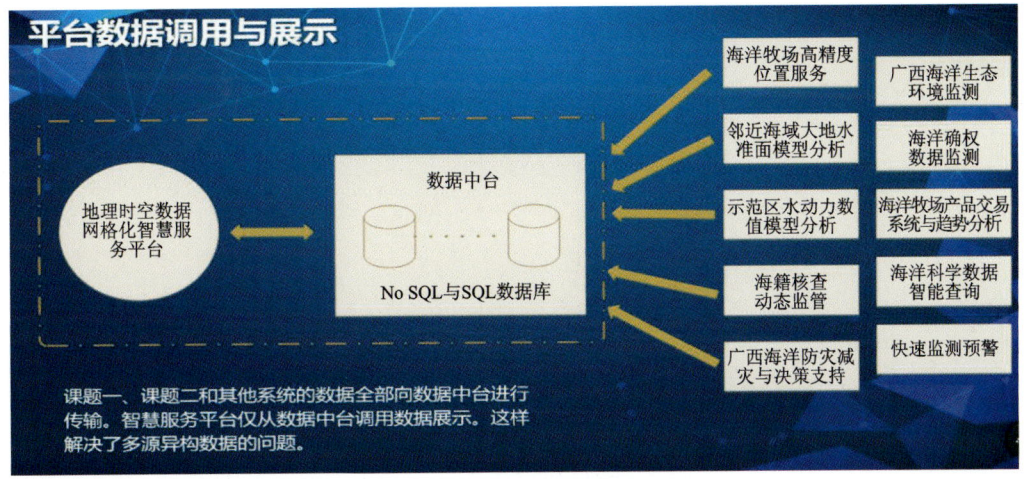

图 7-11　数据集成处理流程

3. 海洋异构数据集成快速查询技术

中间件层基于 MapReduce 分布式编程模型，采用 JBoss 应用服务器作为中间件对海洋数据进行集成，然后根据用户需求改写 Map 和 Reduce 函数，MapReduce 编程模型把数据处理后将结果数据集映射到中间件层，此时的数据依然是一些分散异构的数据，并不能展示给用户。这就需要中间件层对数据统计分析，进一步将数据进行处理，使这些数据成为可视化的数据，在中间件层采用中间件模式，数据统计分析时使用图结构查询节点的方式。

使用中间件层对象模式，该层的请求处理器将来自用户的查询请求封装成一个请求对象，方便中间件层对多数据源的数据查询。当中间件层把查询到的数据映射给中介者层，中介者层把这些数据进行统一集成封装成对象，交给结果处理器。结果处理器把这些对象以图的形式查询统计分析，将最终结果返回给中介者层，中介者层把用户所查询的数据发送给应用层，为用户提供可视化数据。

针对海洋数据，以经纬度为单位进行数据存储，以及数据源存储标准的不同，中间件层是依据查询数据的分类把每种数据进行对象封装，每组经纬度数据的相邻经纬度数据都保存在其对应的元素所指向的一张链表中，所有的经纬度数据保存在一个数组中，任意两个经纬度之间关系是任意的，任意两个节点之间都可能有关系，但这种关系没有方向，所以针对海洋数据的存储结构为无向图。

对于无向图的查询检索采用广度优先搜索的策略，广度优先搜索（也称宽度优先搜索，简写 BFS）是连通图的一种遍历策略，从第一个顶点开始只访问它的临界节点并把它标记，直到第 n 节点把所有节点都进行遍历，查找流程如图 7-12 所示。

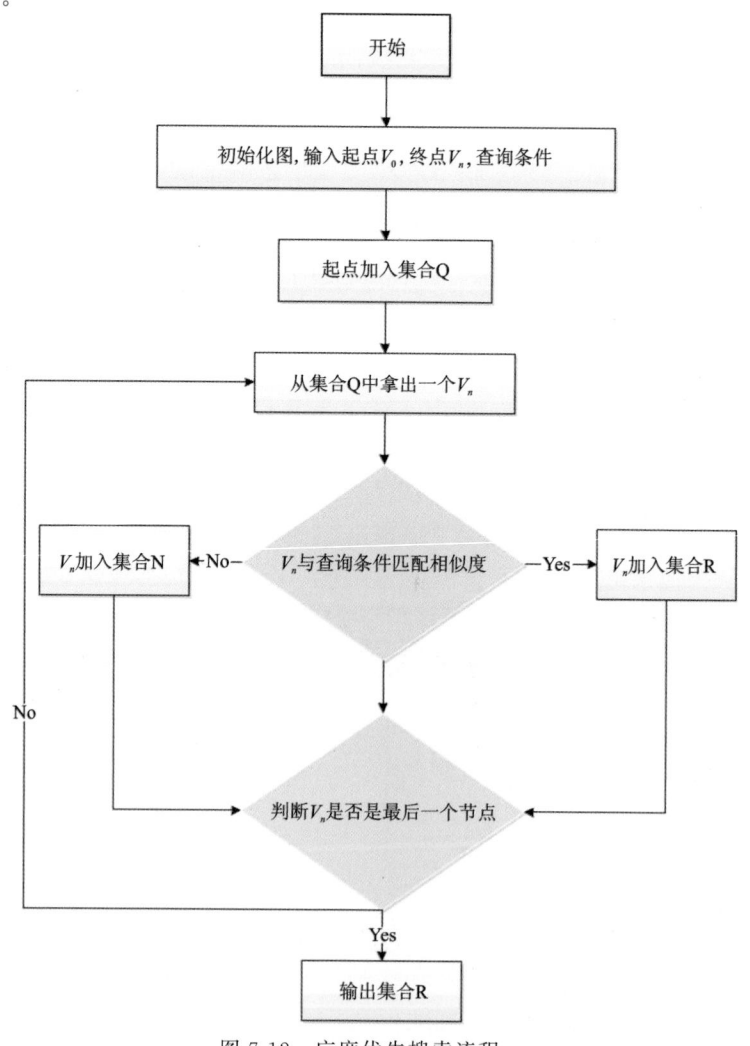

图 7-12　广度优先搜索流程

三、智慧服务平台研发

1. 平台的总体框架

在遵循整体性、规范性、实用性的总体设计思想的基础上，系统采用多源数据集成、多级管理模式进行设计。由于这些信息来源不同，存储格式不同，访问和检索方式不同，可能会出现异构资源整合检索的问题，用户需要统一对这些内容进行访问和检索。面对内容数据和并发检索的压力，要保证检索性能和检索速度，就需要将如分布群集检索、高速缓存和负载均衡这些技术都结合到检索里来。基于 Hadoop 的大数据技术相对成熟，然而在广西海洋领域的大数据发展还是空白，因此需要将成熟的技术应用到广西海洋领域，甚至改进、优化，研发出更适合广西海洋数据的大数据原型软件。平台遵循 J2EE 技术路线，基于 Hadoop 及 Oracle 11g 大型数据库，集成 HBase、Hive、Impala、Sqoop、Phoenix 等组件。

平台主要内容：大数据综合管理平台、大数据门户平台、大数据分布式存储中心、移动智慧海洋应用、综合决策支持系统专题挖掘分析应用都应基于大数据基础平台来实现，并要求使用同一开发框架，智慧分析应用通过智慧移动门户和桌面门户进行分析展现。

智慧服务平台海洋数据采集支持结构化数据、非结构化数据采集、存储。提供系统运行监控手段，可以获得系统使用情况的相关数据。系统安全支持数据权限和功能权限的分级授权体系。各应用系统要充分利用现有先进技术手段，采用相同的体系结构和运行平台，基于多层架构和组件技术，进行构建，做到系统结构层次清晰。

智慧海洋平台支持 SSH、脚本、Hive、MapReduce、Java、Sqoop 等类型任务的创建与调度；支持大数据数据采集、清洗、加载、分析、挖掘等任务的创建与调度；提供历史任务运行情况、运行日志的查看。

智慧服务平台主要模块如下。

(1)海洋牧场高精度位置服务。依托海洋大地测量基准信标与应答感知设备，为水面船舶、观光垂钓平台、网箱、筏架、蚝排、水下鱼礁、AUV、ROV 等海洋牧场生产设施设备提供高精度的位置信息服务。

(2)邻近海域大地水准面模型分析。依托海洋大地测量基准信标与应答感知设备，通过解算，在平台上显示海洋牧场邻近海域网格化的大地水准面数值。

(3)示范区水动力数值模型分析。显示水动力要素的网格化空间分布和时间变化，形象生动地表达计算结果，为研究近海区域波浪、潮流、泥沙运动规律提供科学决策依据。

(4)海籍核查动态监管。通过海域海籍数据库管理系统和海域海籍动态核查系统，实现对海域海籍基础调查数据的信息化管理和信息共享。

(5)广西海洋防灾减灾与决策支持。通过广西海洋研究院的广西海洋防灾减灾业务系统进行接口访问，能够在智慧服务平台中访问这些子系统，为海洋防灾减灾提供科学决策。

(6)广西海洋生态环境监测。通过广西海洋研究院的广西海洋生态环境监测业务系统进行接口访问，在智慧服务平台中访问广西海洋生态环境监测系统，减少平台差异性。

(7)海洋确权数据监测。通过广西海洋研究院的业务系统分别对北海市、钦州市、防城港市的一级和二级分类相关数据进行了可视化,包括浏览、查看、统计展示。

(8)浮标信息监测与分析。将不同来源的监测数据收集整合,并对不同来源的数据进行比对分析,根据具体情况及时做出相应的决策。

(9)海洋科学数据智能查询。通过北部湾经济区科学数据智能查询系统和北部湾经济区科学数据辅助分析决策系统,进行气候资源数据、地质信息、水文信息等数据集等相关数据可视化、浏览、查看、统计展示。

(10)精细化管理与快速监测预警。根据项目的实时监测和采集数据,完成示范区内海洋产业的精细化管理需求,为水面船舶、观光垂钓平台、网箱、筏架、蚝排、水下鱼礁、AUV、ROV等海洋牧场生产设施设备提供高精度的位置信息服务和属性管理,实现管理者智能决策。同时,实现动态监测预警,通过计划模块和监测模块提供的数据进行对比分析计算和评分,快速判断是否超标而进行预警,计划与监测的现状数据,并以不同的方式将其展示出来和辅助决策。

(11)大蚝交易系统与趋势分析。通过交易系统,统计查询存放、展示、销售的大蚝产品,记录存放的货物信息,由于需要充分利用存放空间,把不同农户的商品存放在同一区域,需要精确查找识别各类商家存放的货品。对所有电商的在库商品进行统计分析,对有保质期的商品进行有效期检查,如有发现即将到期的商品系统要有提示,电商还可以查询到商品出货情况。

(12)基础数据管理。分别对沿海地区数据表、确权项目基本统计表、其他海籍地类基本统计表、其他权属等相关数据进行分析统计并把数据可视化,包括浏览、查看、统计展示等功能。

2. 平台和开发语言的选取

平台选择方面,采用 J2EE 架构,基于当前流行的 REST API 设计风格,持久层采用 Hibernate、Mybatis 等相关框架设计,主要使用开发语言是 Java,通信数据包采用轻量级的 Json 格式,遵循 J2EE 的技术路线,采用 Java 编程语言和服务器端 Java 技术进行开发,业务应用系统和数据集成平台均必须基于 Hadoop 及 Oracle 11g(或以上)大型数据库上,平台至少要求集成 HBase、Hive、Impala、Sqoop、Phoenix 组件。智慧海洋大数据展现要求基于大数据可视化方式展现,基于 Html5 体系,数据可视化采用开源的 ECharts、WebGL 等。

3. 开发模型

MVC 模型是 B/S 结构下的 Web 控制层的一个重要的开发模型,利用该模型开发应用系统时,具有开发灵活、易扩展、维护方便等优点,简化了 Web 控制层的开发过程。该模型就是为提供多个视图的应用程序而设计的。它能很好地实现数据层与表示层的分离,特别适用于开发与用户图形界面有关的应用程序。

另外一个重要的原因是:在以往的任务开发中,都是用该模型进行系统开发的,到目前为止已拥有了丰富的应用经验和良好的实践效果。在已完成的科研任务中,系统的重要参数和配置基本上都是通过数据库中的配置数据完成的,大大简化了开发、维护、升级的效率。

4. 平台研发关键技术

（1）基于 Web Service 技术。由于平台使用会存在不同地理位置用户协同工作和数据通信问题，所以通过 Web Service 客户端和服务器能够自由的使用 HTTP 进行通信，也可以让分布在不同区域的计算机和设备一起工作，以便为用户提供各种各样的服务，而且用户可以控制要获取信息的内容、时间和方式。Web Service 是创建可互操作的分布式应用程序的新平台。为了达到这一目标，Web Service 是完全基于 XML、XSD 等独立于平台、独立于软件供应商的标准。Web Service 在应用程序跨平台和跨网络进行通信的时候是非常有用的。Web Service 非常适用于应用程序集成、B2B 和 G2G 集成、代码和数据重用，以及通过 Web 进行客户端和服务器的通信场合。

（2）控制反转和依赖注入。控制反转（Inversion of Control，IoC），就是代码的控制器交由系统控制，而不是在代码内部，通过控制反转，消除组件或者模块间的直接依赖，使得软件系统的开发更具扩展性。依赖注入（Dependency Injection），是指在客户类的实现过程中只需依赖于服务类的一个接口，而不依赖于具体服务类，所以客户类只定义一个注入点。在程序运行过程中，客户类不直接实例化具体服务类实例，而是客户类的运行上下文环境或专门组件负责实例化服务类，然后将其注入到客户类的运行环境中，实现客户类与服务类实例之间松散的耦合关系。控制反转和依赖注入让客户类的实现与修改更为简单便捷，只需通过在 XML 中定义或修改，需要的功能就可以完成，真正实现了对象的"热插拔"。

（3）数据检索和挖掘技术。数据检索技术也是本平台的关键技术之一。由于这些信息来源不同，存储格式不同，访问和检索方式不同，可能会出现异构资源整合检索的问题，用户需要统一对这些内容进行访问和检索。面对内容数据和并发检索的压力，要保证检索性能和检索速度，需要将分布群集检索、高速缓存和负载均衡这些技术都结合到检索里来。

（4）页面的后台动态生成技术。在传统的页面设计中，页面的控件是固定生成的，一旦需求发生改变，页面的设计和相关代码都需要修改，这对于一些复杂或较为庞大的任务来说会产生巨大的维护负担。

注意到以上问题，设计并采用页面自生成技术，页面中的控件会根据预先配置在后台自动生成，并传输到用户端，用户对页面进行操作产生的信息会返回到服务器端，服务器端会将这些信息按照实现规定的对应数据表进行保存。在后期的维护中，只需修改有关配置即可，极大减少了开发和维护负担。

5. 技术路线

深入调查研究，分析任务需求，做好总体设计。做出初步方案和基本构想后，按任务的要求与任务组成员以及相关研究人员逐一讨论系统开发可行性以及主要流程设计，反复征求意见。涉及数据计算之间和工作流程之间的具体问题，弄清相互交叉关系，认真地做好预处理工作。若实施的过程出现偏差和错误，及时请教专家，并与同行交流沟通，尽快从弯路中走出来。要出色地完成该任务，应该着重从 4 个方面入手：扎实地研究软件开发技术、大数据技术，奠定良好的任务研究基础；细致深入地研究和分析办公的具体流程、思想和处理数据的原理和方法,保证业务的理解正确;完全彻底地遵循系统开发的技术准则开发任务,为任务后续工作的实用性和持续性打下基础;建立完整的、科学的阶段评审,真正做好做实每一个假设、论证和实现。

第二节　北部湾科学数据共享集成应用平台

一、微服务关键技术

1. API 网关

在实施微服务的过程中,不免要面临服务的聚合与拆分,当后端服务的拆分相对比较频繁的时候,作为客户端调用方来讲,往往需要一个统一的入口,将不同的请求路由到不同的服务,无论后面如何拆分与聚合,对于客户端调用方来讲都是透明的。有了 API 网关以后,简单的数据聚合可以在网关层完成。

有了统一的 API 网关,可以进行统一的认证和鉴权,尽管服务之间的相互调用比较复杂,接口也会比较多,API 网关往往只暴露必须的对外接口,并且对接口进行统一的认证和鉴权,使得内部的服务相互访问的时候,不用再进行认证和鉴权,效率会比较高。

有了统一的 API 网关,可以在这一层设定一定的策略,进行 A/B 测试,蓝绿发布,预发环境导流,等等。API 网关往往是无状态的,可以横向扩展,从而不会成为性能瓶颈。

2. 无状态化,区分有状态的和无状态的应用

影响应用迁移和横向扩展的重要因素就是应用的状态,无状态服务是要把这个状态往外移,将 Session 数据、文件数据、结构化数据保存在后端统一的存储中,从而应用仅仅包含商务逻辑。

状态是不可避免的,如 Zookeeper、DB、Cache 等工具把这些所有有状态的东西收敛在一个非常集中的集群里面。整个业务分为两部分,一个是无状态的部分,另一个是有状态的部分。

无状态的部分能实现两点,一是跨机房随意地部署,也即迁移性,二是弹性伸缩,很容易地进行扩容。

有状态的部分,如 DB、Cache、Zookeeper 有自己的高可用机制,要利用它们自己高可用机制来实现这个状态的集群。

虽说无状态化,但是当前处理的数据,还是会在内存里面,当前的进程挂掉数据,肯定也是有一部分丢失的,为了实现这一点,服务要有重试的机制,接口要有幂等的机制,通过服务发现机制,重新调用一次后端服务的另一个实例就可以了。

3. 数据库的横向扩展

数据库是保存状态,是最重要的也是最容易出现瓶颈的。有了分布式数据库可以使数据库的性能随着节点增加线性地增加。

分布式数据库最下面是 RDS，是主备的，通过 MySQL 的内核开发能力，我们能够实现主备切换数据零丢失，所以数据存储在 RDS 里面，是非常安全的，哪怕是坏了一个节点，切换完了后，数据是不会丢的。

Query Server 可以根据监控数据进行横向扩展，如果出现了故障，可以随时进行替换的修复，对于业务层是没有任何影响的。

另外一个就是双机房的部署，DDB 开发了一个数据运河 NDC 的组件，可以使得不同的 DDB 在不同的机房里面进行同步，这时不但在一个数据中心里面是分布式的，在多个数据中心里面也会有一个类似的备份，高可用性有非常好的保证。

4. 缓存

高并发场景下的缓存非常重要。有层次的缓存使得数据尽量靠近用户。数据越靠近用户，能承载的并发量也越大，响应时间越短。

客户端上有一层缓存，不是所有的数据都从后端提取，而是只提取重要的、关键的、时常变化的数据。尤其对于静态数据，可以过一段时间去提取一次，而且也没必要到数据中心去提取，可以通过 CDN，将数据缓存在距离客户端最近的节点上就近下载。

有时候 CDN 里面没有，还是要回到数据中心去下载，称为回源，在数据中心的最外层，我们称为接入层，可以设置一层缓存，将大部分的请求拦截，从而不会对后台的数据库造成压力。

如果是动态数据，还是需要访问应用，通过应用中的商务逻辑生成，或者去数据库读取，为了减轻数据库的压力，应用可以使用本地的缓存，也可以使用分布式缓存，如 Memcached 或者 Redis，使得大部分请求读取缓存即可，不必访问数据库。

当然动态数据还可以做一定的静态化，也即降级成静态数据，从而减少后端的压力。

5. 服务拆分和服务发现

当系统负载过大，应用变化快的时候，往往要考虑将比较大的服务拆分为一系列小的服务。

这样做的第一个好处是开发比较独立，当非常多的人在维护同一个代码仓库时，往往对代码的修改就会相互影响，常常会出现测试不通过的现象，而且代码提交的时候，经常会出现冲突，需要进行代码合并，大大降低了开发的效率。

另一个好处是上线独立，再就是高并发时段的扩容，往往只有最关键的下单和支付流程是核心，只要将关键的交易链路进行扩容即可，如果这时附带很多其他的服务，扩容是不经济的，也是有风险的。

拆分完毕后，应用之间的关系就更加复杂了，因而需要服务发现的机制，来管理应用相互的关系，实现自动的修复，自动的关联，自动的负载均衡，自动的容错切换。

6. 熔断、限流、降级

服务要有熔断、限流、降级的能力，当一个服务调用另一个服务，出现超时的时候，应及时返回，而非阻塞在那个地方，从而影响其他用户的交易，可以返回默认的托底数据。

当一个服务发现被调用的服务,因为过于繁忙,线程池满,连接池满,或者总是出错,则应该及时熔断,防止因为下一个服务的错误或繁忙,导致本服务的不正常,从而逐渐往前传导,导致整个应用的雪崩。

当发现整个系统负载过高时,可以选择降级某些功能或某些调用,保证最重要的交易流程的通过,以及最重要的资源全部用于保证最核心的流程。

还有一种手段就是限流,当既设置了熔断策略,又设置了降级策略,通过全链路的压力测试,应该能够知道整个系统的支撑能力,因而就需要制定限流策略,保证系统在测试过的支撑能力范围内进行服务,超出支撑能力范围的,可拒绝服务。当下单的时候,系统弹出对话框说"系统忙,请重试",并不代表系统挂了,而是说明系统是正常工作的,只不过限流策略起到了作用。

7. 全方位的监控

当系统非常复杂时,要有统一的监控,主要有两个方面,一个是是否健康,另一个是性能瓶颈在哪里。当系统出现异常时,监控系统可以配合告警系统,及时地发现、通知、干预,从而保障系统的顺利运行。

8. 容灾方案

一是服务器异地部署,规避服务器单点故障:在不同地区的机房部署多份服务,当某地区出现不可以访问的情景,可以切换到其他正常的地区,保证系统可以正常服务。二是数据库,一主多从,规避数据库单点故障:主数据库,主库负责业务数据的写操作,从库主要负责业务数据的读操作。将数据库访问分散在不同的节点,提高数据库的访问稳定性。同时,当主数据库出现异常,可以切换从库作为主库,继续保证系统服务的正常运行。

二、北部湾科学数据共享集成应用平台研发

北部湾科学数据共享集成应用平台前端包括首页、最新资讯、资源展示、数据可视化、空间数据解决方案、联系我们等6个功能(图7-13),后台管理系统包括内容发布管理和数据产品管理。内容发布管理主要是新闻资讯发布(图7-13);数据产品管理包括数据产品分类管理和数据产品发布管理(图7-14)。

数据分类体系中,一级目录包括野外观察数据、海洋科学数据、对地观察数据、社会经济数据、水文气象数据、交通运输数据、生态环境数据、农业农村数据、自然资源数据和基础地理数据。海洋科学数据二级目录包括海洋经济、海洋自然资源、海洋生态环境等(图7-15)。

三、数据收集

1. 数据收集情况统计

针对任务要求,本子任务收集数据情况如表7-1所示。

第七章 应用平台研发

图 7-13 平台后台新闻发布

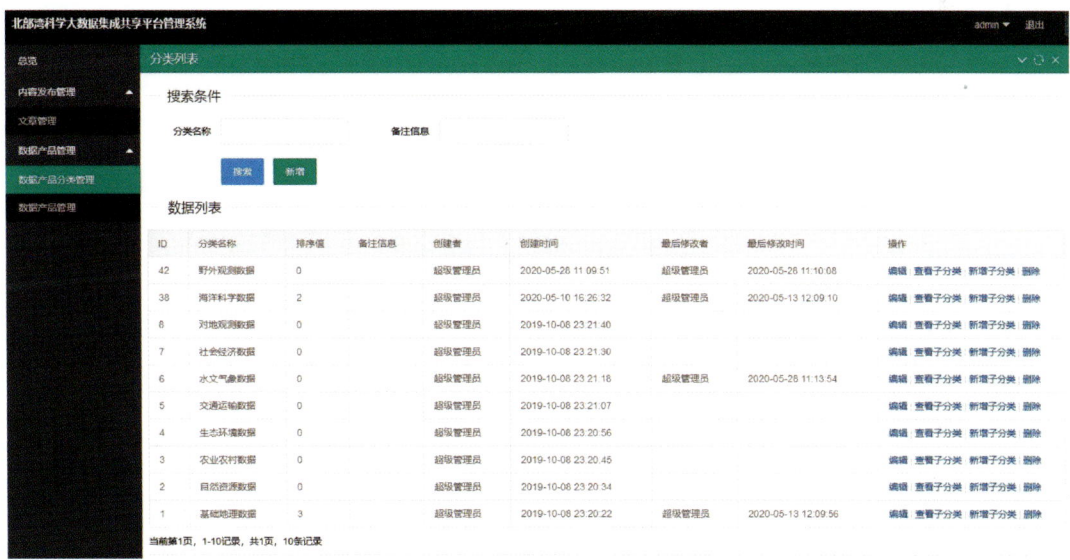

图 7-14 平台后台数据分类管理

图 7-15　平台数据分类界面

表 7-1　数据收集情况表

一级分类	二级分类	数据范围	数据年限	数据格式
海岸带自然资源	红树林分布	钦州湾		Shapefile
	滩涂分布	钦州湾		Shapefile
海洋经济数据	海洋经济数据	广西	2002—2017	Excel
	养殖用海	钦州湾	2011—2019	Shapefile
海洋生态环境气候	初级生产力	钦州湾		Excel
	浮游植物丰度	钦州湾		Excel
	水质	钦州湾		Excel
	pH 值	钦州湾		Excel
	海水温度	钦州湾		Excel
	盐度	钦州湾		Excel

续表 7-1

一级分类	二级分类	数据范围	数据年限	数据格式
海洋自然科学数据	海洋沉积物	钦州湾		Shapefile
	海底坡度	钦州湾		Shapefile
	海岸类型	钦州湾		Shapefile
基础地理要素	海岸线	广西		Shapefile
	海洋陆地面	广西		Shapefile
	等深线	广西		Shapefile
	行政区划	广西		Shapefile

2. 收集数据展示

对收集的数据进行可视化展示，如图 7-16～图 7-18 所示。

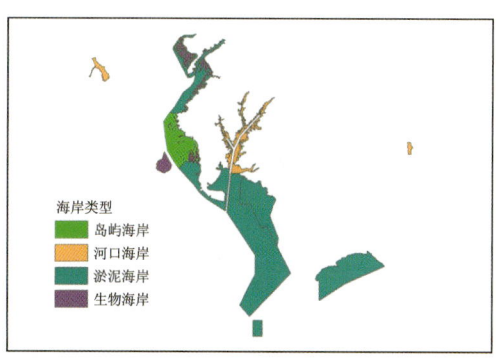

图 7-16　钦州湾沉积物类型与钦州湾岸线类型

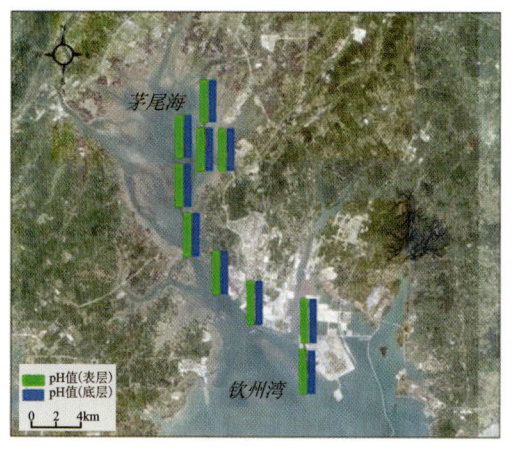
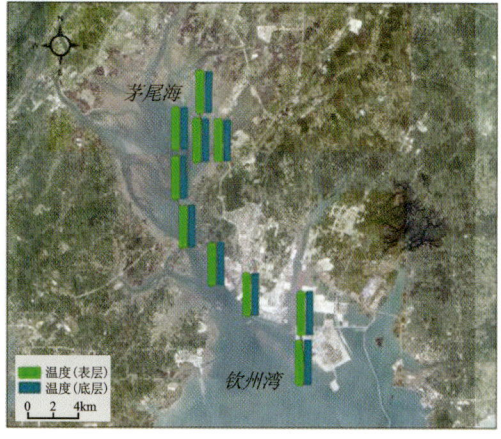

图 7-17　pH 值和温度可视化展示

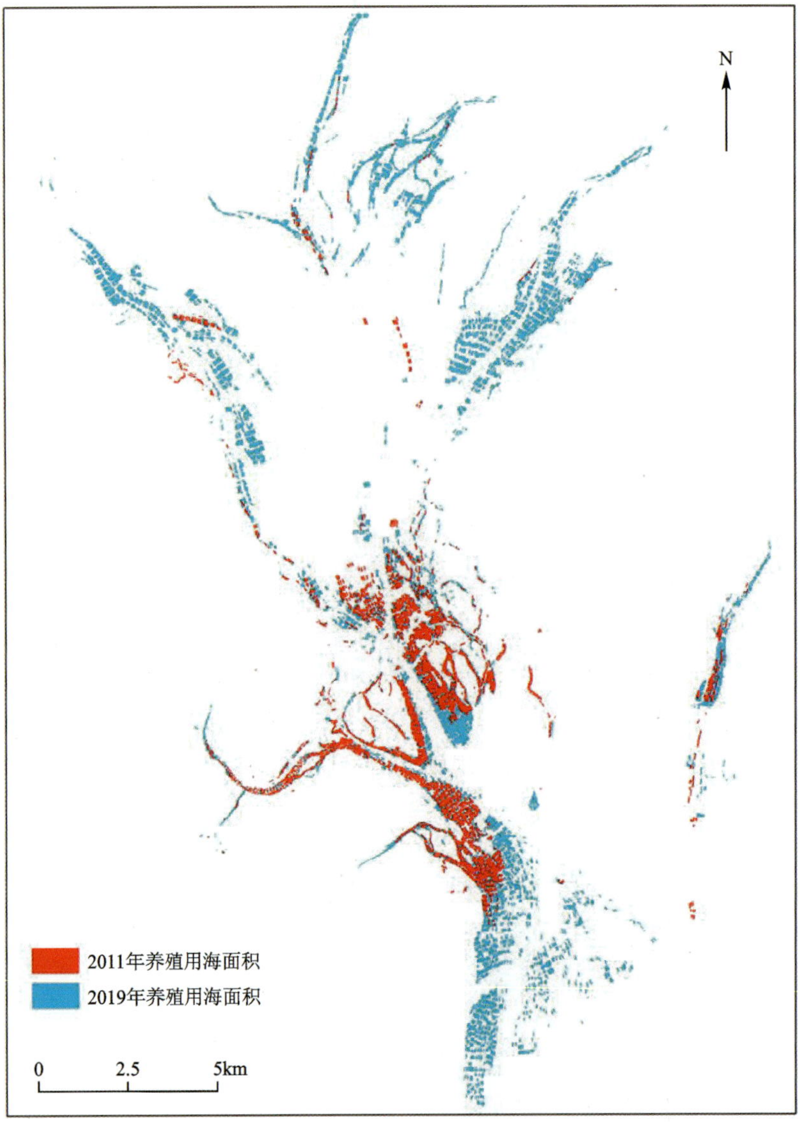

图 7-18　2011 年和 2019 年钦州湾养殖用海分布图

第三节　大蚝在线监控与交易展示系统

一、建设思路

基于大蚝线上线下交易与展示的大蚝销售进行的创新解决方案，主要是通过利用现代互联网信息技术高度的覆盖性和便利性，结合钦州大蚝养殖的特点，为 2000 多户钦州大蚝养殖户搭建一个便捷、高效的钦州大蚝线上线下交易与展示平台。与"天猫""京东""一号店"等主流电商平台合作引流，引进现代先进的监控技术、实时播放技术、物联网溯源技术，通过电脑、手机实时展现钦州天然蚝苗从蚝饼吊挂到蚝苗的繁殖以及小苗、中蚝、大蚝养殖的全过程,向全国范围充分展示钦州天然蚝苗非常稀缺的、独有的"天然繁殖"特点,提高钦州大蚝品牌的知名度和价值,提高广大蚝农的养殖收入,提高钦州大蚝的竞争力,推动钦州大蚝产业的发展。

二、建设规模

线下内容主要是对 1000m² 大蚝交易大厅和 1080m² 大蚝交易运营中心进行装修及展示屏安装,新建 750m² 交易大厅门楼钢结构主体,新建 150m² 海上大蚝展示中心;线上内容主要是建设大蚝交易电子商城以及 O2O 管理系统,可以大大促进钦州大蚝等海产品从业农户的销售能力,并为全国的消费者提供生态、健康的钦州大蚝产品。

三、建设内容

主要品种:主要产品为 O2O 钦州大蚝交易平台。

技术与工艺:建立一个线上线下展示销售电子交易系统,结合先进的视频体系、环境监控体系、物联网定位系统、发达的物流系统把钦州天然蚝苗从蚝饼吊挂到蚝苗的繁殖,以及中蚝、大蚝养殖、交易等各环节,通过现代互联网信息技术向全国范围进行全面的展示、宣传,从而促进在钦州优秀的生态环境下生产的钦州大蚝向全国范围交易。

建立和线上系统连通的交易中心及展示中心,负责钦州大蚝海产品的分散运输存储、实际商品的品尝体验、交易、售后等交易中心及服务中心。

设备方案:所需的设备以技术先进、节能、性能可靠、价格经济合理、适用性强、操作和维修方便为主。

土建工程:土建工程为建筑面积 2980m²。项目建设包括钦州大蚝交易大厅装修 1000m²,交易大厅门楼钢结构主体 750m²,交易运营中心装修 1080m²,海上浮动大蚝展示厅 150m²。

四、能完成考核指标任务的市场分析

1. 2017 年我国牡蛎市场规模情况分析

我国不仅是世界养殖大国,而且是海水养殖大国,海水养殖总面积已超过百万 hm²。在海水养殖中,由于贝类投入成本低、单产高等特点,已成为沿海养殖渔民的主要经济来源,贝类养殖占海水养殖的比重高达 80% 以上;而贝类养殖中又以牡蛎养殖为主,牡蛎是中国传统的贝类养殖品种之一。我国牡蛎养殖主要分布于福建、山东、广东、浙江、辽宁、江苏、广西和海南;其中福建规模最大,其次为山东、广东和广西。智研咨询发布的《2017—2022 年中国牡蛎行业分析及市场深度调查报告》显示,2015 年我国牡蛎(蚝)消费量约 457.43 万 t,同比 2014 年的 435.24 万 t 增长了 5.1%。2015 年我国牡蛎(蚝)消费区域主要集中在东部地区,华东、华北、华中、华南是重点销售区域。

有关数据显示,近十年来,世界生蚝的产量一直处于增长状态,从2000年前后的380万t增长到2014年的530万t,目前全球生蚝产值超40亿美元,其中97.5%都来自人工养殖。20世纪90年代,随着我国北方太平洋生蚝育苗技术和养殖技术的完善,生蚝养殖产量迅速增加。目前中国生蚝的养殖总产量超过世界生蚝总产量的89%,位居世界第一,广西大蚝养殖占全国生蚝养殖总面积的12.2%,产量位居第四。

生蚝产量在中国海洋贝类中排名第一,在法国、澳大利亚生蚝等外国品牌引导下,国内的钦州大蚝、乳山生蚝等区域品牌正在崛起,未来产业发展也会登上高峰。

2016年中国生蚝的总产量约461万t,出口量约1万t,进口量约3万t,从法国、美国、英国、澳大利亚等国家进口的生蚝约为1.03万t。其中,约2000t供生蚝连锁专卖店和高级酒店以刺身蚝的形式消费,约8000t消费为冷冻、干制、盐腌、盐渍或熏制的生蚝罐头。内销的生蚝中,用于加工的生蚝不足14%,用于加工成蚝油、蚝豉这些低端产品,高端产品尚未形成大规模的产业,精深加工产品占比不会超过5%,15%~20%用于家庭产品烹调,烧烤蚝占到60%~70%。

2. 钦州大蚝市场分析

钦州海洋渔业丰富,大蚝远近闻名。钦州作为著名的"大蚝之乡",是我国大蚝的主产区及苗种供应地,茅尾海是我国最大的大蚝天然采苗基地。目前钦州大蚝养殖主要分布在茅尾海海域、龙门群岛海域、七十二泾海域、金鼓江口海域、麻蓝岛海域、大风江口海域等,有标准化大蚝吊养基地15个,全市大蚝养殖面积达15万亩(1亩≈666m²),产量23万t,产业综合产值16亿元,养殖面积、产量、苗种生产在全国名列前茅。

近年来,钦州市积极推进大蚝产业化,注重品牌建设,种苗除供应广西沿海城市外,还销往广东、海南、福建以及越南等地,加工生产的原汁蚝油、蚝豉系列产品畅销粤、港、澳等地。随着大蚝价格不断攀升,壳蚝商品价达9~11元/公斤,养殖户人均年收入6.6万元,大蚝成为钦州沿海农民增收的主要产业,目前直接参与大蚝采苗户达2500多户。

茅尾海是我国大蚝主场区及最大的大蚝天然苗种繁殖区,近年来,通过加大科技投入创新育苗手段,茅尾海蚝柱上苗率提高到80%以上,繁育的大蚝种苗健壮、成活率高、成长速度快,深受客商青睐。据钦州市水产畜牧兽医局统计,目前,全国70%的蚝苗产自茅尾海。2016年,钦州市养育蚝苗约1.3亿支(串),蚝苗产值5亿元,蚝苗产量比2015年增加了30%。2017年,育苗产业发展也是势头喜人。

为促进大蚝产业升级发展,钦州市将其列入2017年政府工作报告,推动北部湾海洋渔业融入"一带一路"建设,与东盟国家建立海洋渔业交流合作平台,出台、调整了水域滩涂养殖规划,规划了大蚝苗种生产区、养殖区、茅尾海和大风江种质资源保护区等,扶持建设国家级广西钦州近江牡蛎原种场。

示范区所在地是钦州湾茅尾海,全国最大的大蚝天然苗种繁殖区,具有非常独特的市场竞争优势。

(1)稀缺性:钦州湾茅尾海是全国最大的大蚝天然苗种繁殖区,苗种品质优良。钦州市是著名的"中国大蚝之乡",目前全市沿海浅滩涂插养及深水吊养大蚝面积有14万多亩,可供开发养殖的滩涂有130多万亩。钦州茅尾海天然蚝苗产量占全国天然蚝苗产量的70%,钦州天然蚝苗远销北海、湛江、越南等地,湛江大蚝的蚝苗大部分来自钦州蚝苗。我国牡蛎养殖主要分布于沿海福建、山东、广东、浙江、辽宁、江苏、广西和海南;其中福建规模最大,其次为山东、广东和广西。但是,福建、山东、浙江、辽宁、江苏等地的天然蚝苗基本灭绝,天然蚝苗非常稀缺。

(2)不可复制性。茅尾海面积135km^2,是以钦江、茅岭江为主要入湾径流的共同河口海滨区,东西走向最宽处约15km,南北走向最宽处约17km,从北到南,像一个倒挂的葫芦,水深0.1~5m,水的最深处可达29m,水深浪静。示范区在茅尾海海域湾口西侧,是一个天然避风港湾。茅尾海是蚝卵最理想的着床场所,由于钦江、茅尾江在这里入海,咸淡交接,内宽口窄,使得茅尾海的海水盐度保持在17度左右,也是因为内宽口窄,使得退潮时,蚝卵仍然留在了茅尾海内,非常适合天然蚝苗繁殖,附近又有大片红树林湿地,为大蚝育苗提供了充足的饵料。独特的地形地貌,造就了蚝苗繁殖的天然温床,是养殖大蚝的"天然牧场",在中国地理可谓绝无仅有,无法复制。

(3)品牌影响力大。钦州大蚝于2010年列入国家农产品地理标志登记保护,2016年由中国品牌建设促进会、经济日报社、中国国际贸促会、中国资产评估协会等单位联合举办的2016年中国品牌价值评价信息发布会,钦州大蚝以707的品牌强度和45.48亿元的品牌价值强势上榜,是广西养殖类农产品唯一上排行榜的产品,2017年钦州大蚝入选"2017年中国百强农产品区域公用品牌"。

五、营销策略与模式

1. 营销策略

采用网络广告、微电影、视频直播、手机微信等公共宣传的方案;打出自己"钦州天然蚝苗"的品牌,充分展示钦州蚝苗"天然繁殖"的稀缺性,这是推销钦州大蚝最有效的策略;采用销售产值激励制度,提高销售人员的积极性。

充分利用"蚝情节"和政府的力量,宣传交易中心,给蚝农免费试用交易平台(收到效果后才收取平台管理费),让蚝农充分感受到交易中心销售平台的作用,积极入驻交易中心平台。

充分发挥专家团队和大蚝养殖工程中心的作用,制定大蚝养殖标准和质量评定标准,建立钦州大蚝质量认证体系和食品安全可追溯性体系,指导蚝农规范养殖,提高钦州大蚝品牌软实力。

2. 营销模式

通过互联网电商销售及现场实时视频播放体验模式,以及开展大蚝科普教育、大蚝美食长廊、舌尖文化等多种宣传模式,促进钦州大蚝的销售。

在核心示范区,通过提供线下交易中心场所,大力开展钦州大蚝品牌营销,鼓励和扶持蚝农便捷地使用平台,通过建设淘宝(图7-19)、抖音、直播(图7-20、图7-21)、竞赛等宣传营销手段,推广钦州大蚝,达到增效目标。

图 7-19　淘宝店面的蚝品展示

图 7-20　直播宣传海报

图 7-21　直播现场

第八章　创新成果产出

第一节　技术创新

项目实施以来，紧紧围绕服务国家"海洋强国"战略、广西海洋经济强区、向海经济发展决定，充分调研借鉴山东、浙江等沿海省份先进经验，创新"海洋牧场＋三产融合"模式。根据北部湾海洋牧场实际发展态势，特别是生态休闲型智慧海洋牧场需求，促进海洋牧场产业融合，从海上渔业单一传统产业向海上渔业、服务业、信息业和互联网知识经济融合；组合上从陆海分离到陆海综合生态休闲一体化发展；区域空间上从近浅海立体精细化养殖到向深远海发展转变。打造支持北部湾向海经济"智慧海洋牧场＋多产融合"发展模式，助力"海上粮仓"和"海上森林"融合发展。

围绕我国海洋牧场用地用海空间分离、动态监测预警体系困难等难题，建立陆海综合体海洋牧场监测预警理论框架，对陆海资源统筹、生态、生产和生活"三生空间"及其信息综合体监测预警方法技术体系进行探索。

围绕广西北部湾精细化立体监测体系匮乏难题，研发立体网格精细化监测标准和关键体系。其中北斗网格码获得国家标准立项，并送审国际标准化组织，将传统大数据检索效率提高 10 倍以上。

围绕广西北部湾海水养殖粗放分散、线上集中交易平台困难，建设突破北斗海下位置服务限制，形成我国自主研发的海洋牧场北斗海下米级综合位置服务和装备体系，构建了包括海底海面装备、立体数据采集、立体网格模型的立体网格精细化监测体系，研发了集海洋科学数据在线采集分析、海洋灾害监测预警、海产品全域溯源线上交易的智慧服务平台。

完成了北部湾海洋牧场"五个一，三套装备和三个平台"（"五个一"即一个地理时空数据集、一个核心示范区、一个展示厅、一个监控室、一个交易中心；"三套装备"即信标、测深、北斗多功能装置；"三个平台"即大数据采集平台、网格化处理平台和智慧服务平台）建设任务，建立海底位置服务导航、全域溯源线上交易、灾害防御预警陆海综合体系集成智慧服务平台，打造三产融合的休闲生态旅游综合型智慧海洋牧场，推动海洋牧场生态、休闲、旅游、科普、信息深度融合发展，初步达到"提品牌、增效益、止损失"目标。

一、创新点

创新点 1：面向海洋牧场陆海综合体监管预警体系

针对海洋牧场的陆海综合动态监管问题，建立一套针对海洋牧场示范区的多维动态陆海综合体监管体系，实现对海洋牧场及其周边区域地理时空网格化数据转换与存储；建立相应的水动力、HOP 模型，形成一套对应的生态、产业和生活复杂陆海监管信息综合体，实现对海洋牧场的精细化管理及预警监测。

海洋牧场受陆域污染源的影响很大，为解决陆海传统单一空间与资源、信息孤岛和陆海分离管控等问题，提出陆海综合体理念。它是一个包括陆域、陆海交替的潮间带及海域海岛的复杂特殊区域，是一个资源丰富、人类活动频繁、信息庞大的生态综合体与生产综合体的复杂复合综合体。陆海综合体（Land and Sea Complex，LSC），包括陆域、陆海交替的潮间带、航道、岸线、码头以及海域海岛的一个行政单元、自然单元、权属单元或这些单元组合的异常复杂关键区域。它是一个资源丰富、产业布局聚集、人类活动频繁、信息庞大的复杂综合体，相当于城市综合体中的"城中城"，海岸带中的"带中带"。可以按照层次划定为自然、生态、产业、生活和信息五大要素的体系结构，形成"五层楼"模型（图 8-1）。

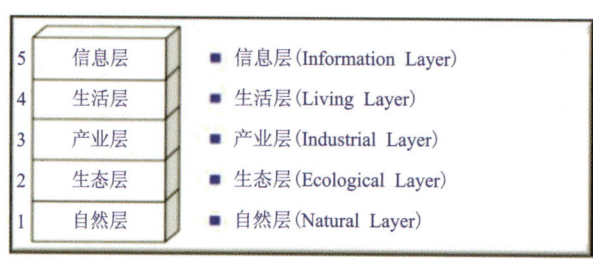

图 8-1 陆海综合体结构

针对海洋牧场的陆海综合动态监管问题，在原有研究基础上，建立海洋牧场示范区陆海综合体动态监管新框架，研制多传感器融合水下精准定位设备及海底地形测量设备，结合卫星遥感、无人机航测、外业调查、浮标、无人艇、多波束声呐等设备，建立一套针对海洋牧场示范区的多维动态陆海综合体监管体系，实现对海洋牧场及其周边区域的陆域生态环境、陆域利用现状、海域使用现状、海洋生态环境、海洋经济、海洋水动力等数据的转换与存储，建立相应的水动力、HOP 模型，形成一套对应的生态、产业和生活复杂陆海信息综合体，利用精细化网格技术、地理人工智能、分子生物等学科综合进行生境分析和规划对策实证实验研究，实现对海洋牧场的精细化管理及智慧管理。

创新点 2：北斗网格码算法

围绕全球地理时空大容量数据网格化表达、索引和效率应用研究世界性前沿难题，依托全球剖分格网，将传统的多边形空间求交检索算法转化为网格编码数值匹配检索算法。构建新型的多尺度立体网格空间索引，使用二进制一维整型数值作为检索主键，将传统的多边形空间求交检索算法转化为网格编码数值匹配检索算法，大幅降低空间检索的计算复杂度，有望将传统商业空间数据的检索效率提高 10 倍。

第八章 创新成果产出

创新点 3:北斗/GPS 信号水下盲区的海洋牧场水下高精度位置服务

对海洋牧场中各类生产设施设备(水面作业船只、网箱、筏架、水下人工鱼礁、AUV、ROV等)的位置信息进行高精度监测,是智慧海洋牧场建设中的重要组成部分。目前,大多数牧场通过接收北斗/GPS 等卫星导航信号,实现了海面上的精确定位。但在海面下的北斗/GPS信号盲区,缺乏有效的解决手段。此外,极端恶劣天气或意外故障导致卫星导航信号丢失时,也缺乏有效的应对办法。本项目依托水下的海洋大地测量基准信标与应答感知设备,通过海上/海下一体化高精度定位算法的解算,可建立区域海洋大地测量基准与海上/海下综合位置服务系统,为区域内海上/海下用户提供高精度的位置服务。

二、先进性

先进性 1:面向海洋牧场陆海综合体监管预警体系

在国内外率先提出陆海综合体的动态监管体系,该研究成果被中科院院士为代表的专家组认定为达到国际先进水平,并获得 2017 广西科技进步二等奖。本课题在该研究成果的基础上进行深入研究和改进,并针对海洋牧场在国内率先提出一个全新的海洋牧场示范区陆海综合动态监管体系框架,很好地满足了海洋牧场精细化监管、污染预警和污染溯源等需求。

先进性 2:实现首个面向海洋牧场北斗网格码大数据索引模型与快速检索方法

实现首个面向海洋牧场北斗网格码大数据索引模型与快速检索方法,使用二进制一维整型数值作为检索主键,将传统的多边形空间求交检索算法转化为网格编码数值匹配检索算法,可将海量空间数据检索的计算复杂度从指数级降低为线性级计算复杂度,有望将传统商业空间数据的检索效率提高 10 倍。

先进性 3:构建我国首个自主的米级海洋牧场综合位置服务示范区

近年来,美国、加拿大、日本通过布测技术先进的海底大地控制网,不断地完善海洋大地基准设施,加快海洋导航定位技术革新,力求在海洋资源争夺和海洋空间利用中占据有利地位,目前水下定位精度最高可达到 1cm 量级,并在海洋渔业、资源开发、国防安全等多个领域得到成功的应用。最近 20 年我国水下测量和导航定位装备不断取得突破,部分设备水下定位精度可达到 10m 以下,但与国外相比仍然差距明显,海底大地测量基准建设还处于论证和试验阶段,水下定位和综合位置服务在海洋牧场的应用也还在探索和起步。本项目拟建立区域海洋大地测量基准与海上/海下综合位置服务系统原型并进行验证,将成为我国首个自主的米级海洋牧场综合位置服务示范区。

第二节 风暴潮与海浪预测预警标志成果

1.广西沿岸的风暴潮和海浪耦合精细化预报系统

系统简介:基于非结构化网格模式 SCHISM,利用浪-流耦合技术,建立广西沿岸的风暴潮和海浪耦合精细化预报系统,可实时提供广西沿岸区域特别是重点港口区(铁山港、钦州港和防城港)的风暴潮(含水位、天文潮、增水)和海浪(含有效波高、平均波向、平均波周期、谱峰波向和谱峰频率等)的短期精细化预报。预报系统以广西沿岸为中心,覆盖北部湾北部区域,经纬度范围为106.58°E～109.93°E,20.45°N～21.90°N。利用灵活的三角网格形式,对广西沿岸的重点港口区及岛屿周边区域进行加密,外海的边界大致与纬线平行(图8-2)。网格节点数为30916,单元数为56123,近岸区域的平均分辨率为1000m,对近岸区域和岛屿周边进行加密,特别是重点港口区,最小分辨率可达到27m。垂向上,模式采用地形跟随的坐标,分为21层。预报系统包含了数据自动前处理、自动预报、预报产品标准化输出和预报产品可视化模块(图8-3)。自动预报模块则包含了环流预报子模块SCHISM和波浪预报子模块WWMⅢ,这2个子模块在代码层级上实现双向耦合。环流预报子模块SCHISM实现天文潮和增水的预报,而波浪预报子模块则完成波浪的预报。预报系统的环流边界、波浪边界和大气强迫来源于中国科学院南海海洋研究所的"南海海洋环境实时预报系统",而潮汐边界则来源于全球潮汐分析数据集FES 2014。

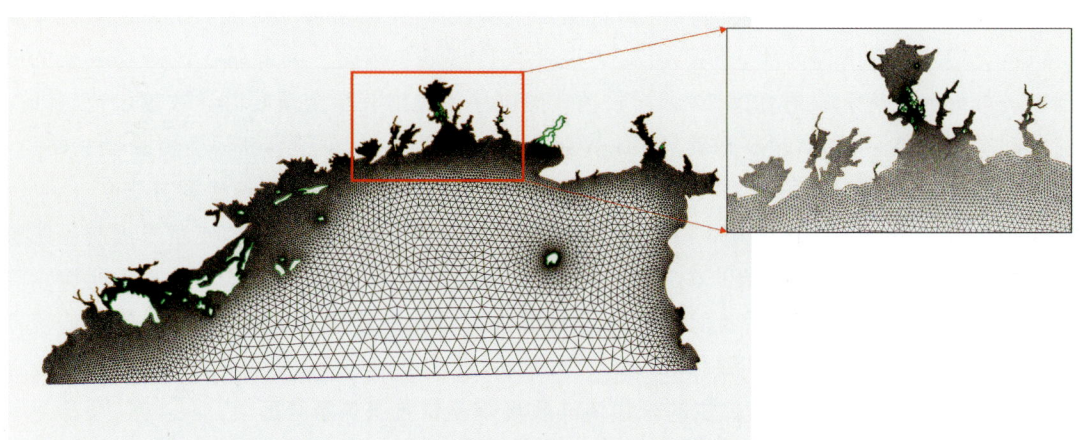

图8-2　广西沿岸的风暴潮和海浪精细化耦合预报系统的范围与网格划分

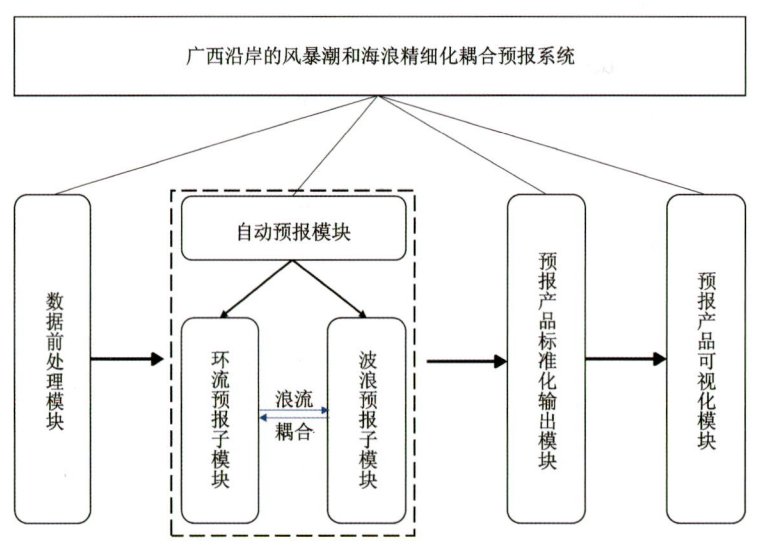

图8-3　广西沿岸的风暴潮和海浪精细化耦合预报系统模块功能组成图

第八章 创新成果产出

广西沿岸的风暴潮和海浪耦合精细化预报系统自2022年6月完成构建工作后,开始进行业务化试运行,并针对北部湾区域的天文潮、风暴潮、海浪等过程进行了大量的检验评估工作。结果表明,该系统运行稳定,可很好地刻画广西近岸区域的天文潮、风暴增水和巨浪等过程。

系统优势:SCHISM 是在半隐式欧拉-拉格朗日有限元模式 SELFE 基础上开发的一种基于非结构化网格的建模系统,能够实现从河道、河口、大陆架到海洋的网格由细到粗以及跨尺度动力过程的自然过渡。另外,非结构化网格对复杂的海岸线和近岸地形的拟合有着独特的优势。模式的质量方程采用有限体积方法求解,而动量方程则使用伽辽金有限元法求解,其最大的特点是减小 CFL 条件的限制,在保证计算结果准确的前提下,可适当放大时间步长,提高计算效率,达到计算精度和计算效率的双赢效果。

2. 1981—2020 年广西沿岸的高时空分辨率台风风暴潮和海浪数据集

基于广西沿岸的风暴潮和海浪耦合精细化预报模式,以 ERA5 再分析数据集融合 Holland model 后的 10m 风场和海表气压场作为大气强迫,对广西沿岸 1981—2020 年台风影响下的风暴潮和海浪进行高分辨率数值模拟,形成一套长时间、高分辨率的广西沿岸台风风暴潮和海浪数据集。数据集的模拟变量包括了水位(含潮汐)、流速、有效波高、平均波向、平均波周期、谱峰波向和谱峰周期等。利用历史观测资料进行验证和评估,发现该数据集能够比较好地反映广西沿岸的台风风暴潮和海浪的变化过程。

第三节 重要贡献

一、产业融合上从海上渔业向多产业融合转变

项目创新"海洋牧场+产业融合"模式,助力打造"海上粮仓",支持做强"一产"。按照习近平总书记视察广西时首次提出"要打造好向海经济"的要求,广西发展海洋经济,不断推进海洋和渔业高质量发展,要克服近海养殖瓶颈,实现从浅海养殖向深海立体化增值放养区拓展,做大渔业增值业务。钦州市维丰农业有限公司投入6亿元,规划面积3300亩,建设利用流转海域1050亩,用于建设钦州"龙门蚝湾"养殖产业示范区,主要经营具有广西钦州本地优势的天然蚝苗繁殖、大蚝养殖、交易业务,通过广西北部湾智慧海洋牧场智慧服务平台与应用示范,实现了产业增值和生态保护的完美结合,经济和社会效益显著,已成为中国最大的大蚝养殖生产基地,全国七成近江牡蛎都出自于此。

支持做活多产业融合。按照国家"田园综合体"标准去建设蚝田综合体,打造大蚝养殖、蚝事体验、休闲旅游、科教为一体的生态产业示范区,打造以海洋产业为特色附加休闲产业的生产、生活、生态圈。钦州"龙门蚝湾"产业示范区建设有大蚝文化长廊、大蚝海上博物馆、大蚝景观文化养殖展示区、滨海康养旅游中心、大蚝科普教育基地、儿童海上乐园、沙滩岛、旅游码头等,搭建蚝姐电子商务平台,实现网上交易、网上查询和客户服务功能,发展休闲旅游、酒店住宿、餐饮娱乐、科教体验、大蚝冷链物流、信息业、知识产业等产业融合,拓展产业链条,最

大限度地提升产能,提高产品附加值,走出一条海上农业与多产业融合转变的新路,增加周边农民收入,促进当地海洋经济新旧动能加快转换。打造的"多产业融合"模式内涵不断丰富,充分发挥了海洋科技服务在国家重点战略和区域战略中的支柱作用,形成了一套可复制、可推广的模式。

二、产业组合上从陆海分离到陆海综合一体化

在产业示范区实现陆海"同频共振",陆海综合一体化建设,陆域有钦州大蚝交易中心、滨海康生度假区、海产品加工物流区、大蚝文化展示中心,海域有大蚝景观化养殖长廊、天然蚝苗繁育区、标准化养殖区、生态休闲旅游区、海上科普教育基地等,在示范区内实现陆海经济一体化发展,通过产业融合实现产业升级。

三、产业区域空间上从近浅立体精细化利用到向海深远发展的转变

北海乃志海洋科技有限公司在北海市铁山港区建设了深水抗风浪养殖示范区,海洋产业从浅海向更深海的地方要资源,引导网箱养殖从港湾走向深海,成为广西沿海三市最大的网箱养殖基地,产品畅销广东、福建、上海及欧美国家。通过深海综合导航定位装备体系和海洋牧场示范区资源环境数据采集及海洋科技支撑海洋牧场立体精细化利用,为打造生态"蓝色粮仓"和千亿元现代海洋渔业产业保驾护航。

第九章　示范应用

第一节　智能服务区建设

一、钦州海洋牧场生蚝智能服务区

钦州龙门港生蚝智慧养殖示范基地位于钦州市茅尾海一带,由钦州市维丰农业有限公司进行建设,该基地现已成为首个北部湾智慧海洋牧场"553"建设范式,形成了包括农业养殖、康养、旅游、休闲、交易一体化智慧服务平台,提供龙门港200多户养殖户立体网格精细化监测、多灾种预警防护信息服务及线上交易生态旅游增值服务。示范区被评为自治区大数据与农业深度融合重点示范项目、广西现代特色农业(核心)示范区;农业农村部水产健康养殖示范场;获中国农业品牌目录、中国农产品地理标志、中国大蚝(牡蛎)之乡。

二、北海铁山港海洋牧场金鲳鱼智能服务区

北海铁山港抗风浪网箱智慧养殖示范基地位于北海铁山港一带,是铁山港最重要的海水养殖基地之一。基地养殖海域200余亩,建设现代化养殖深水网箱80多个,形成年产2000t金鲳鱼现代化深水网箱产业基地,公司采用"公司＋基地＋农户"的模式,向200多农户提供饲料、技术培训和技术指导等全程跟踪服务。成品按不低于市场价的标准收购,确保将农户养殖风险降到最低,保证农户增收,带动周边农户平均年增收6万多,实现了共同致富。

三、北海侨港智慧海洋牧场示范区

北海侨港镇智慧海洋牧场建设区域位于侨港镇西南面约7.5～11.7km处,为达到国家级海洋牧场示范区建设要求,向银海区政府申请免海域使用金科研用海,总面积为5000亩,配套陆域面积200亩。通过生态环境调查,水动力模拟和海底地形测绘,在海上侨港产业园规划区选址三大海洋牧场示范区。按三大海洋牧场类型分三期建设,分别为生态休闲文化旅游型智慧海洋牧场示范区(1000亩)、生态修复与养护型智慧海洋牧场示范区(2000亩)和立体网箱养殖与增殖型智慧海洋牧场示范区(2000亩)。该区域最低潮水深10.5～12.5m,海底地质稳定,海底表面承载力满足人工鱼礁投放要求,海水水质达到二类以上海水水质标准,符合北海市海洋功能区划,为养殖区区域。

第二节 技术实施

一、水质监测与产品溯源应用

1. 建立海洋牧场水质监控网络体系

根据海洋牧场水质监控要求,建立水质基线在线监测数据集、日常水质监测数据集、灾害应急区水质监测数据集等3个数据集,覆盖水动力数值模拟和承灾体脆弱性评价模型的所需数据类型及时空密度。3个数据集分别对应了智能服务区全海域、核心区海域($10km^2$)和灾害应急区海域的功能区划,分别反映了服务区全海域的水质基线、海产养殖生境的水质环境,以及灾害应急海产安置区的水质环境。3个数据集的监测指标数量根据功能区的水质稳定性依次增加。从常规水质监测的温度、盐度、溶解氧、pH、浊度等5个指标延伸至温度、盐度、溶解氧、pH、浊度、COD、氨氮、叶绿素a、生化需氧量(BOD)、总氮、硝态氮、亚硝态氮、总磷、活性磷、海水的重金属(汞、铜、锌、铅、镉、铬、砷)、石油类、DDT、多氯联苯、硫化物、活性硅酸盐等35个指标。从数据采集的时空密度和环境指标种类的规划多层次提高水动力数值模拟、承灾体脆弱性评价模型的准确度。

2. 2019—2020年茅尾海海域水环境质量监测结果

2019年开始对茅尾海实施季度水质检测,监测项目包括温度、盐度、溶解氧、pH、浊度、总氮、氨氮、硝态氮、亚硝态氮、总磷、活性磷、叶绿素a、化学需氧量、生化需氧量、汞、铜、锌、铅、镉、铬、砷、石油类、DDT、多氯联苯、硫化物、活性硅酸盐等。2019年4月—12月、2020年6月—12月,钦州茅尾海海域水质全年调查结果统计分别见表9-1、表9-2。

表9-1　2019年钦州茅尾海海域水质调查统计表

项目	钦州茅尾海海域表层海水		钦州茅尾海海域底层海水	
	变化范围	均值	变化范围	均值
总氮/(mg·L^{-1})	0.3～2.38	1.105 111 111	B～2.25	0.968 409 091
氨氮/(mg·L^{-1})	0.009～0.146	0.079 4	B～0.156	0.074 581 395
硝态氮/(mg·L^{-1})	0.021～17.4	2.162 568 889	B～10.7	2.218 743 59
亚硝态氮/(mg·L^{-1})	B～0.109	0.030 311 111	B～0.112	0.039 727 273
总磷/(mg·L^{-1})	B～2	0.187 955 556	B～2.03	0.198 418 605
活性磷/(mg·L^{-1})	0.008～0.093	0.044 2	0.008 00～0.173	0.050 377 778
硫化物(检出限:0.005mg/L)	B～0.008	0.008	B～0.006	0.006
化学需氧量/(mg·L^{-1})	0.27～2.66	1.286 444 444	0.180 00～2.62	1.273 111 111
五日生化需氧量/(mg·L^{-1})	B～0.8	0.625	B～0.9	0.613 333 333

续表 9-1

项目	钦州茅尾海海域表层海水		钦州茅尾海海域底层海水	
	变化范围	均值	变化范围	均值
汞(检出限:0.07μg/L)	B~0.000 07	0.000 07	B	B
铜/(mg·L^{-1})	B~0.003 81	0.000 788 859	0.000 08~0.136 87	0.005 609 063
锌/(mg·L^{-1})	0.003 65~0.176 6	0.020 756 222	0.001 94~0.026 7	0.012 072
铅/(mg·L^{-1})	B~0.005 04	0.000 862 432	B~0.001 7	0.000 898 378
镉(检出限:0.05μg/L)	B~0.000 13	0.000 089	B~0.000 13	0.000 088 125
砷/(mg·L^{-1})	B~0.001 79	0.001 322 558	0.000 60~0.003 01	0.001 43
铬/(mg·L^{-1})	0.000 11~0.002 48	0.001 324 222	B~0.002 95	0.001 524 103
滴滴涕/(mg·L^{-1})	B~0.000 314 4	0.000 301 705	B~0.000 291 9	0.000 130 2
多氯联苯/(mg·L^{-1})	B	B	B	B
石油类(检出限:0.04mg/L)	B~0.09	0.09	B~0.05	0.05
叶绿素a	0.001 4~17.9	2.463 006 667	0.001 8~16.2	2.509 7
pH	7.440~8.110	7.817 555 556	7.56~8.09	7.821 590 909
浊度	0.34~21.3	6.153 409 091	3.28~23.5	7.748 837 209
温度/℃	19.5~28.5	23.686 363 64	21.2~23.1	22
盐度/‰	5.130 000~32.6	24.534 571 43	6.6~33.1	25.747 428 57
溶解氧	5.470 000~6.44	5.868	5.04~6.12	6.111 428 571

注:B表示低于检出限,检测不到该项指标,下同。

表 9-2 2020 年钦州茅尾海海域水质调查统计表

项目	钦州茅尾海海域表层海水		钦州茅尾海海域底层海水	
	变化范围	均值	变化范围	均值
总氮/(mg·L^{-1})	0.31~1.86	0.849 583 333	0.18~0.89	0.197 5
氨氮/(mg·L^{-1})	B~0.3	0.126 916 667	0.024~0.242	0.049 5
硝态氮/(mg·L^{-1})	0.1~0.6	0.158 333 333	0.1~0.2	0.025
亚硝态氮/(mg·L^{-1})	B~0.046	0.018	B~0.042	0.004 75
总磷/(mg·L^{-1})	B~0.03	0.008 208 333	B	0
活性磷/(mg·L^{-1})	B~0.027	0.002 083 333	B	0
硫化物(检出限:0.005mg/L)	B	B	B	B
化学需氧量/(mg·L^{-1})	0.37~1.93	1.002 5	0.67~2.06	0.537 5
五日生化需氧量/(mg·L^{-1})	B~0.5	0.041 666 667	B	0
汞(检出限:0.07μg/L)	B~0.000 1	0.000 030 4	B~0.001 1	0.000 091

续表 9-2

项目	钦州茅尾海海域表层海水		钦州茅尾海海域底层海水	
	变化范围	均值	变化范围	均值
铜/(mg·L^{-1})	0.000 2～0.028 2	0.001 898 333	B～0.002	0.000 115 417
锌/(mg·L^{-1})	0.003 6～1.453	0.086 719 583	0.008 31～0.015 25	0.000 981 667
铅/(mg·L^{-1})	0.000 1～0.033 2	0.002 035 833	B～0.004 52	0.000 320 417
镉(检出限：0.05μg/L)	0.000 1～0.009 3	0.001 202 917	B～0.000 380	0.000 037 9
砷/(mg·L^{-1})	0.001 3～0.002 8	0.001 779 583	B～0.002 090	0.000 86
铬/(mg·L^{-1})	0.000 1～0.004 1	0.001 448 75	0.001 060～0.004 210	0.001 493 333
滴滴涕/(mg·L^{-1})	B	B	B	0
多氯联苯/(mg·L^{-1})	B	B	B	0
石油类(检出限：0.04mg/L)	B～0.01	0.002 083 333	B～0.09	0.002 5
叶绿素a	1～40.1	6.9	1～10.9	2.658 333 333
pH	7.79～8.6	8.082 083 333	7.23～8.19	7.921 666 667
浊度	2.5～15.9	6.204 166 667	3.9～18.8	9
温度/℃	23～32.8	26.987 5	22.8～24.8	23.666 666 67
盐度/‰	7.4～29.8	19.433 333 33	6.1～29.8	21.858 333 33
溶解氧	6.11～11.9	8.48	8.3～11.69	9.426 666 667

1）水质污染综合评价方法

水质综合评价涉及有机污染因子（DO、COD、无机氮DIN、活性磷酸盐DIP）、石油类和有毒重金属污染物（Cu、Zn、Pb、Cd）等污染因子。水质综合评价公式为

$$A_{综合} = A_{有机} + A_{石油} + A_{有毒}$$

式中：$A_{综合}$为水质综合污染指数；$A_{有机}$、$A_{石油}$和$A_{有毒}$分别为有机污染指数、石油污染指数和有毒污染物综合指数。$A_{有机} = S_{DO} + S_{COD} + S_{DIN} + S_{DIP}$；$A_{石油} = S_{石油}$；$A_{有毒} = (S_{Cu} + S_{Zn} + S_{Pb} + S_{Cd}) \times 1/4$；$S$为各水质参数的标准指数。标准指数的计算采用《海水水质标准》（GB 3097—1997）中的第二类海水标准。利用水质综合污染指数进行污染等级划分的标准见表9-3。

表 9-3 水质综合污染指数划分等级

级别	清洁	微污染	轻污染	重污染	严重污染
A类	0～1	1～2	2～7	7～9	>9

2019年及2020年茅尾海海域海水质量综合污染指数评价见表9-4。

表 9-4 茅尾海海水质量综合评价表

项目	2019 年			2020 年		
	表层	底层	均值	表层	底层	均值
$A_{有机}$	6.334 850 852	6.033 659 933	6.083 529 45	3.273 436 677	0.620 875 475	6.083 529 45
$A_{石油}$	0.8	0	0.4	0.040 666 667	0.0	0.4
$A_{有毒}$	0.070 090 959	0.249 900 730	0.200 500 845	0.642 993 75	0.050 420 833	0.200 500 845
$A_{综合}$	8.305 943 800	7.283 570 664	7.794 030 295	3.958 097 093	0.772 297 308	7.794 030 295
评价结果	重污染	重污染	重污染	轻污染	微污染	重污染

各季度水质标准指数详见表 9-5。

从表 9-5 可以看出,COD、石油类、总铬、汞、砷各季度水质标准指数平均值均符合二类海水水质标准;DO 在冬季超二类海水水质标准,无机氮始终超二类海水水质标准,2019 年活性磷酸盐超二类海水水质标准,2020 年活性磷酸盐符合二类海水水质标准。

3. 2019—2020 年茅尾海海洋牧场牡蛎生境水质调查

1)牡蛎死亡率

根据牡蛎死亡率将茅尾海海洋牧场区域划分为较低死亡区、较高死亡区、高死亡区 3 个区域(图 9-1)。

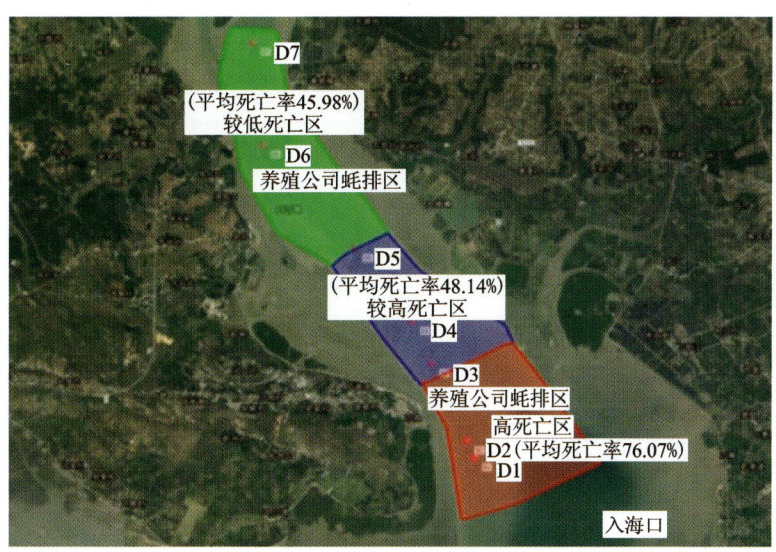

图 9-1 牡蛎死亡率分区

对每个死亡率区域采样点数据进行评价,不同海水水质单因子评价如表 9-6 所示。

2)功能区海水水质评价标准

根据茅尾海各海域养殖功能的不同,可将其划分为七十二泾养殖区、红沙大蚝养殖区,采苗区、东采苗区、西采苗区,对各功能区海水水质分别进行单因子指数评价。功能分区见图 9-2,海水水质单因子指数评价表见表 9-7。

表 9-5 各季度水质标准指数表

评价因子		pH值	DO	COD	石油类	活性磷酸盐	无机氮	铜	铅	锌	镉	总铬	汞	砷
2019年春季-冬季水质标准指数(第二类标准)——表层海水														
春季	最大值	1.325	0.841 968 999	0.606 666 667	0	1.833 333 3	4.033 333 333	0.381	0.114	0.346	0	0.024 8	0	0.050 333 333
	最小值	0.55	0.680 575 636	0.09	0	0.666 666 7	1.3	0.079	0.05	0.097 4	0	0.011 4	0	0
	平均值	0.953 75	0.681 782 724	0.344	0	1.366 666 7	2.356 666 667	0.159 6	0.076 4	0.211 96	0	0.016 66	0	0.030 166 667
	超标率	40%	0	0	0	80%	100%	0	0	0	0	0	0	0
夏季	最大值	0.9	0.704 11	0.82	1.8	3.1	7.933 333 333	0.018 35	0.022	3.532	0.016	0.015	0	0.059 666 667
	最小值	0.662 5	0.371 23	0	0	1.3	3.633 333 333	0	0	0.508	0	0.001 1	0	0.046
	平均值	0.766 25	0.582 05	0.466 666 667	0.28	2.373 333 3	5.723 333 333	0.001 835	0.004 2	1.315 8	0.009	0.002 96	0	0.049 666 667
	超标率	0	0	0	20%	100%	100%	0	0	50%	0	0	0	0
秋季	最大值	1.387 5	0.751 185 233	0.886 666 667	0	2.266 666 7	7.3	0.064	0.314	0.352 4	0.026	0.019 8	0	0.058 333 333
	最小值	0.9	0.515 819 912	0.253 333 333	0	0.266 666 7	2.233 333 333	0	0.17	0.081 8	0	0.011 5	0	0.041
	平均值	1.122 115 385	0.292 644 446	0.482 307 692	0	1.141 025 6	5.374 358 974	0.023 923 077	0.218 153 486	0.155 292 308	0.018 154	0.015 531	0	0.048 769 231
	超标率	69%	0	0	0	46%	100%	0	8%	50%	0	0	0	0
冬季	最大值	1.275	1.656 265 761	0.346 666 667	0	1.4	1.966 666 667	0.101	1.008	0.207 8	0.024	0.021 8	0.35	0.042 666 667
	最小值	1.1	1.084 664 268	0.233 333 333	0	0.9	0	0.029	0.11	0.073	0.014	0.012 5	0	0.033
	平均值	1.183 333 333	1.378 590 722	0.274 722 222	0	1.172 222 2	1.258 333 33	0.049 916 667	0.228 333 333	0.115 35	0.019	0.016 483	0.029 167	0.038 611 111
	超标率	100%	100%	0	0	92%	100%	0	8%	0	0	0	0	0
评价因子		pH值	DO	COD	石油类	活性磷酸盐	无机氮	铜	铅	锌	镉	总铬	汞	砷
2019年春季-冬季水质标准指数(第二类标准)——底层海水														
春季	最大值	1.212 5	0.986 550 553	0.576 666 667	1	5.766 666 667	2.533 333 333	0.385	0.34	0.416	0	0.029 5	0	0.100 333 333
	最小值	0.75	0.707 474 53	0.06	0	0.733 333 3	0	0.079	0.09	0.140 2	0	0.013 7	0	0.02
	平均值	0.953 75	0.724 820 954	0.36	0.1	1.87	1.25	0.175 5	0.170 8	0.256 38	0	0.020 86	0	0.049 233 333
	超标率	50%	0	0	10%	70%	60%	0	0	0	0	0	0	0
夏季	最大值	0.912 5	0.986 550 553	0.816 666 667	0	4.866 666 7	7.5	0	0.058	0.534	0.018	0.002 2	0	0.059 666 667
	最小值	0.7	0.811 707 744	0.416 666 667	0	1.5	1.066 666 667	0	0	0.106	0	0	0	0.049
	平均值	0.833 75	0.875 592 616	0.603 666 667	0	2.896 666 7	5.3	0	0.014 2	0.312	0.010 4	0.000 65	0	0.052 966 667
	超标率	0	100%	0	0	100%	100%	0	0	50%	0	0	0	0

第九章 示范应用

续表 9-5

2019年春季-冬季水质标准指数（第二类标准）——底层海水

	评价因子	pH值	DO	COD	石油类	活性磷酸盐	无机氮	铜	铅	锌	镉	总铬	汞	砷
秋季	最大值	1.362 5	0.804 983 02	0.873 333 333	0	1.966 666 7	6.266 666 667	0.081	0.336	0.501 6	0.024	0.020 5	0	0.056 333 333
	最小值	0.8	0.623 415 487	0.223 333 333	0	0.266 666 7	3.633 333 333	0	0.168	0.038 8	0	0.012 2	0	0.035 666 667
	平均值	1.094 230 769	0.323 164 344	0.481 025 641	0	1.025 641	5.033 333 333	0.029 307 69	0.224	0.203 030 769	0.017 538	0.015 408	0	0.049 615 385
	超标率	54%	0	0	0	38%	100%	0	0	50%	0	0	0	0
冬季	最大值	1.287 5	1.656 265 761	0.316 666 667	0	1.566 666 7	71.233 333 333	13.687	0.292	0.380 6	0.026	0.018 5	0	0.044
	最小值	1.062 5	1.084 664 268	0.223 333 333	0	0.9	0.6	0.018	0.114	0.095 2	0.014	0.012 6	0	0.037
	平均值	1.191 666 667	1.378 590 722	0.267 222 222	0	1.213 888 9	0.925	1.180 833 333	0.157 166 667	0.211 8	0.019 333	0.014 917	0	0.039 833 333
	超标率	100%	100%	0	0	83%	42%	8%	8%	0	0	0	0	0

2020年春季-冬季水质标准指数（第二类标准）——表层海水

	评价因子	pH值	DO	COD	石油类	活性磷酸盐	无机氮	铜	铅	锌	镉	总铬	汞	砷
夏季	最大值	2	1.320 029 589	0.47	0	0.9	6.2	2.824	6.642	29.059 4	1.862	0.001 8	0	0.054
	最小值	1.062 5	0.065 263 441	0.17	0	0	2	0.044	0	0.113 8	0.21	0	0	0.043
	平均值	1.435 416 667	0.522 415 745	0.339 166 667	0	0.138 888 9	3.944 444 444	0.377 916 667	0.765 666 667	3.462 866 667	0.474	0.000 525	0	0.050 472 222
	超标率	100%	8%	0	0	0	100%	8%	17%	17%	8%	0	0	0
冬季	最大值	1.45	0.711 442 117	0.643 333 333	0	0.9	6.2	2.824	6.642	29.059 4	1.862	0.001 8	0	0.054
	最小值	0.987 5	0.102 854 645	0.123 333 333	0	0	2	0.044	0	0.113 8	0.21	0	0	0.043
	平均值	1.269 791 667	0.371 843 583	0.329 166 667	0	0.138 888 9	3.944 444 444	0.377 916 667	0.765 666 667	3.462 866 667	0.474	0.000 525	0	0.050 472 222
	超标率	92%	0	0	0	0	100%	8%	17%	17%	8%	0	0	0

2020年春季-冬季水质标准指数（第二类标准）——底层海水

	评价因子	pH值	DO	COD	石油类	活性磷酸盐	无机氮	铜	铅	锌	镉	总铬	汞	砷
夏季	最大值	1.45	1.320 029 589	0.54	0.8	0.866 666 667	5.466 666 667	0.054	0.032	0.450 6	0.076	0.018 3	0	0.054
	最小值	0.537 5	0.065 263 441	0.193 333 333	0.2	0	1.5	0.009	0	0.032 4	0	0.006 6	0	0.045 666 667
	平均值	1.116 666 667	0.533 580 654	0.311 388 889	0.566 667	0.213 888 9	3.302 777 778	0.036 333 333	0.019	0.126 116 667	0.01	0.011 625	0	0.050 138 889
	超标率	75%	0.083 3	0	0	0	75%	0	0	0	0	0	0	0
冬季	最大值	1.487 5	1.249 419 993	0.686 666 667	0.6	0.6	2.966 666 667	0.2	0.904	0.305	0.076	0.042 1	5.55	0.069 666 667
	最小值	0.287 5	0.109 579 369	0.223 333 333	0.1	0	0.6	0.026	0.026	0	0	0.010 6	0	0.044 333 333
	平均值	1.152 083 333	0.483 175 116	0.358 333 333	0	0	1.316 666 667	0.023 083 333	0.128 166 667	0.039 266 667	0.015 167	0.029 867	0.908 333 333	0.057 333 333
	超标率	75%	11%	0	0	0	75%	0	0	0	0	0	33%	0

注：除pH值外，其他评价因子单位均为mg/L，下同。

表9-6 不同海水水质单因子评价表

项目	高死亡区(2019) 实测均值 $C_{i,j}$	评价值 $S_{i,j}$	结果	较低死亡区(2019) 实测均值 $C_{i,j}$	评价值 $S_{i,j}$	结果	较高死亡区(2019) 实测均值 $C_{i,j}$	评价值 $S_{i,j}$	结果
pH值	7.904 375	1.130 468 75	已经受到影响	7.718 235 294	0.897 794 118	受影响,但未超出标准	7.709 090 909	0.886 363 636	受影响,但未超出标准
DO>	8.136 363 636	0.127 818 789	未受到影响	7.362 307 692	0.343 073 5	未受到影响	6.249 375	0.652 565 35	受影响,但未超出标准
COD≤	1.106 875	0.368 958 333	未受到影响	1.434 444 444	0.478 148 148	未受到影响	1.448 181 818	0.482 727 273	未受到影响
无机氮≤	1.033 75	3.445 833 333	已经受到影响	0.826 111 111	2.753 703 704	已经受到影响	1.193 636 364	3.978 787 87977	已经受到影响
活性磷酸盐≤	0.038 75	1.291 666 667	已经受到影响	0.052 444 444	1.748 148 148	已经受到影响	0.060 454 545	2.015 151 515	已经受到影响
Pb≤	0.000 877 917	0.175 583 333	未受到影响	0.000 635	0.127	未受到影响	0.000 455	0.091	未受到影响
Cu≤	0.000 391 875	0.039 187 5	未受到影响	0.008 573 333	0.857 333 333	受影响,但未超出标准	0.001 381 068	0.138 106 818	未受到影响
Hg≤	0	0	未受到影响	0.000 003 9	0.019 444 444	未受到影响	0	0	未受到影响
As≤	0.001 371 667	0.045 722 222	未受到影响	0.001 203 333	0.040 111 111	未受到影响	0.001 432 727	0.047 757 576	未受到影响
Zn≤	0.015 979 375	0.319 587 5	未受到影响	0.012 225 556	0.244 511 111	未受到影响	0.021 535 455	0.430 709 091	未受到影响
石油类≤	0.001 041 667	0.020 833 333	未受到影响	0	0	未受到影响	0.006 363 636	0.127 272 727	未受到影响
Cd≤	0.000 070	0.014 041 667	未受到影响	0.000 051 7	0.010 333 333	未受到影响	0.000 05	0.01	未受到影响
总铬≤	0.001 511 042	0.015 110 417	未受到影响	0.001 373 333	0.013 733 333	未受到影响	0.000 870 455	0.008 704 545	未受到影响
挥发性酚≤	0	0	未受到影响	0	0	未受到影响	0	0	未受到影响
硫化物≤	0.000 291 667	0.005 833 333	未受到影响	0.000 00	0.000 0	未受到影响	0	0	未受到影响

项目	较低死亡区(2020) 实测均值 $C_{i,j}$	评价值 $S_{i,j}$	结果	高死亡区(2020) 实测均值 $C_{i,j}$	评价值 $S_{i,j}$	结果	较高死亡区(2020) 实测均值 $C_{i,j}$	评价值 $S_{i,j}$	结果
pH值	7.967 777 778	1.209 722 22	已经受到影响	8.062 5	1.328 125	已经受到影响	8.048 888 889	1.311 111 111	已经受到影响
DO>	9.338 888 89	0.347 062 68	未受到影响	8.798 75	0.179 369 76	未受到影响	8.706 666 667	0.150 781 33	未受到影响
COD≤	1.325 555 556	0.441 851 85	未受到影响	0.824 375	0.274 791 67	未受到影响	1.076 666 667	0.358 888 889	未受到影响
无机氮≤	0.666 666 667	2.222 222 222	已经受到影响	0.687 5	2.291 666 67	已经受到影响	0.578 888 889	1.929 629 63	已经受到影响
活性磷酸盐≤	0	0	未受到影响	0.003 125	B	未受到影响	0	0	未受到影响
Pb≤	0.000 196 667	0.039 333 33	未受到影响	0.002 63	0.526	受影响,但未超出标准	0.000 842 222	0.168 444 44	未受到影响
Cu≤	0.000 418 889	0.041 888 89	未受到影响	0.001 968 13	0.196 812 5	未受到影响	0.000 8	0.08	未受到影响
Hg≤	0.000 018 11	0.905 555 556	受影响,但未超出标准	0.001 265 125	0.253 125	未受到影响	0.001 305 557	0.261 111 11	未受到影响
As≤	0.001 584 444	0.052 814 81	未受到影响	5.062 5E-05	0.001 68	未受到影响	0.001 792 222	0.059 740 74	未受到影响
Zn≤	0.002 89	0.057 8	未受到影响	0.095 736 25	1.914 725	受影响,但未超出标准	0.033 776 667	0.675 533 33	受影响,但未超出标准
石油类≤	0.002 222 222	0.044 444 44	未受到影响	0.004 375	0.087 5	未受到影响	0.001 111 111	0.022 222 222	未受到影响
Cd≤	0.000 614 444	0.122 888 89	未受到影响	0.000 908 1	0.181 625	未受到影响	0.000 614 444	0.122 888 89	未受到影响
总铬≤	0.001 734 444	0.017 344 44	未受到影响	0.002 347 5	0.023 475	未受到影响	0.001 931 111	0.019 311 11	未受到影响
挥发性酚≤	0	0	未受到影响	0	0	未受到影响	0	0	
硫化物≤	0	0	未受到影响	0	0	未受到影响	0	0	

第九章 示范应用

表 9-7 各功能区海水水质单因子指数评价表

项目	七十二泾区			采苗区			东采苗区		
	实测均值 $C_{i,j}$	评价值 $S_{i,j}$	结果	实测均值 $C_{i,j}$	评价值 $S_{i,j}$	结果	实测均值 $C_{i,j}$	评价值 $S_{i,j}$	结果
pH值	7.828 076 923	1.035 096 154	已经受到影响	7.815	1.018 75	已经受到影响	7.745 384 615	0.931 730 769	受影响,但未超出标准
DO≥	6.230 769 231	0.657 739 369	受影响,但未超出标准	7.184	0.392 658 509	未受到影响	8.371	0.062 569 522	未受到影响
COD≤	1.236 538 462	0.412 179 487	未受到影响	0.936 666 667	0.312 222 222	未受到影响	1.749 285 714	0.583 095 238	未受到影响
无机氮≤	1.075 769 231	3.585 897 436	已经受到影响	0.567 5	1.891 666 667	已经受到影响	0.995 714 286	3.319 047 619	已经受到影响
活性磷酸盐≤	0.038 807 692	1.293 589 744	已经受到影响	0.037 916 667	1.263 888 889	已经受到影响	0.051 142 857	1.704 761 905	已经受到影响
Pb≤	0.000 638 462	0.127 692 308	未受到影响	0.000 775 833	0.155 166 667	未受到影响	0.000 227 857	0.045 571 429	未受到影响
Cu≤	0.001 200 519	0.120 051 923	未受到影响	0.013 01	1.301	已经受到影响	0.000 621 429	0.062 142 857	未受到影响
Hg≤	5.576 92E-05	0.278 846 154	未受到影响	0	0	未受到影响	0.000 023	0.114 285 714	未受到影响
As≤	0.001 634 615	0.054 487 179	未受到影响	0.001 121 667	0.037 388 889	未受到影响	0.001 425	0.047 5	未受到影响
Zn≤	0.020 805 769	0.416 115 385	未受到影响	0.010 403 333	0.208 066 667	未受到影响	0.016 625	0.332 5	未受到影响
石油类≤	0.005 769 231	0.115 384 615	未受到影响	0.000 379 167	0.075 833 333	未受到影响	0.000 714 286	0.014 285 714	未受到影响
Cd≤	0.000 174 615	0.034 923 077	未受到影响	0.001 517 5	0.015 175	未受到影响	0.000 257 143	0.051 428 571	未受到影响
总铬≤	0.001 460 769	0.014 607 692	未受到影响	0	0	未受到影响	0.000 920 714	0.009 207 143	未受到影响
挥发性酚≤									
硫化物≤	0	0	未受到影响	0	0	未受到影响	0	0	未受到影响

项目	红沙大蚝			西采苗区		
	实测均值 $C_{i,j}$	评价值 $S_{i,j}$	结果	实测均值 $C_{i,j}$	评价值 $S_{i,j}$	结果
pH值	7.949 687 5	1.187 109 375	已经受到影响	7.788 75	0.985 937 5	受影响,但未超出标准
DO≥	8.696 666 667	0.147 676 705	未受到影响	7.637 142 857	0.181 265 8	未受到影响
COD≤	1.056 718 75	0.352 239 583	未受到影响	1.81	0.603 333 333	已经受到影响
无机氮≤	0.912 187 5	3.040 625	已经受到影响	0.931 25	3.104 166 667	已经受到影响
活性磷酸盐≤	0.028 656 25	0.955 208 333	受影响,但未超出标准	0.036 5	1.216 666 667	已经受到影响
Pb≤	0.001 274 844	0.254 968 75	受影响,但未超出标准	0.000 736 25	0.147 25	未受到影响
Cu≤	0.000 751 25	0.075 125	未受到影响	0.000 385	0.038 5	未受到影响
Hg≤	0.000 016 875	0.084 375	未受到影响	0.000 016 25	0.081 25	未受到影响
As≤	0.001 489 219	0.049 640 625	未受到影响	0.001 308 75	0.043 625	未受到影响
Zn≤	0.037 389 531	0.747 790 625	受影响,但未超出标准	0.005 947 5	0.118 95	未受到影响
石油类≤	0.001 718 75	0.034 375	未受到影响	0	0	未受到影响
Cd≤	0.000 278 594	0.055 718 75	未受到影响	0.000 082 5	0.016 5	未受到影响
总铬≤	0.001 682 031	0.016 820 313	未受到影响	0.001 606 25	0.016 062 5	未受到影响
挥发性酚≤						
硫化物≤	0.000 218 75	0.004 375	未受到影响	0	0	未受到影响

图 9-2 不同养殖功能分区

二、灾害预警与止损应用

1. 龙门港镇土地脆弱性评价与风险分区布局

1）龙门港镇土地利用结构分析

土地利用分异

龙门港镇全镇属于海岸带范围,是具有海域与陆域双重属性的自然综合体。从空间尺度上,以岸线为基础,离岸距离为条件,龙门港镇土地类型在空间上具有内陆与沿海双重分异格局。根据距离海岸线远近不同,土地利用结构差异明显,其中最明显特征表现在水域和建设用地的差异上,离岸距离越近向海特征越明显,离岸距离越远,表现出的陆域特征越明显,例如,离岸距离 400m 范围内,分布的养殖坑塘水面最多,建设用地分布集中。耕地在龙门港镇中的分布也能体现出陆海分异规律,例如,离岸距离大于 800m 时,耕地分布集中且连片程度更高,离岸距离越近耕地越少而且耕地分布越细碎。又因离岸距离不同的圈层内的高程、地形、植被等自然要素差异造成土地类型组合在空间上的分异,如龙门港镇整体高程表现为中间高,四周低,最高与最低区域相差 40m,中部区域地形以丘陵为主,离岸距离越近,地势越平缓,中部植被以乔木为主,主要树种为桉树等速生树种,大部分处于高处,高程越低植被变化越大,离岸 600m 左右,植被分布为乔木与灌木混合,离岸越近,地势越平坦高程越低,植被分布越单一,低高程处植被分布主要为灌木、红树林等。

土地利用结构

龙门港镇土地类型划分是以离岸距离为分层的圈层结构(图 9-3)。以 400m 为圈层范围对岸线数据进行缓冲区分析后得出 5 个圈层分级(图 9-4),其中Ⅰ级为 0～400m 范围,Ⅱ级为 400～800m 范围,Ⅲ级为 800～1200m 范围,Ⅳ级为 1200～1600m 范围,Ⅴ级为 1600m 以上圈层。随着离岸距离不断变化,龙门港镇土地利用结构的变化更明显,主要表现在土地利用类型和各土地利用类型的面积占比上。从总体上看,不同圈层所展现的土地利用结构差异较大,5 个圈层中,林地分布最为广泛,其次为养殖坑塘水面,再次为公路用地。从不同圈层来看,Ⅰ级圈层土地利用结构最为丰富,涵盖龙门港镇所有土地利用类型,其中养殖坑塘水面、林地以及红树林面积占比大,养殖坑塘水面占比最大,此外,Ⅰ圈层包含的工业用地包括造船厂、码头等海域特色用地,因此该圈层表现出的土地利用向海性最为明显;Ⅱ圈层面积占比最大的土地利用类型为林地,其次为养殖坑塘水面,再次为公路用地,该区域开始出现水田,Ⅱ圈层开始表现出陆域特征;Ⅲ圈层陆域特征更为明显,从图 9-3 中可以看出,林地面积分布最广泛,养殖坑塘水面面积与草地面积分布相当,水田等面积分布优于圈层Ⅱ,出现旱地、水库等陆域特征明显的用地类型;圈层Ⅳ的陆域特征最为明显,圈层内,林地分布最广,草地等面积比养殖坑塘水面面积占比更高,用地类型向海特征明显减弱;圈层Ⅴ由养殖坑塘水面与草地、红树林过渡带组成,养殖坑塘水面面积占比最大,该圈层表现出的土地利用向海性加强。从 5 个圈层土地利用结构分布来看,龙门港镇土地利用类型向海性与离岸距离关系为:高→低→高。

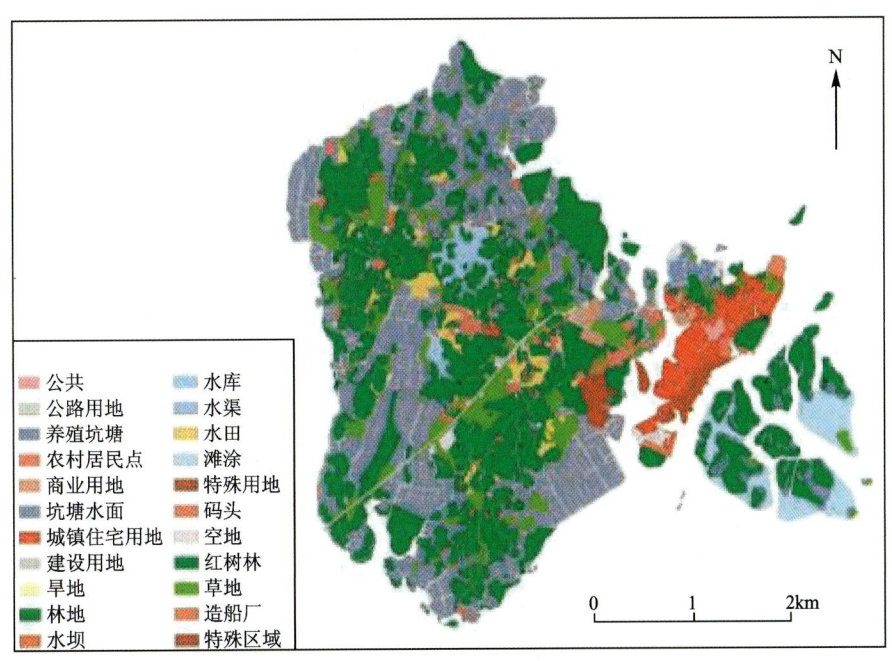

图 9-3 龙门港镇土地利用现状图

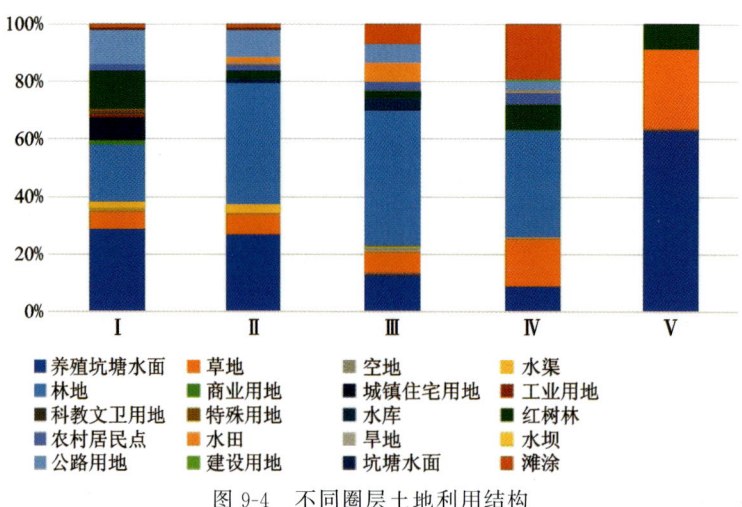

图 9-4 不同圈层土地利用结构

2）龙门港镇土地利用脆弱性分析

数据与处理

利用区域脆弱性计算结果、龙门港土地利用现状数据对龙门港土地利用进行脆弱性分析，以求出龙门港不同区域脆弱性分级下土地利用适宜程度。数据主要包括：龙门港镇 30mDEM 数据、土地利用现状数据、茅尾海涨潮水动力数据、龙门港离岸圈层数据、区域脆弱性计算结果。对上述数据进行预处理，根据 DEM 数据生成高程、坡度、坡向数据并对其进行分级处理。高程在土地利用相关研究中还没有形成统一分类标准，主要按照研究区域的海拔、地形和研究目的进行划分，龙门港镇主要地形为丘陵，根据 DEM 数据测算，龙门港镇最高点高程仅为 40m，为更准确对龙门港镇进行高程描述，研究结合实地调查结果和多次实验对龙门港镇高程进行分级。坡度是测算土地利用适宜性的重要指标，坡度的分级采用温秀萍等（2013）对土地利用调查中所规定的分级方法，该方法能快速获取不同区域坡度，考虑到龙门港镇高程地貌等情况，进行了多次分级测试，认为此分级情况比较适合龙门港镇区域灾害土地利用适宜性研究。坡向很大程度上影响了海洋灾害的损失情况，通常在同一高程、坡度的条件下，与涨潮落潮相垂直的区域所受到的海水冲击更多，海浪来临时所承受的冲击更强。坡向的分布，结合茅尾海涨潮落潮数据进行分级。区域脆弱性分级除参照区域脆弱性计算结果外，参照《海啸灾害风险评估和区划技术导则》中土地利用现状与脆弱性等级范围对应关系表（表 9-8）对区域脆弱性进行分级。

表 9-8 评价因素分级表

分级	高程/m	坡度/(°)	坡向/(°)	离岸距离/m	区域脆弱性
Ⅰ	0～5	2	0	400	－2.672 87
Ⅱ	5～10	2～6	0～45	800	－2.672 87～－0.747 323
Ⅲ	10～15	6～15	45～135	1200	－0.747 323～0.279 610
Ⅳ	15～20	15～25	135～225	1600	0.279 610～0.759 607
Ⅴ	＞20	25	225～315	2000	0.759 608～3.121 710

计算方法

选取高程、坡度、坡向、离岸距离、区域脆弱性5种因素对龙门港镇进行区域灾害土地利用适宜性研究。评价单元是进行土地利用适宜性评价的基本单位,同一评价单元内,土地的基本属性具有一致性,不同的评价单元之间,土地的属性既有区别又有可比性。土地适宜性评价的最终结果是通过各评价单元的区别反映出来的。选取龙门港镇土地利用类型的1686个矢量图斑作为评价单元,土地利用类型图与高程、坡度、坡向、离岸距离、区域脆弱性结果分级图叠加后数据单元作为多因素综合评价单元,由于DEM数据分辨率为30m,因此研究中所输出的栅格数据像元大小为30m×30m。

计算涉及单因素以及多因素,因此需要对单因素评价和多因素评价计算进行说明,计算方法如下。

(1) 使用 ArcGIS 中栅格重分类工具将高程、坡度、坡向等栅格数据进行重分类。

(2) 使用栅格转面对重分类后的栅格数据进行矢量化。

(3) 把土地利用数据与矢量化,与矢量化后的高程、坡度等数据进行空间叠加,得出各土地利用类型与各评价因素等级组合的面积矩阵。

(4) 将面积矩阵数据进行标准化及面积百分化处理,分别求出同一土地利用类型在评价因素不同分级下所占的比重和评价因素同一分级下不同土地利用类型所占的比重。

(5) 将两者平均值进行加权计算得到每一类土地利用相对于某种评价因素的单一适宜度,计算公式为

$$S_{ij} = \frac{x_{ij} \times \text{Round}\left(\frac{x_{ij}}{10}\right) + y_{ij} \times \text{Round}\left(\frac{y_{ij}}{10}\right)}{\text{Round}(x_{ij}) + \text{Round}(y_{ij})}$$

式中:S_{ij} 为第 i 类土地利用在第 j 种评价因素分级下的适宜度;x_{ij} 为根据土地利用面积百分化处理后的面积矩阵中第 i 类土地利用在第 j 种评价因素分级下的适宜度值;y_{ij} 为根据评价因素分级面积百分化处理后的面积矩阵中第 i 类土地利用在第 j 种评价因素分级下的适宜度值;$\text{Round}\left(\frac{x_{ij}}{10}\right)$ 为权值。

(6) 分别计算单一适宜度矩阵方向的整体均方差以及所有均方差的均值 K_j,综合适宜度权重 K_j 来自整体均方差均值归一化结果。

(7) 利用归一化处理后的权重 K_j 与单评价因素下的土地利用适宜度 S_{ij} 进行加权运算来获取综合适宜度 F,计算公式为

$$F = \sum_{j=1}^{l} K_j \times (S_{ij})$$

式中:F 为综合适宜度;K_j 为综合适宜度权重;(S_{ij}) 为第 i 类评价因素下的单一因子适宜度结果值矩阵。

计算结果

根据龙门港镇土地利用现状根据测算求出每种土地利用类型在每个评价因素中下的适宜度和标准差,结果见表9-9~表9-13。

表 9-9 土地利用类型在不同高程下的适宜度表

土地利用类型	高程/m					标准差
	Ⅰ	Ⅱ	Ⅲ	Ⅳ	Ⅴ	
养殖坑塘	340.688 5	43.072 83	16.228 08	2.141 639	0.899 366	146.377 92
草地	86.453 94	20.711 41	11.626 14	1.773 547	0	35.827 270 57
空地	11.980 45	1.410 394	0.746 486	0	0	5.150 360 851
水渠	26.179 61	5.642 344	1.321 171	0.158 638	0.035 204	11.143 489
林地	372.473 1	90.759 88	73.390 81	5.880 511	0.087 366	152.899 673 3
商业用地	8.153 118	1.301 042	0.501 473	0	0	3.485 491 164
城镇住宅用地	49.733	11.961 54	4.184 662	0.084 455	0	20.998 376 43
码头	4.642 625	0	0.01	0	0	2.075 131 45
造船厂	3.055 378	0.008 294	0.032 449	0	0	1.361 916 2
公共	0.809 384	0.740 77	0.722 583	0	0	0.416 203 838
特殊用地	11.778 92	0.555 482	0.162 473	0	0	5.192 386 24
水库	22.609 97	0.526 508	0.809 721	0.025 054	0	9.965 190 47
红树林	104.083 7	8.362 744	5.360 464	2.229 417	0.09	44.863 675
农村居民点	30.545 32	7.287 496	5.086 938	0.373 146	0	12.622 257 24
水田	27.885 94	4.854 101	2.469 5	1.98×10^{-5}	0	11.825 223 12
旱地	0.255 909	0.231 777	0.274 708	0.018 219	0	0.135 217 669
水坝	1.953 898	0	0	0	0	0.873 809 651
公路用地	126.582 8	22.542 84	10.161 68	1.518 713	0.238 064	53.502 262 93
建设用地	1.557 251	0.486 087	0.148 323	0.019 29	0	0.653 073 644
坑塘水面	4.119 307	0.227 964	0.005 503	0	0	1.818 746 59
滩涂	52.646 05	1.332 224	0.187 977	0	0	23.380 655 56

表 9-10 土地利用类型在不同坡度下的适宜度表

土地利用类型	坡度/(°)					标准差
	Ⅰ	Ⅱ	Ⅲ	Ⅳ	Ⅴ	
养殖坑塘	335.571 9	47.169 24	12.766 6	4.733 676	2.525 415	143.684 6
草地	80.647 6	25.937 76	11.781 99	1.976 762	0.216 415	33.213 72
空地	11.557 94	1.681 176	0.710 851	0.187 361	0	4.923 921
水渠	26.919 31	5.102 786	0.859 343	0.246 973	0.164 579	11.509 01
林地	330.625 4	134.383 4	64.821 71	11.353 08	0.495 653	135.110 8
商业用地	7.186 17	1.946 669	0.822 794	0	0	3.011 836
城镇住宅用地	49.308 43	13.632 35	2.701 956	0.27	0	20.950 17

续表 9-10

土地利用类型	坡度/(°)					标准差
	I	II	III	IV	V	
码头	3.303 233	1.233 609	0.115 774	0	0	1.424 533
造船厂	1.560 963	1.329 355	0.205 804	0	0	0.763 045
公共	0.933 414	0.985 794	0.353 529	0	0	0.483 469
特殊用地	8.789 375	3.284 181	0.423 316	0	0	3.774 38
水库	20.693 01	1.522 918	1.347 63	0.407 192	0	8.910 421
红树林	98.855 87	12.789 89	4.678 778	2.203 48	1.196 71	42.123 15
农村居民点	27.294 44	10.700 68	4.351 376	0.802 955	0.143 45	11.227 6
水田	24.024 52	7.221 021	3.499 844	0.374 17	0.09	9.921 886
旱地	0.444 726	0.067 925	0.184 976	0.082 985	0	0.174 375
水坝	0.976 949	0	0	0	0.000 506	0.436 848
公路用地	123.693 8	24.790 79	9.393 471	2.093 49	0.927 352	52.034 9
建设用地	1.306 713	0.639 963	0.114 782	0.149 494	0	0.541 967
坑塘水面	3.740 479	0.541 368	0.070 927	0	0	1.620 182
滩涂	44.279 22	8.116 999	1.440 221	0	0	19.032 45

表 9-11 土地利用类型在不同坡向下的适宜度表

土地利用类型	坡向/(°)					标准差
	I	II	III	IV	V	
养殖坑塘	55.949 92	155.306 7	79.282 73	89.423 62	22.803 95	49.011 92
草地	13.217 1	47.562 64	25.578 04	27.182 84	7.019 906	15.591 27
空地	1.916 461	5.471 183	3.029 844	2.703 915	1.015 929	1.670 109
水渠	4.273 207	12.823 83	6.144 863	8.004 379	2.046 707	4.094 043
林地	60.485 7	203.745 6	110.255 8	120.999 7	46.192 49	62.085 63
商业用地	1.069 475	1.993 75	2.346 081	3.265 014	1.281 313	0.880 634
城镇住宅用地	8.214 567	22.763 98	14.354 52	14.450 65	0.121 043	8.409 073
码头	0.411 928	2.025 226	2.116 67	0.058 076	0.040 717	1.052 043
造船厂	0.770 642	1.660 365	0.535 989	0.099 26	0.029 866	0.657 939
公共	0.163 62	0.667 247	0.494 683	0.772 008	0.175 178	0.278 532
特殊用地	1.034 454	6.286 195	4.296 651	0.697 6	0.181 972	2.661 435
水库	4.164 325	9.102 583	5.322 429	4.699 559	0.682 359	3.006 415

续表 9-11

土地利用类型	坡向/(°)					标准差
	Ⅰ	Ⅱ	Ⅲ	Ⅳ	Ⅴ	
红树林	27.942 77	46.302 67	21.293 74	19.746 04	4.439 509	15.173 76
农村居民点	5.697 737	18.271 55	8.740 526	7.934 716	2.648 376	5.870 031
水田	6.177 009	10.225 13	6.204 095	9.530 556	3.072 768	2.895 269
旱地	0.089 112	0.169 815	0.270 679	0.247 658	0.003 348	0.111 265
水坝	0.387 893	0.200 068	0.257 583	0.131 404	0	0.144 238
公路用地	21.076 17	62.116 84	32.775 83	35.165 71	9.764 328	19.565 54
建设用地	0.219 881	0.194 488	1.174 603	0.620 336	0.001 644	0.467 179
坑塘水面	0.819 035	1.258 592	0.434 714	1.527 369	0.313 064	0.520 909
滩涂	19.418 11	12.459 57	11.695 43	8.961 415	1.296 28	6.548 342

表 9-12 土地利用类型在不同离岸距离下的适宜度表

土地利用类型	离岸距离/m					标准差
	Ⅰ	Ⅱ	Ⅲ	Ⅳ	Ⅴ	
养殖坑塘	223.638 9	129.463 4	45.246 39	5.421 15	1.700 69	94.833 24
草地	48.537 66	33.765 77	27.902 18	9.934 761	0.754 096	19.044 27
空地	8.256 575	1.705 536	4.130 426	0.524 594	0	3.379 475
水渠	18.281 79	12.907 14	2.213 794	0	0	8.404 918
林地	155.626 7	201.749 4	164.906	22.669 42	0	91.153 65
商业用地	9.311 678	0.643 956	0	0	0	4.101 801
城镇住宅用地	63.389 5	0.951 871	1.808 522	0	0	28.050 15
码头	5.075 962	0	0	0	0	2.270 039
造船厂	3.315 035	0	0	0	0	1.482 529
公共	2.141 485	0.131 253	0	0	0	0.944 738
特殊用地	13.884 69	0	0	0	0	6.209 42
水库	0	9.027 047	14.944 21	0	0	6.890 079
红树林	100.575 9	10.846 48	5.808 625	5.230 808	0.233 022	42.671 74
农村居民点	18.010 24	10.429 77	12.684 73	2.382 806	0	7.435 517
水田	1.496 47	11.285 27	22.153 88	0.273 933	0	9.650 436
旱地	0.329 473	0.451 139	0	0	0	0.218 064
水坝	0	0.494 404	0.482 544	0	0	0.267 581
公路用地	93.186 18	45.112 74	22.894 07	2.397 498	0	38.393 82

续表 9-12

土地利用类型	离岸距离/m					标准差
	I	II	III	IV	V	
建设用地	0.303 295	0.803 871	0.914 036	0.189 751	0	0.397 492
坑塘水面	2.258 916	2.086 432	0.007 426	0	0	1.190 234
滩涂	6.578 628	7.446 196	23.557 59	11.794 56	7.075 081	7.167 387

表 9-13 土地利用类型在不同脆弱性下的适宜度表

土地利用类型	脆弱性					标准差
	I	II	III	IV	V	
养殖坑塘	21.783 79	29.874 45	119.581 1	72.161 13	135.229 9	51.207 49
草地	16.142 74	11.277 82	45.393 81	20.482 54	24.338 9	13.159 17
空地	0.728 438	9.235 93	1.396 275	2.300 905	0.823 898	3.598 262
水渠	1.940 78	8.363 019	8.652 595	7.239 266	7.078 359	2.722 691
林地	37.371 8	27.749 99	165.553 7	96.662 54	149.337 5	62.801 61
商业用地	0	0.434 118	9.352 272	0	0.169 244	4.118 834
城镇住宅用地	0	34.119 47	9.938 79	10.725 99	11.273 96	12.573 08
码头	0	2.648 804	2.344 404	0	0	1.371 675
造船厂	0	0	0.724 36	2.583 868	0	1.119 397
公共	0	2.256 445	0.006 101	0	0.010 191	1.007 301
特殊用地	0	11.009 96	0	0	0	4.923 802
水库	0	0	5.231 04	0	18.740 21	8.118 424
红树林	0	13.219 93	17.305 08	20.461 87	52.372 47	19.359 53
农村居民点	3.731 638	4.641 355	22.190 59	5.009 276	7.912 57	7.703 811
水田	2.084 738	1.519 594	21.578 35	0.895 846	9.129 146	8.782 202
旱地	0	0	0.215 953	0.564 66	0	0.246 782
水坝	0	0	0.030 418	0	0.944 917	0.419 386
公路用地	9.056 786	14.035 14	58.158 18	34.857 38	47.073 39	21.016 22
建设用地	0	0	1.103 786	0.303 295	0.803 871	0.494 691
坑塘水面	0.540 03	0	1.824 372	0.160 391	1.827 981	0.894 13
滩涂	0	0	0	0	0.192 57	0.086 12

求出每种土地利用类型在 5 个因素下的适宜性和标准差之后，对标准差进行平均值计算，将其进行标准化处理以作为对单一因素的权重值，见表 9-14。

表 9-14　参评因素权重表

权重表	平均值标准差	权重
高程	44.29	0.38
坡度	38.36	0.33
坡向	8.90	0.08
离岸距离	15.90	0.14
脆弱性	7.91	0.07

得到权重后,前文给定的计算方法计算出单因素下的适宜度,最后求出龙门港镇土地利用类型适宜性评价,并对结果进行分等,适宜性分级如表 9-15 所示。

表 9-15　综合适宜度分级表

等级	值域	含义
Ⅰ	0~20	不适宜
Ⅱ	20~40	临界适宜
Ⅲ	40~60	中等适宜
Ⅳ	60~80	比较适宜
Ⅴ	80<	非常适宜

最后计算出的分级结果如表 9-16 所示,可视化结果如图 9-5 所示。

表 9-16　综合适宜度分级面积表　　　　　　　　　单位:hm²

等级	值域	含义	面积
Ⅰ	0~20	不适宜	0
Ⅱ	20~40	临界适宜	128.307 6
Ⅲ	40~60	中等适宜	512.464 0
Ⅳ	60~80	比较适宜	0
Ⅴ	80	非常适宜	1 194.599 0

第九章 示范应用

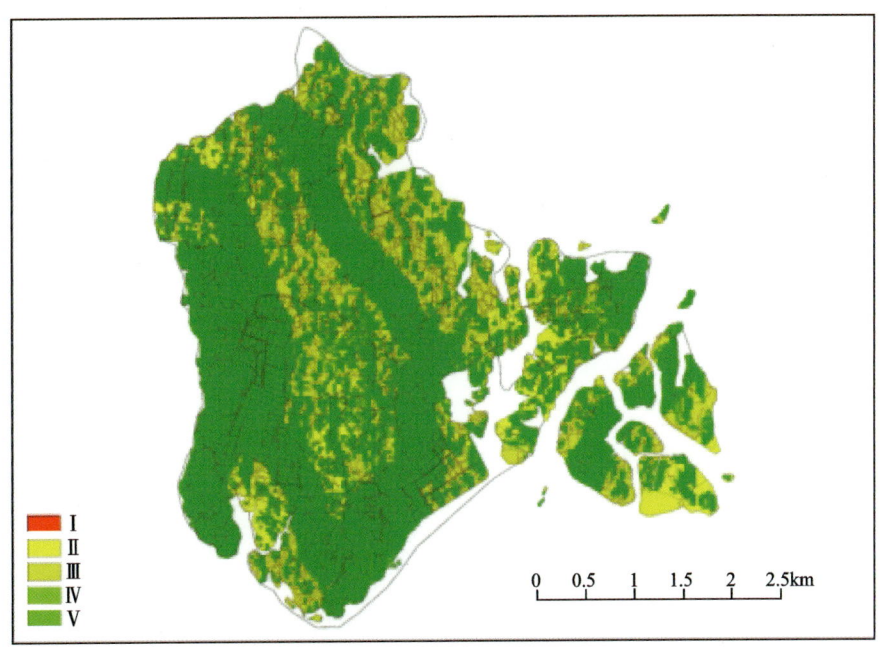

图 9-5 龙门港镇综合适宜性分级图

从龙门港镇龙门港镇综合适宜性分级图和综合适宜度分级面积表可以看出,龙门港镇土地利用类型中占第Ⅴ类型的土地面积最大,面积 1 194.599 0hm²,占全镇土地的 65.09%,综合适宜分级含义为非常适宜,第Ⅲ类型土地面积为 512.464 0hm²,占全镇面积 27.92%,综合适宜分级含义为中等适宜,第Ⅱ类型土地面积为 128.307 6hm²,占全镇面积 6.99%,综合适宜分级含义为临界适宜,第Ⅰ类与第Ⅳ类用地不在计算结果内。

3)龙门港镇脆弱性风险分区布局

空间分区作为空间配置的一种手段,其实质是依据空间内部土地利用适宜性及生态配置的差异,运用数据分析的方法对有悖于生态结构的利用现状进行调整,以达到不同分区内更有效的资源信息流通。依据龙门港镇承灾体分布、龙门港镇区域脆弱性计算结果、龙门港镇海域计算以及土地利用脆弱性分析结果,进行龙门港镇脆弱性风险分区,以区域脆弱性为主导区分镇内生活、生产以及生态空间。

生活区布局

龙门港镇承灾体分布具有连片性高、高脆弱承灾体集中的特点(图 9-6)。承灾体集中程度高,主要承灾体类型为房屋,其中北村与东村房屋密度最大,北村密度值达 5.6/m²,东村密度值达 2.3/m²。北村房屋分为水泥框架结构、砖木结构、砖瓦结构、棚和破房,其中,绝大多数房屋为砖瓦结构,少部分为砖木结构,砖瓦结构主要集中于北村西北角,高承灾体脆弱性集中,且数量很大,瓦房数量达 56 间,说明该区域开发时间早,岛上居民最早生活于这片区域,水泥框架结构房屋主要集中于北村中部和西部,根据实地调查,该区域被岛上居民称为"新街",该区域土地用于居住时间较短,建筑物工艺更成熟,房屋结构普遍更为结实。东村与北村相似,建筑密集,房屋也分为水泥框架结构、砖木结构、砖瓦结构、棚和破房,东村东侧为砖瓦结构集中处,砖瓦结构密度达 1.6 间/m²,是岛上开发最早的区域之一,西侧房屋主要为新房屋集中位置,区域内水泥框架结构更密集,有菜市场、海产品市场等用于交易的场所。南村承灾体分布分为两个区域,第一为小岛部分,区域内主要由码头和城镇居民用地组成,建筑基本为水泥框架结构,部分为瓦房,承灾体连片,建筑物密度为 1.6 间/m²,为小岛上开发时间相对晚的区域,大部分房屋结构坚固且结实;南村非岛部分承灾体集中于居民点内,承灾体主要包括房屋电力设施等,由于居民点分散,该区域内承灾体又有相对分散的特点,房屋主要为水泥框架结构、电力设施为水泥电线杆,承灾体脆弱性低。西村为内陆村,面积大,部分区域承灾体集中,如西村中部,承灾体集中程度高,主要承灾体为房屋,结构多数属于水泥框架结构,房屋坚固,第二为西村北部及西北区域,拥有承灾体分散,但承灾体脆弱性高的特点。承灾体分散的是由于西村多数为林地与丘陵,地势平坦、适宜居住的区域少,因此房屋分布为点状分布或线状分布,这与岛上的建筑物呈面状分布不同,承灾体脆弱性高的原因为房屋结构不坚固、电力设施老化等,西村为龙门港镇高脆弱性承灾体分布最广的行政村。

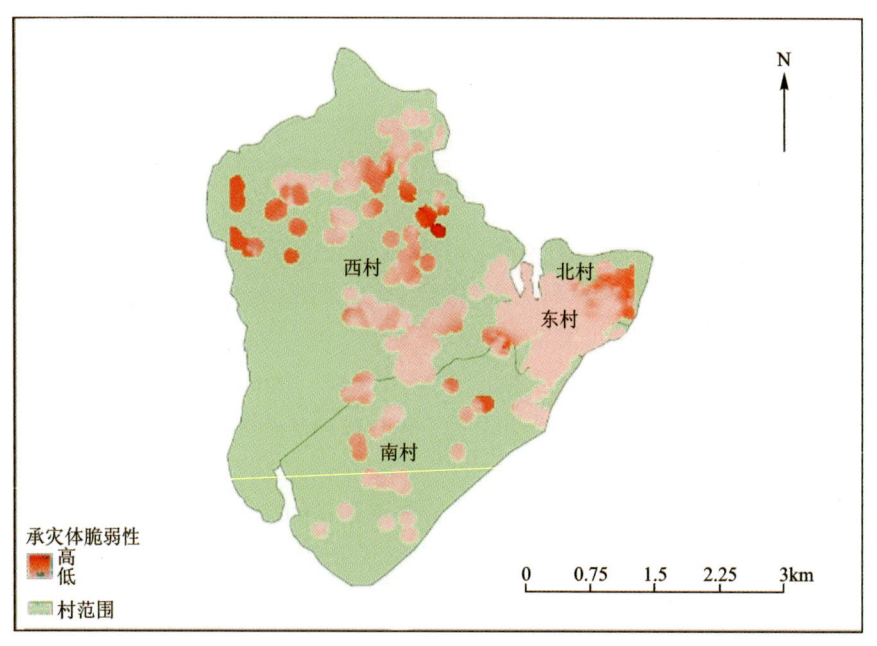

图 9-6　陆域承灾体分布图

区域脆弱性是承灾体脆弱性关联后的表现(图 9-7)。区域脆弱性高处,高脆弱性承灾体也相对密集,数量更大,如西村北部、东北部,北村东北部与东村东部,由于人口密度、建筑物密度大、建筑物脆弱性高,建筑服务年限长等原因,将这类型的区域设置为重点防治区,这 4 个区域中区域灾害驱动因子为社会脆弱性,其社会系统由于人口数量的原因,抗灾能力较弱,因此防治重点应侧重于基础设施建设、避灾点建设等方面。西村南侧、西南侧,南村南侧、东南侧以及北侧区域脆弱性为较高,但这些区域中,南村承灾体分布比西村承灾体分布更广,南村受承灾体分布影响较大,其中西村南侧、西南侧区域脆弱性驱动因子为社会脆弱性,这两片区域,承灾体分布较少,但拥有大面积虾塘、林地等经济基础组成因素,因此防灾策略应偏向加强社会抗灾能力之上,南村南侧、东南侧以及北侧区域脆弱性承灾体驱动因子为物理脆弱性,防灾策略则应偏向承灾环境防御加固之上。

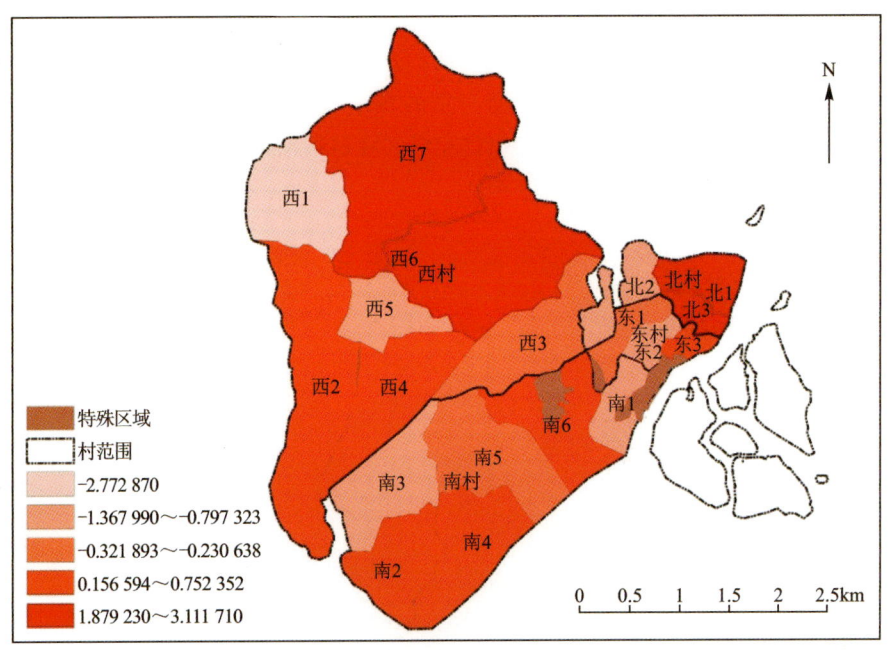

图 9-7　区域脆弱性分布图

结合二者叠加分析结果，应将区域脆弱性低、承灾体密度低区域划分为未来龙门港镇生活空间以规避灾害所带来的影响，降低灾害损失（图 9-8）。

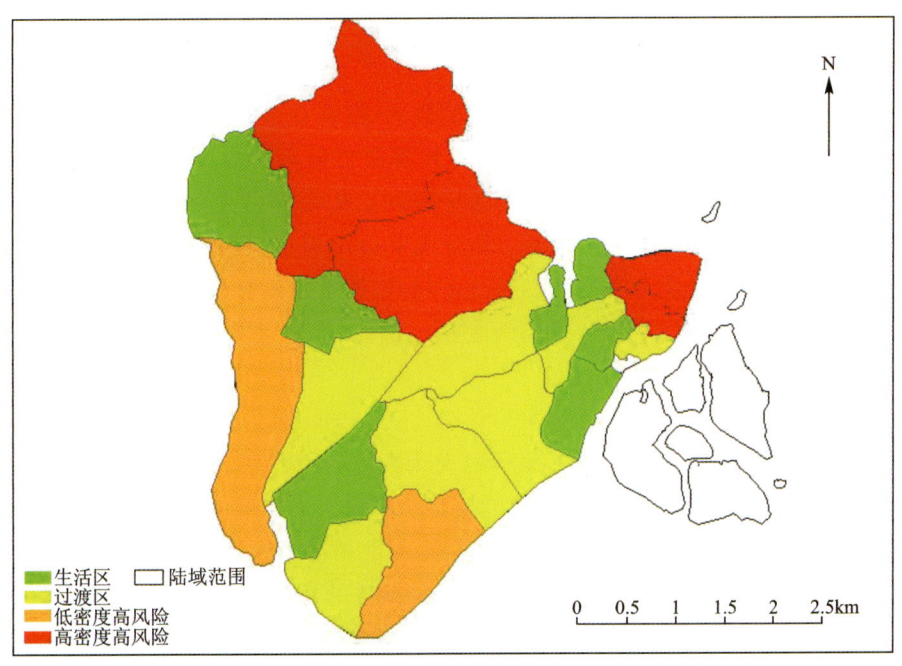

图 9-8　生活区布局

生产区布局

龙门港镇主要产业为第一产业,主要产出为近江牡蛎、虾以及青蟹等海产品。根据土地利用现状以及海域养殖分析结果对龙门港镇进行合理的生产空间分配。

虾塘为龙门港镇重要经济组成,以虾塘为主的养殖坑塘水面面积总量为 405.470 5hm²,养殖坑塘水面主要分布于南村与西村内,可将相应区域划分为龙门港镇陆域生产空间(图 9-9)。

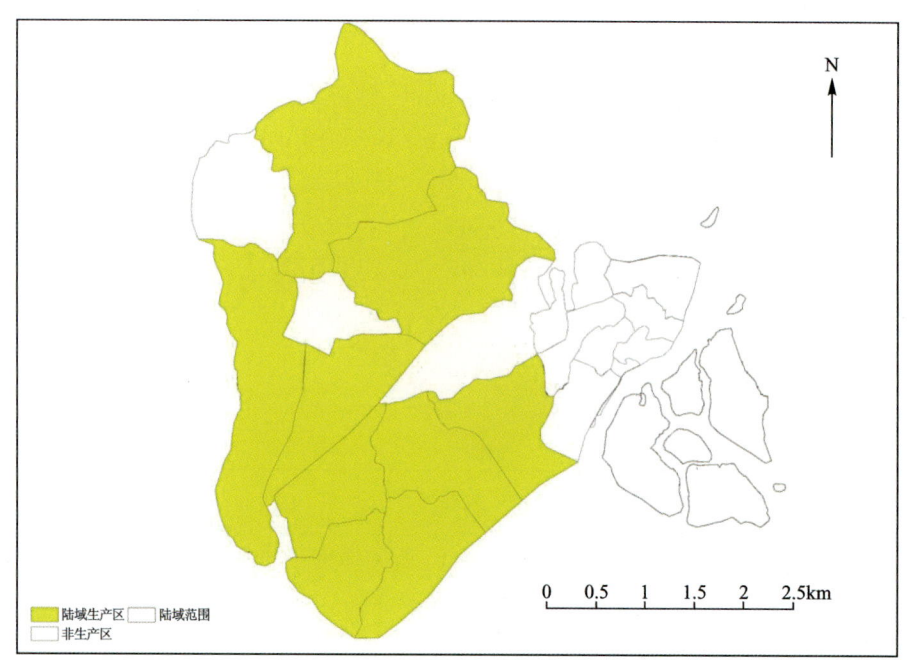

图 9-9　陆域生产区布局

海域方面,牡蛎生产需要规避盐度所带来的影响,根据春季牡蛎死亡分布趋势,需对海域生产空间进行合理划分(图 9-10)。春季牡蛎大规模死亡分布趋势可分为三个部分。第一部分为高死亡率区域,该区域分布在老人沙蚝区中部以及末端,死亡率最高达 63.4%;第二部分为中粮码头区域,死亡率最高为 12%;第三部分为亚公山周边,死亡率降至 10% 以下。死亡率分布受盐度分布影响,盐度分布与死亡率分布相同,盐度由亚公山向老人沙海区不断增高,老人沙海域范围内,盐度高区中粮码头与亚公山。因此,应合理规划亚公山一带海区以用于春季牡蛎死亡避灾区。

生态保护区布局

根据区域脆弱性计算结果,结合土地利用现状数据和脆弱性土地利用适宜性分析,划分龙门港镇生态空间。林地与红树林是龙门港镇自然资源的重要组成部分,二者分布如图 9-11 所示。红树林主要分布于岸线范围附近,南村与西村红树林分布最多,各区域均有林地分布,西村林地分布最广,但分布较为松散,南村第二,林地连片程度高,北村第三,东村最少,林地总面积为 544.951 5hm²,占总面积的 32.56%,自然资源区域总面积为 667.646 3hm²,占总面积的 39.89%。

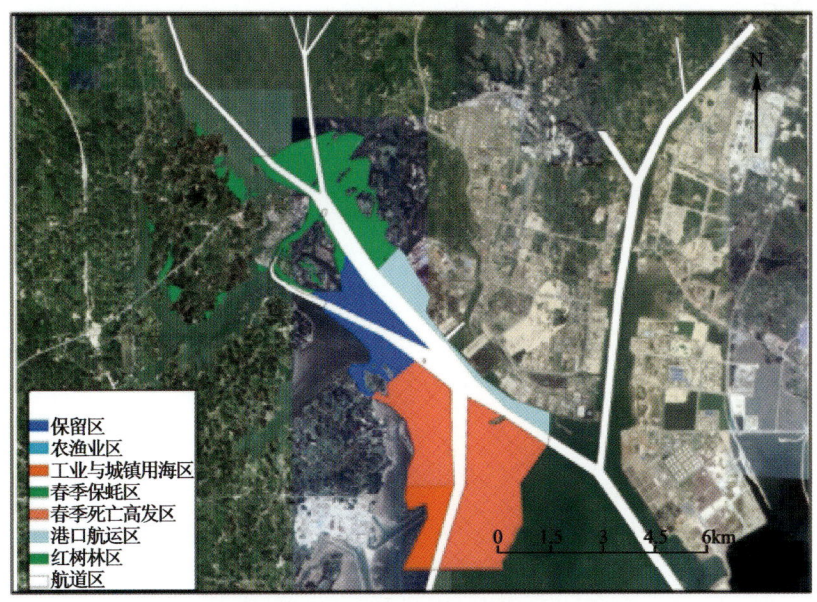

图 9-10 海域生产区布局

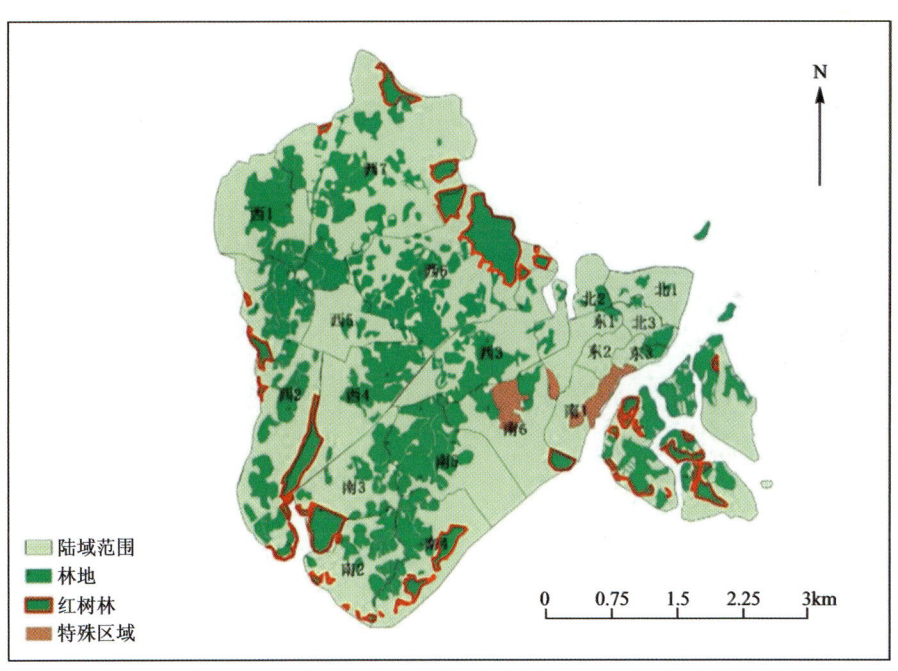

图 9-11 生态保护区布局

三、水下定位与多波速测量应用示范

2020年8—9月,中国科学院精密测量科学与技术创新研究院(原测量与地球物理研究所,以下称精密测量院)联合中海达公司、北部湾智慧海洋牧场工程研究中心等相关单位,在广西壮族自治区钦州港茅尾海的海洋牧场核心示范区海域,连续开展了一系列海洋牧场位置服务系统及海上/海下高精度导航定位算法海洋试验。

图 9-12、图 9-13 分别为海洋试验中所使用的导航设备主机数据采集和处理平台,以及海洋试验现场。

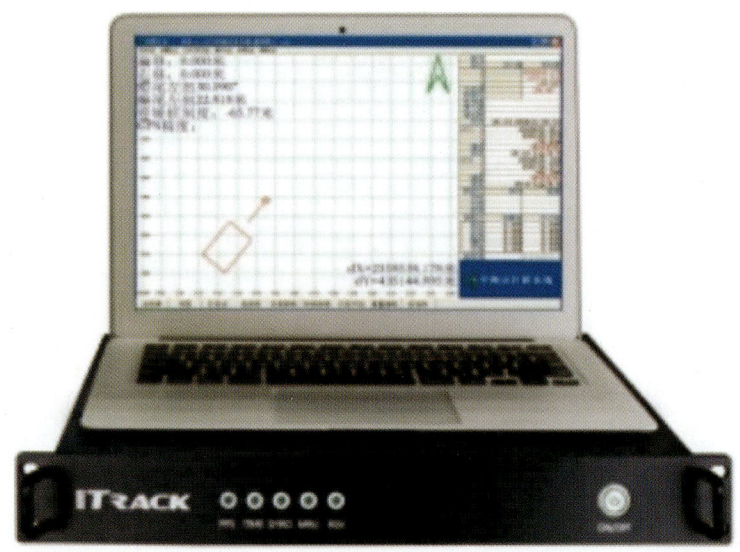

图 9-12　导航数据采集和处理平台

图 9-13　海上/海下高精度导航定位算法海洋试验现场

第九章 示范应用

测船的航迹及应答器的定位结果如图 9-14 所示，应答器定位结果的局部放大显示如图 9-15 所示。其中，黑色线条表示测船轨迹，红色"＋"点为安装误差校准前应答器的定位结果，红色圆圈加号点表示长基线测量到的应答器位置。图 9-15 显示，校准前定位结果为两个近似重合的圆环，其与测船的航迹相似，由姿态角安装误差引起。而圆环的宽度由测量误差引起，圆环宽度约为 0.997m，故校准后的测量误差应为 0.997/2＝0.498m，达到了水下参考基准点精度优于 0.5m 的技术指标。

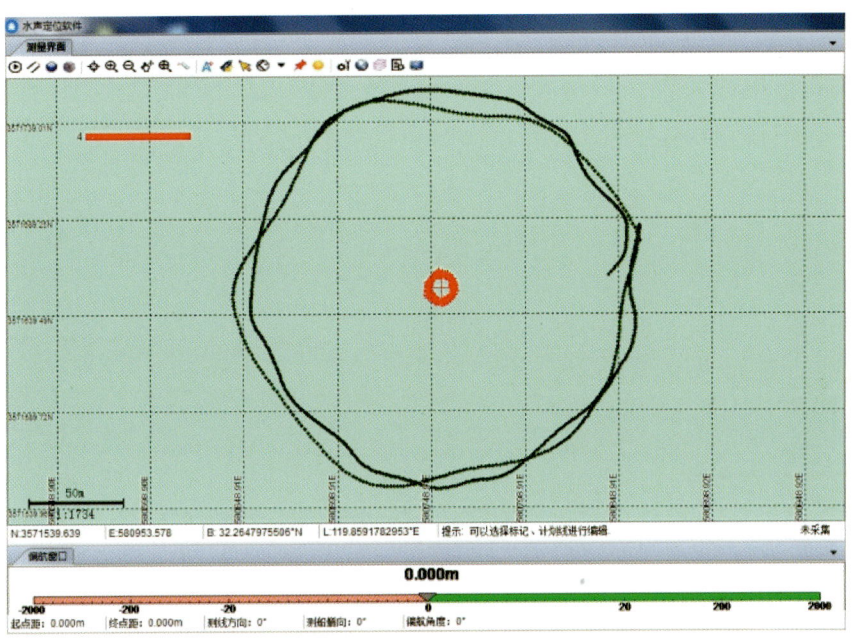

图 9-14　测船航迹及多传感器组合导航定位结果

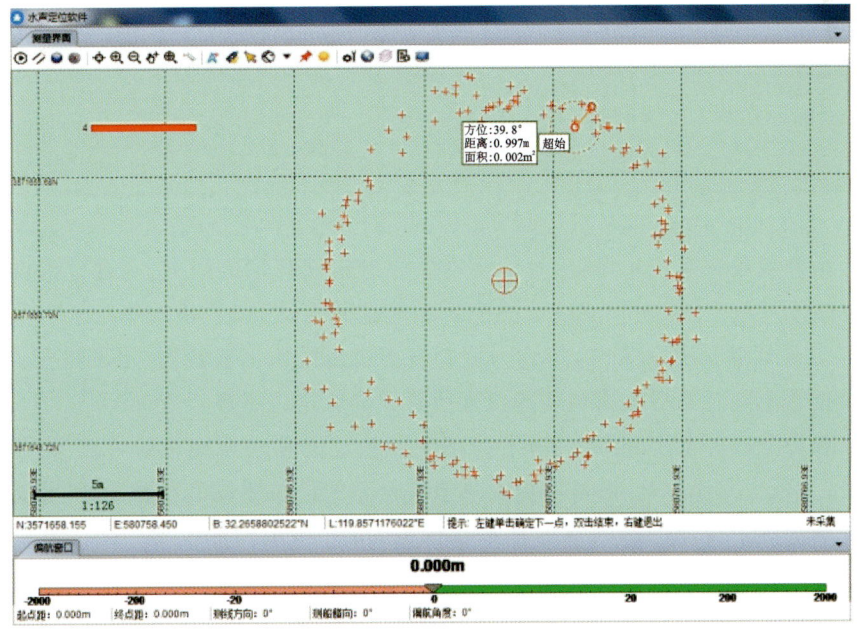

图 9-15　定位结果局部放大图

图9-16为海洋牧场位置服务系统导航定位试验结果示意图。表9-14为海洋牧场位置服务系统导航定位的统计结果。试验表明:本课题建立的海洋牧场位置服务系统,利用海上/海下高精度导航定位算法,在水下参考基准点定位精度达到优于0.5m的技术指标时,水下导航应用的定位精度优于10m,完成了海洋牧场核心示范区的水下高精度定位。

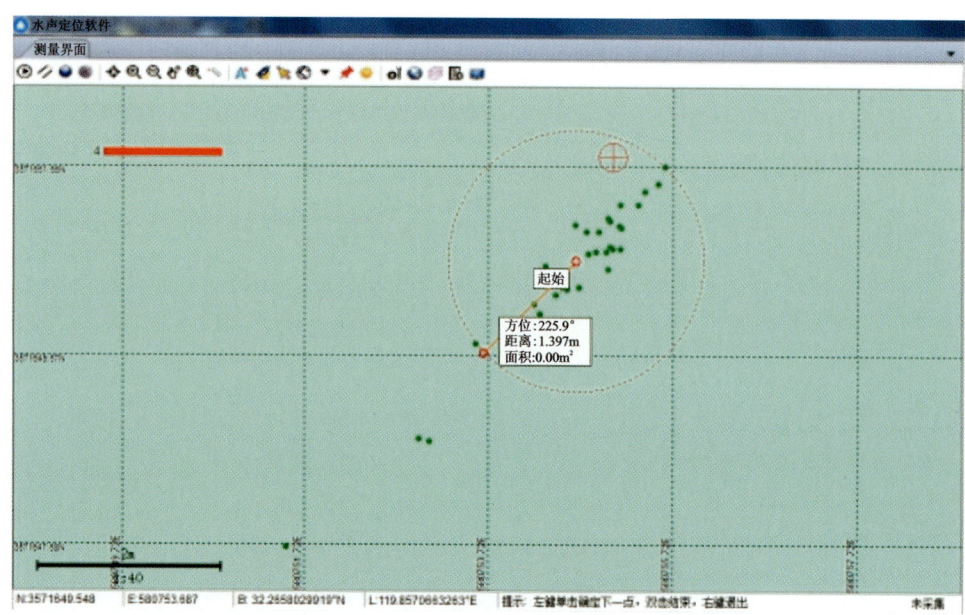

图9-16 海洋牧场位置服务系统导航定位试验结果

表9-14 海洋牧场位置服务系统导航定位统计结果

测量距离/m	最大误差/m	最大相对误差	1∑测量误差/m	1∑相对误差
100	1.863	1.863%	0.996	0.996%
200	2.880	1.440%	1.397	0.699%
500	14.261	2.852%	9.310	1.860%
1000	10.419	1.042%	4.633	0.463%

海洋牧场位置服务系统和海上/海下高精度导航定位算法的研究,可建立海洋牧场核心区的水下高精度导航定位,在海面以下的卫星导航信号盲区,以及极端恶劣天气或意外故障导致GNSS卫星导航信号丢失时,持续为核心服务区内的水下航行器、水下机器人、潜水员、水下设施设备等不同对象提供高精度的位置信息和导航定位服务。

海洋牧场位置服务系统和海上/海下高精度导航定位算法的相关研究成果,不仅可服务于国民经济,为现代海洋航行、海洋渔业提供至关重要的科技驱动和科技支撑,也为新时代海洋产业的发展提供了科技创新的重要样本和示范,可进一步创造更加广阔的社会和经济效益。相关的海洋测绘导航关键技术,不仅对应对气候变化和人类活动对生态环境的影响、突破我国渔业可持续发展的瓶颈具有重大的现实意义,更是对未来的海洋测绘、水下组合导航、水下 PNT 等相关领域研究,具有重要的指导作用。

四、科学数据共享示范应用

目前完成了北部湾科学数据平台的前端和后台开发,经过测试网站运行良好,平台展示如图 9-17～图 9-20 所示。

图 9-17　平台首页部分截图

图 9-18　平台数据概要预览截图

图 9-19　平台后台新闻发布截图

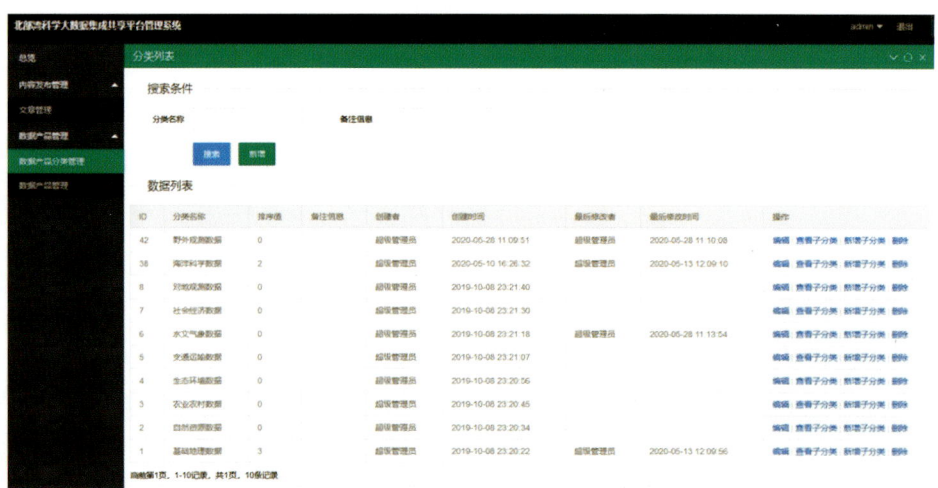

图 9-20　平台后台数据分类管理截图

数据收集根据平台设计的数据分类体系进行分类。目前收集到的数据包括以下几种。

(1)基础地理要素(shp 格式):海岸线、海洋陆地面、等深线、行政区划、建筑物、高程数据等。

(2)海岸带自然资源(shp 格式):红树林分布、滩涂分布。

(3)海岸带社会经济(表格):2002—2017 年广西海洋经济数据。

(4)海洋开发利用(JPG 格式):海洋功能区划。

(5)海岸带生态环境(shp 格式):初级生产力、浮游植物丰度、钦州湾水质。

(6)海洋自然科学数据(shp 格式):钦州市海洋沉积物、海底坡度、海岸类型。

第三节　成果转化应用与效益

一、推广应用模式

核心示范区通过在线监测海面和海底的温度、溶解氧、盐度等基本的理化参数指标,基本厘清茅尾海生蚝产苗区理化特征及生蚝春季死亡分布特征。通过综合应用海上/海下视频监控、海洋牧场海上/海下综合位置溯源服务、水动力环境模拟、网格地理信息监测预警系统,建立钦州大蚝和北海金鲳鱼淘宝和直播平台,创建钦州大蚝、北海金鲳鱼等差异化电商品牌。

研究成果直接服务于北部湾示范区的 1 万多家蚝农,500 个网箱养殖龙头企业+合作社养殖户,带动周边数以万计的农渔业用户加入产业互动,让贫困户走上小康之路。成果已推广到北部湾、我国沿海地区,并辐射其他国家。

二、经济社会效益

1. 经济效益

2018 年 4 月—2021 年 10 月,项目实施期间,完成直接经济效益 7 239.83 万元,其中课题一完成经济效益 3 164.73 万元,课题二完成经济效益 1 097.90 万元,课题三完成经济效益 2 977.2 万元。

课题一经济效益主要由江苏中海达海洋信息技术有限公司完成,项目实施期间共销售多波速测深系统 32 台套,总销售金额为 3 164.73 万元,其中 2018 年销售额为 585.57 万元,2019 年为 626.36 万元,2020 年为 1 064.00 万元,2021 年为 888.8 万元,销售区域有北京、广东、江苏、贵州、湖南、湖北、广西、安徽、陕西等 9 个省市,市场推广前景十分广阔。

课题二经济效益主要由北京大数据研究院和南宁师范大学团队完成,项目实施期间通过推广及服务海洋、自然资源等部门,实现经济效益 1 097.90 万元,其中北京大数据研究院完成 800 万元,南宁师范大学团队完成 297.90 万元。

课题三经济效益主要由钦州维丰农业有限公司完成,项目实施期间通过搭建网上生蚝销售平台,通过三方协议让本地养殖大户加盟平台,实现销售金额 2 977.20 万元,其中 2018 年完成线上交易 14 次,实现销售金额 61.85 万元,2019 年完成线上交易 371 次,实现交易金额 1 489.11 万元,2020 年完成线上交易 257 次,实现销售金额 1 071.42 万元,2021 年完成线上交易 76 次,实现销售金额 354.82 万元。项目实施期间通过对平台的不断改进及推广,生蚝销售额呈现稳步上升的趋势,虽然受 2020 年疫情影响销售有一定回落,但后劲十分强劲。

2. 社会效益

智慧海洋牧场研究中心,参与由防城港市政府和广西科学院牵头组建的北部湾海洋产业研究院,成立南宁师范大学北部湾人工智能技术应用研究院。2019 年,北部湾钦州茅尾海生蚝核心示范区,分别获农业农村部和广西壮族自治区政府颁发的"农业农村部水产健康养殖示范区"和"广西现代特色农业核心示范区"称号。

项目实施以来,研究成果获广西科学技术进步二等奖 2 项,国家海洋科技二等奖 1 项,广西社会科学优秀成果二等奖 1 项,新增国家行业标准 3 项、新增广西院士工作站和广西壮族自治区工程研究中心各 1 个,发表高质量论文 14 篇,申请 31 项专利(已授权 6 项),申请 15 项软件著作权(已获 9 项),培养博士后 2 名,培养博士 6 名,硕士 18 名,出版专著 3 部。

主要参考文献

陈永华,2008. 波浪驱动式海洋要素垂直剖面测量系统关键技术[D]. 青岛:中国科学院海洋研究所.

何雪浤,李燕燕,郭珍珍,等,2014. 潜水器耐压壳强度分析方法研究[J]. 机械设计与制造(2):8-10+13.

荆平平,王厚军,刘惠,等,2018. 无人机搭载 MiniSAR 在养殖用海监测中的应用研究[J]. 海洋技术学报,37(6):88-93.

刘培学,刘纪新,姜宝华,等,2018. 基于小型无人船的海洋养殖环境监测系统设计[J]. 渔业现代化,45(3):22-27.

赖云波,2019. 面向海洋牧场的水下机器人研究与设计[D]. 南昌:东华理工大学.

彭伟锋,2014. 海洋牧场监测系统装载平台的研究[D]. 上海:上海海洋大学.

温秀萍,罗万波,林敬兰,2013. 基于 GIS 的长汀县水土保持管理信息系统研发[J]. 测绘与空间地理信息,36(3):30-33.

卓悦悦,高洁,许炜灿,等,2021. 面向海洋牧场的水下机器人强度校核[J]. 水产养殖,42(1):14-16+23.

朱敬如,2014. 海洋物理化学多参数综合监测系统研究[D]. 杭州:杭州电子科技大学.

张伯东,2016. 近海移动监测平台的构建与实现[D]. 天津:天津理工大学.

AKYILDIZ I F,SU W,SANKARASUBRAMANIAM Y,et al.,2002. A Survey on Sensor Networks[J]. IEEE Communications Magazine,40(8):102-114.

ALBALADEJO C,SÁNCHEZ P,IBORRA A,et al.,2010. Wireless Sensor Networks for Oceanographic Monitoring:A Systematic Review[J]. Sensors,10(7):6948-6968:

BROWN C J,SCHOEMAN D S,SYDEMAN W J,et al.,2011. Quantitative approaches in climate change ecology[J]. Global Change Biology,17(12):3697-3713.

EGBOGAH E E,FAPOJUWO A O,2011. A Survey of System Architecture Requirements for Health Care-Based Wireless Sensor Networks[J]. Sensors,11(5),4875-4898.

HALPERN B S,MCLEOD K L,ROSENBERG A A,et al.,2008. Managing for cumulative impacts in ecosystem-based management through ocean zoning[J]. Ocean & Coastal Management,51(3):203-211.

HOEGH-GULDBERG O, BRUNO J F, 2010. The impact of climate change on the world's marine ecosystems. [J]. Science, 328(5985):1523-1528.

JIANG X, YUN C, ZHANG Y, et al., 2009. Stereo Marine Monitoring System and Digital Ocean System Construction in China[C]//International Symposium on Digital Earth.

LOSILLA F, GARCIA-SANCHEZ A J, GARCIA-SANCHEZ F, et al., 2012. A Comprehensive Approach to WSN-Based ITS Applications: A Survey[J]. Sensors,11(11): 10221-101265.

PÉREZ D, GASULLA I, CRUDGINGTON L, et al., 2017. Multipurpose silicon photonics signal processor core[J]. Nature Communications,8(1):636.

QIANG M, LIU K, XIN M, et al., 2011. Opportunistic concurrency: A MAC protocol for wireless sensor networks[C]// International Conference on Distributed Computing in Sensor Systems & Workshops, IEEE.

RUBERG S A, MUZZI R W, BRANDT S B, et al., 2007. A Wireless Internet-Based Observatory: The Real-time Coastal Observation Network (ReCON)[C]// Oceans. IEEE.

VIANI F, ROCCA P, OLIVERI G, et al., 2011. Localization, tracking, and imaging of targets in wireless sensor networks: An invited review[J]. Radio Science,46(5): 1-12.